합격을 완성할 단 하나의 선택

김영편입
수학

적분법

합격을 완성할 단 하나의 선택

김영편입 수학
적분법

PREFACE

적분법, 이렇게 출제된다!

베이스 과목

적분법은 미분법과 함께 편입수학의 기초가 되는 과목입니다.
미분법보다 단독 출제비중이 적은 편이지만, 적분법 학습을 완벽히 해 두어야
다변수미적분 및 공학수학 등을 학습하는 데 도움이 됩니다.

4단계 추천 학습법

1단계 | 기본공식 암기

편입시험은 기본에 충실한 학습이 우선시 되므로 문제풀이에 필요한 적분법 공식은
필히 외워 둡니다.

2단계 | 문제 적용력 향상

개념과 공식이 문제에 적용되는 방법을 '개념적용' 문제를 풀며 파악합니다.

3단계 | 대표출제유형 파악

학습한 개념과 공식을 대표 빈출문제를 통해 다시 한번 명확하게 정리합니다.

4단계 | 유형 익히기

각 주제별로 출제되는 다양한 유형을 '실전 기출문제'로 접하고 반복하여 풀이 시간을
절약합니다.

김영편입 적분법을 추천하는 이유!

최신 출제경향을 완벽 반영한 이론서

"김영편입 수학 기출문제 해설집"에서 제공하고 있는 대학별 출제 비중 및 출제경향을
분석해 출제빈도가 높은 유형을 이론별 난이도에 맞게 수록하였습니다.

이해하기 쉬운 해설

초보자도 이해하기 쉽게 생략된 풀이과정이 없도록 상세히 풀어 썼습니다.

HOW TO STUDY

STEP 01 → 핵심을 강조한 이론과 공식을 토대로 한 개념학습

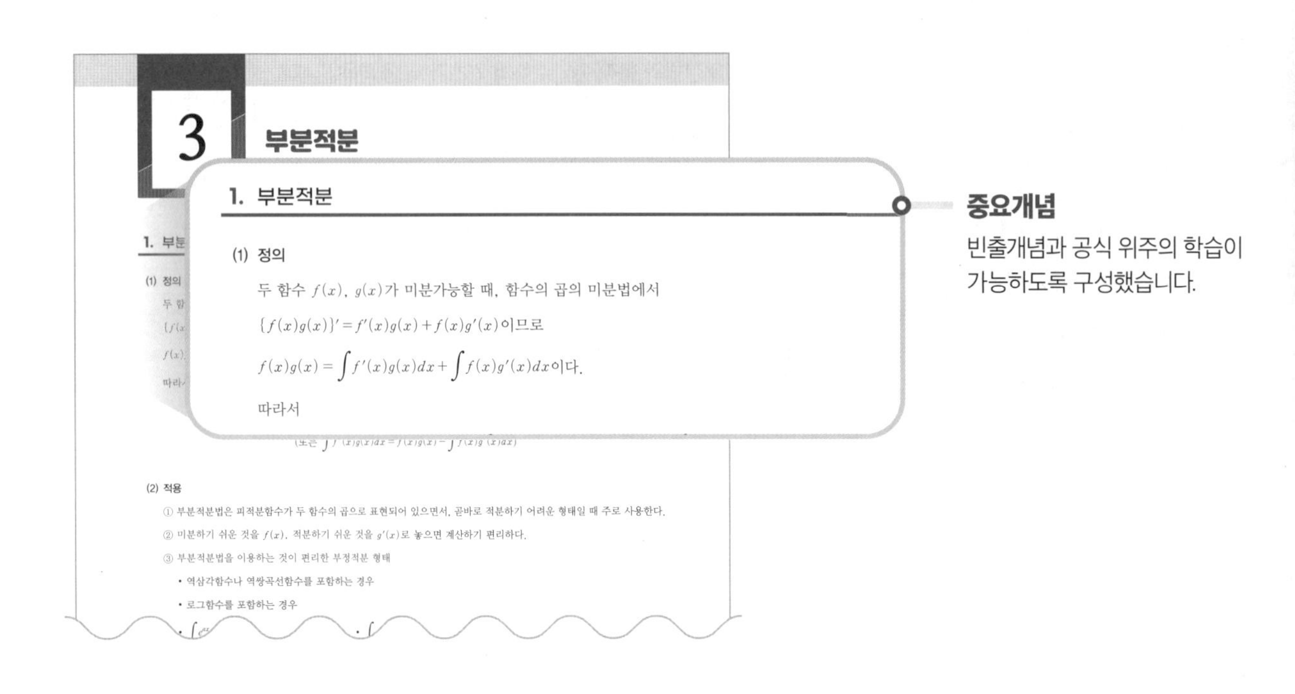

중요개념

빈출개념과 공식 위주의 학습이 가능하도록 구성했습니다.

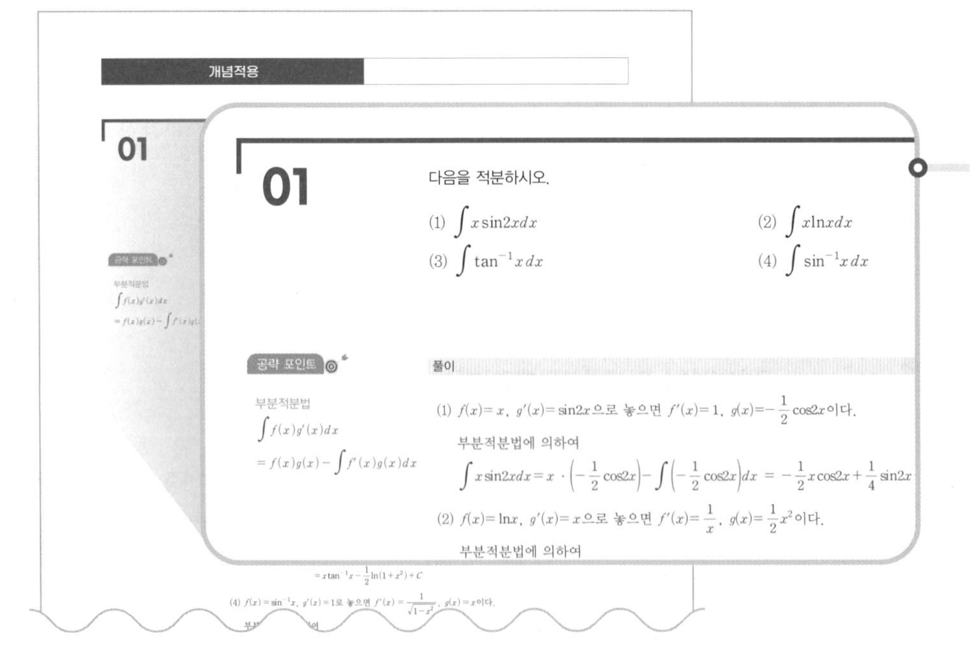

개념적용문제

앞서 배운 개념을 적용할 수 있는 문제로 학습 이해도를 높였습니다.

또한, 관련 개념은 공략포인트로 제공하여 풀이와 함께 문제 적용력을 높일 수 있습니다.

편입수학 문제풀이에 꼭 필요한

개념 이해 & 공식 정리!

STEP 02 → 최신 출제경향을 반영한 대표출제유형 학습

출제경향분석

대단원에서 학습한 개념의 최신 출제경향 정보와 추천 학습법 등을 제공합니다.

단계별 풀이법

실전문제를 풀기 전, 풀이 방법을 단계별로 제시하여 학습자가 문제를 해결할 때 어떻게 접근해야 하는 지를 알기 쉽게 설명하였습니다.

최신 출제경향을 분석한 대표출제유형 문제로
단계별 풀이법 제시!

HOW TO STUDY

STEP 03 → 실제 시험장에서 만나볼 실전문제

실전문제

7 부정적분과 여러 가지 적분법

정답 및 풀이 p.186

01 미분가능한 함수 $f:\left(-\frac{\pi}{2}, \frac{\pi}{2}\right) \to \mathbb{R}$에 대하여 곡선 $y=f(x)$가 점 $\left(\frac{\pi}{4}, \frac{3}{2}\right)$을 지나고, 이 곡선 위의 임의의 점 $(x, f(x))$에서의 접선의 기울기가 $\frac{\tan x}{\sin 2x}$일 때, $f\left(\frac{\pi}{3}\right)$의 값은?

① $\sqrt{3}+1$ ② $\sqrt{3}-1$ ③ $\frac{\sqrt{3}}{2}+1$ ④ $\frac{\sqrt{3}}{2}-1$

02 $F''($
① 5

03 $f(x$
$f(-$
① -

02 $F''(x)=6x+15\sqrt{x}$, $F'(1)=1$, $F(1)=0$을 만족하는 함수 $F(x)$에 대하여 $F(4)$의 값은?

① 52 ② 79 ③ 149 ④ 151

03 $f(x+h)-f(x)=(ax+3)h-3h^2$이고, $f(0)=1$, $f(1)=0$을 만족하는 미분가능한 함수 $f(x)$에 대하여 $f(-1)$의 값은?

① -9 ② -8 ③ -7 ④ -6

실전문제

앞서 배운 개념과 관련한 기출문제를 수록하였습니다. 엄선한 실전문제를 통해 실전 적응력을 높일 수 있습니다.

이론 단계에 맞춘 난이도 구성에 더해

최신 출제경향을 완벽 반영한 실전문제!

STEP 04 → 수학 초보자도 이해할 수 있는 친절한 해설

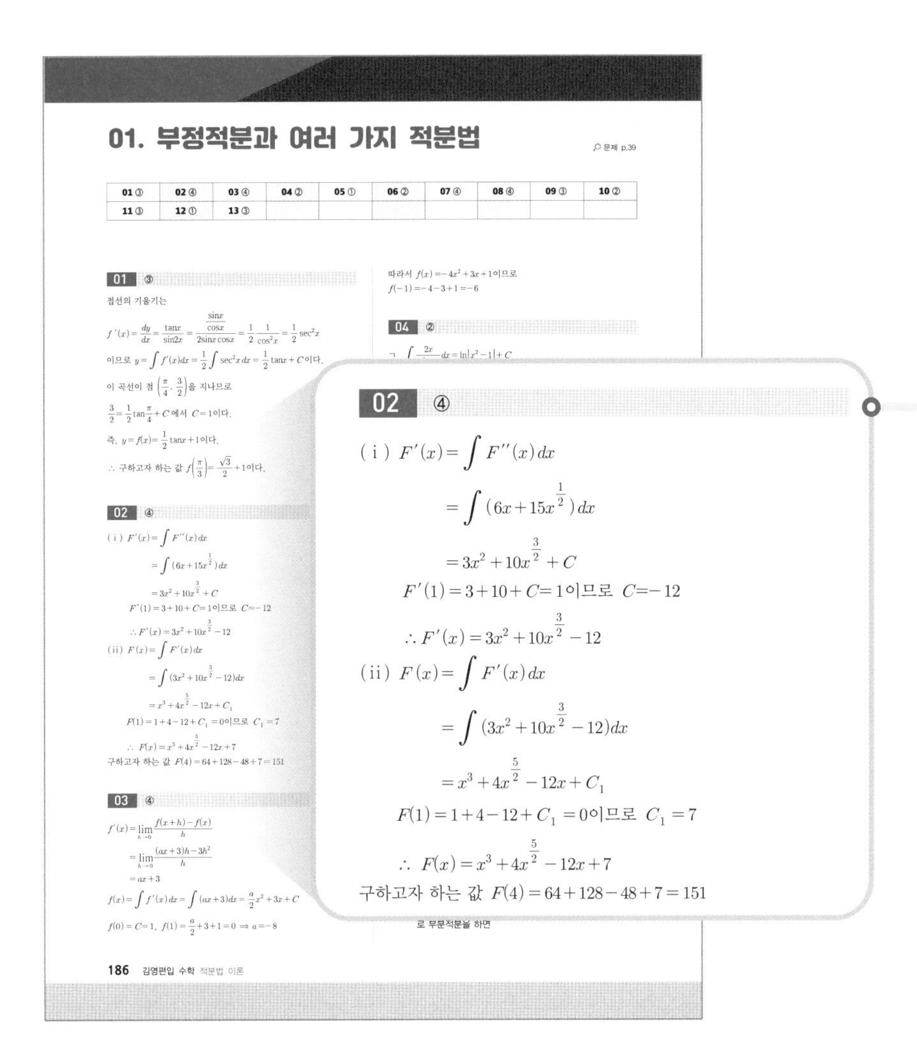

01. 부정적분과 여러 가지 적분법

문제 p.39

01 ③	02 ④	03 ④	04 ②	05 ①	06 ②	07 ④	08 ④	09 ③	10 ②
11 ③	12 ①	13 ③							

02 ④

(i) $F'(x) = \int F''(x)\,dx$

$= \int (6x + 15x^{\frac{1}{2}})\,dx$

$= 3x^2 + 10x^{\frac{3}{2}} + C$

$F'(1) = 3 + 10 + C = 1$이므로 $C = -12$

$\therefore F'(x) = 3x^2 + 10x^{\frac{3}{2}} - 12$

(ii) $F(x) = \int F'(x)\,dx$

$= \int (3x^2 + 10x^{\frac{3}{2}} - 12)\,dx$

$= x^3 + 4x^{\frac{5}{2}} - 12x + C_1$

$F(1) = 1 + 4 - 12 + C_1 = 0$이므로 $C_1 = 7$

$\therefore\ F(x) = x^3 + 4x^{\frac{5}{2}} - 12x + 7$

구하고자 하는 값 $F(4) = 64 + 128 - 48 + 7 = 151$

186 김영편입 수학 적분법 이론

상세한 해설

초보자도 쉽게 이해할 수 있도록
해설을 풀어 설명했습니다.

또한, TIP을 더해 해당 문제에 필요한
공식을 간결하게 확인할 수 있도록
구성했습니다.

풀이 과정의 중간 생략을 줄이고 실제 학습자가

이해하기 쉬운 풀이해설과 관련팁 제공!

CONTENTS

01 부정적분과 여러 가지 적분법

02 정적분과 그 성질

03 이상적분

04 극좌표

05 면적과 부피

06 길이와 겉넓이, 속도와 가속도

정답 및 풀이

부정적분과 여러 가지 적분법

출제 비중 & 빈출 키워드 리포트

단원	출제 비중 (합계 18%)	빈출 키워드
1. 부정적분	2%	· 적분 공식
2. 치환적분	8%	· 치환적분의 정의
3. 부분적분	4%	· 삼각치환
4. 유리함수와 무리함수의 적분	2%	· 부분적분
5. 다양한 형태의 적분법	2%	

1 부정적분

1. 부정적분

(1) 정의

어떤 구간에서 정의된 함수 $f(x)$가 이 구간의 모든 x에 대하여 $\frac{d}{dx}[F(x)]=f(x)$일 때, $F(x)$를 $f(x)$의 부정적분이라 한다. 이를 식으로 나타내면 다음과 같다.

$$\int f(x)dx = F(x)+C$$

이때 x를 적분변수, 함수 $f(x)$를 피적분함수, C를 적분상수라 한다.

(2) 관련 사항

① 기호 $\int f(x)dx$를 $f(x)$의 적분 또는 인테그랄(integral) $f(x)$라고 읽는다.

② $\int f(x)dx$는 함수 $f(x)$를 x에 대하여 적분한다는 뜻이다. (여기서 x 이외의 문자는 상수 취급한다.)

③ $\int 1dx$는 일반적으로 $\int dx$로 나타낸다.

④ 적분은 미분의 역연산이다.

⑤ $\int \left\{\frac{d}{dx}f(x)\right\}dx = f(x)+C$

⑥ $\frac{d}{dx}\left\{\int f(x)dx\right\}=f(x)$

⑦ 함수 $f(x)$의 부정적분을 구하는 것을 $f(x)$를 적분한다고 한다.

2. 부정적분의 주요 성질

두 함수 $f(x)$, $g(x)$에 대하여 $F(x)=\int f(x)dx$, $G(x)=\int g(x)dx$라 하면 $F'(x)=f(x)$, $G'(x)=g(x)$이므로 두 함수 $f(x)$, $g(x)$의 부정적분이 존재할 때 다음이 성립한다.

① $\int kf(x)dx = k\int f(x)dx$ (단, k는 상수)

② $\int f(x)+g(x)dx = \int f(x)dx + \int g(x)dx$

③ $\int f(x)-g(x)dx = \int f(x)dx - \int g(x)dx$

TIP ▸ 적분상수가 여러 개일 때에는 이들을 묶어서 C 하나로 나타낸다.

3. 부정적분 공식

(1) 부정적분 기본 공식

① $\int k\,dx = kx + C$

② $\int x^n\,dx = \frac{1}{n+1}x^{n+1} + C$ (단, $n \neq -1$)

③ $\int \frac{1}{x}\,dx = \ln|x| + C$

(2) 삼각함수의 부정적분 공식

① $\int \sin x\,dx = -\cos x + C$

② $\int \cos x\,dx = \sin x + C$

③ $\int \sec^2 x\,dx = \tan x + C$

④ $\int \csc^2 x\,dx = -\cot x + C$

⑤ $\int \sec x \tan x\,dx = \sec x + C$

⑥ $\int \csc x \cot x\,dx = -\csc x + C$

⑦ $\int \sec x\,dx = \ln|\sec x + \tan x| + C$

⑧ $\int \csc x\,dx = \ln|\csc x - \cot x| + C$

TIP▸ 삼각함수의 미분을 역으로 생각하면 삼각함수의 적분을 구할 수 있다.

$(\sin x)' = \cos x$ $(\cos x)' = -\sin x$

$(\tan x)' = \sec^2 x$ $(\cot x)' = -\csc^2 x$

$(\sec x)' = \sec x \tan x$ $(\csc x)' = -\csc x \cot x$

TIP▸ 적분에서 많이 사용하는 삼각함수와 쌍곡선함수의 변형 공식

삼각함수	쌍곡선함수
$\sin^2 x + \cos^2 x = 1$	$\cosh^2 x - \sinh^2 x = 1$
$1 + \tan^2 x = \sec^2 x$	$1 - \tanh^2 x = \mathrm{sech}^2 x$
$1 + \cot^2 x = \csc^2 x$	$1 - \coth^2 x = -\mathrm{csch}^2 x$
$\sin 2x = 2\sin x \cos x$	$\sinh 2x = 2\sinh x \cosh x$
$\cos 2x = \cos^2 x - \sin^2 x$	$\cosh 2x = \cosh^2 x + \sinh^2 x$
$\sin^2 x = \frac{1-\cos 2x}{2}$	$\sinh^2 x = \frac{\cosh 2x - 1}{2}$
$\cos^2 x = \frac{1+\cos 2x}{2}$	$\cosh^2 x = \frac{1+\cosh 2x}{2}$

(3) 지수함수의 부정적분 공식

① $\int e^x\,dx = e^x + C$

② $\int a^x\,dx = \frac{a^x}{\ln a} + C$ $(a \neq 1,\ a > 0)$

③ $\int e^{ax+b}\,dx = \frac{1}{a}e^{ax+b} + C$

④ $\int a^{bx+c}\,dx = \frac{1}{b\ln a}a^{bx+c} + C$

TIP ▸ 지수함수의 미분을 역으로 생각하면 지수함수의 적분을 구할 수 있다.

$(e^x)' = e^x$

$(a^x)' = a^x \ln a$ (단, $a > 0$, $a \neq 1$)

(4) 쌍곡선함수의 부정적분 공식

① $\int \sinh x \, dx = \cosh x + C$

② $\int \cosh x \, dx = \sinh x + C$

③ $\int \operatorname{sech}^2 x \, dx = \tanh x + C$

④ $\int \operatorname{csch}^2 x \, dx = -\coth x + C$

⑤ $\int \operatorname{sech} x \tanh x \, dx = -\operatorname{sech} x + C$

⑥ $\int \operatorname{csch} x \coth x \, dx = -\operatorname{csch} x + C$

TIP ▸ 쌍곡선함수의 미분을 역으로 생각하면 쌍곡선함수의 적분을 구할 수 있다.

$(\sinh x)' = \left(\frac{e^x - e^{-x}}{2}\right)' = \frac{e^x + e^{-x}}{2} = \cosh x$

$(\cosh x)' = \left(\frac{e^x + e^{-x}}{2}\right)' = \frac{e^x - e^{-x}}{2} = \sinh x$

개념적용

01

$\frac{d}{dx}\left\{\int(x^2+2x+3)dx\right\}=\int\left\{\frac{d}{dx}f(x)\right\}dx$, $f(0)=0$일 때, $f(4)$의 값을 구하시오.

① 3 ② 8 ③ 15 ④ 24

공략 포인트

부정적분 관련 사항

$\int\left\{\frac{d}{dx}f(x)\right\}dx=f(x)+C$

$\frac{d}{dx}\left\{\int f(x)dx\right\}=f(x)$

풀이

$\frac{d}{dx}\left\{\int(x^2+2x+3)dx\right\}=\int\left\{\frac{d}{dx}f(x)\right\}dx$를 전개하면

$x^2+2x+3=f(x)+C$이다.

$f(0)=0$이므로 $C=3$이다.

따라서 $f(x)=x^2+2x$이고, $f(4)=4^2+2\times4=24$이다.

정답 ④

02

다음 부정적분을 구하시오.

(1) $\int\frac{1}{\sqrt{x}}dx$

(2) $\int\frac{1}{x^2}dx$

(3) $\int(x+2)(x-2)dx$

공략 포인트

부정적분 기본 공식

(1), (2)

$\int x^n dx=\frac{1}{n+1}x^{n+1}+C$

(단, $n\neq-1$)

(3) $\int f(x)-g(x)dx$

$=\int f(x)dx-\int g(x)dx$

적분상수가 여러 개일 때에는 이들을 묶어서 C 하나로 나타낸다.

풀이

(1) $\int\frac{1}{\sqrt{x}}dx=\int x^{-\frac{1}{2}}dx=2x^{\frac{1}{2}}+C=2\sqrt{x}+C$

(2) $\int\frac{1}{x^2}dx=\int x^{-2}dx=-\frac{1}{1}x^{-1}+C=-\frac{1}{x}+C$

(3) $\int(x+2)(x-2)dx=\int(x^2-4)dx$

$=\int x^2dx-\int 4dx$

$=\left(\frac{1}{3}x^3+C_1\right)-(4x+C_2)$

$=\frac{1}{3}x^3-4x+C_1-C_2$

$\therefore\int(x+2)(x-2)dx=\frac{1}{3}x^3-4x+C$ (여기서 $C=C_1-C_2$)

정답 (1) $2\sqrt{x}+C$ (2) $-\frac{1}{x}+C$ (3) $\frac{1}{3}x^3-4x+C$

03

함수 $f(x)$의 도함수가 $f'(x)=-3x^2+2x$이고 $f(0)=3$일 때, 함수 $f(3)$를 구하시오.

① -9 ② 0 ③ -3 ④ -15

공략 포인트

부정적분 정의

$\int f(x)dx = F(x)+C$

(단, $F'(x)=f(x)$)

풀이

$f(x)=\int f'(x)dx=-x^3+x^2+C$ 이고

$f(0)=3$이므로

$f(0)=C=3$

따라서 함수 $f(x)=-x^3+x^2+3$이고, 구하고자 하는 함숫값은

$f(3)=-3^3+3^2+3=-15$이다.

정답 ④

04

다음 부정적분을 구하시오.

(1) $\int \frac{1-\cos^2 x}{\cos^2 x}dx$

(2) $\int \cos^2\frac{x}{2}dx$

(3) $\int \tan^2 x dx$

공략 포인트

삼각함수의 부정적분 공식

(1) $\frac{1}{\cos^2 x}=\sec^2 x$

$\int \sec^2 x\, dx=\tan x+C$

(2) $\cos^2\frac{x}{2}=\frac{1+\cos x}{2}$

$\int \cos x\, dx=\sin x+C$

(3) $1+\tan^2 x=\sec^2 x$

$\int \sec^2 x\, dx=\tan x+C$

풀이

(1) $\int \frac{1-\cos^2 x}{\cos^2 x}dx=\int(\sec^2 x-1)dx=\tan x-x+C$

(2) $\int \cos^2\frac{x}{2}dx=\int\frac{1+\cos x}{2}dx=\frac{1}{2}x+\frac{1}{2}\sin x+C$

(3) $\int \tan^2 x dx=\int(\sec^2 x-1)dx=\tan x-x+C$

다른 풀이

(1) $\sin^2 x+\cos^2 x=1$이므로 $1-\cos^2 x=\sin^2 x$이다.

$\int\frac{1-\cos^2 x}{\cos^2 x}=\int\frac{\sin^2 x}{\cos^2 x}dx=\int\tan^2 x dx=\int(\sec^2 x-1)dx=\tan x-x+C$

($\because$ $1+\tan^2 x=\sec^2 x$에서 $\tan^2 x=\sec^2 x-1$)

정답 (1) $\tan x-x+C$ (2) $\frac{1}{2}x+\frac{1}{2}\sin x+C$ (3) $\tan x-x+C$

05

다음 부정적분을 구하시오.

(1) $\int (2^x-1)^2 dx$

(2) $\int (2^x-e^x) dx$

(3) $\int \frac{xe^x+2}{x} dx$

공략 포인트

지수함수의 부정적분 공식

(1) $\int a^x dx = \frac{a^x}{\ln a}+C$

$\int kf(x)dx = k\int f(x)dx$

(2) $\int a^x dx = \frac{a^x}{\ln a}+C$

$\int e^x dx = e^x + C$

(3) $\int e^x dx = e^x + C$

$\int \frac{1}{x} dx = \ln|x| + C$

$\int kf(x)dx = k\int f(x)dx$

풀이

(1) $\int (2^x-1)^2 dx = \int (4^x-2\cdot 2^x+1)dx = \frac{4^x}{\ln 4}-\frac{2\cdot 2^x}{\ln 2}+x+C$

(2) $\int (2^x-e^x)dx = \frac{2^x}{\ln 2}-e^x+C$

(3) $\int \frac{xe^x+2}{x}dx = \int \left(e^x+\frac{2}{x}\right)dx = e^x+2\ln|x|+C$

정답 (1) $\frac{4^x}{\ln 4}-\frac{2\cdot 2^x}{\ln 2}+x+C$ (2) $\frac{2^x}{\ln 2}-e^x+C$ (3) $e^x+2\ln|x|+C$

06

다음 부정적분을 구하시오.

(1) $\int \frac{1}{1+\sinh^2 x} dx$

(2) $\int (\tanh^2 x - 1)\, dx$

공략 포인트

쌍곡선함수의 부정적분 공식

$\int \operatorname{sech}^2 x\, dx = \tanh x + C$

풀이

(1) $1+\sinh^2 x = \cosh^2 x$임을 이용하면

$\int \frac{1}{1+\sinh^2 x}dx = \int \frac{1}{\cosh^2 x}dx = \int \operatorname{sech}^2 x\, dx = \tanh x + C$

(2) $1-\tanh^2 x = \operatorname{sech}^2 x$임을 이용하면

$\int (\tanh^2 x - 1)dx = -\int \operatorname{sech}^2 x\, dx = -\tanh x + C$

정답 (1) $\tanh x + C$ (2) $-\tanh x + C$

2 치환적분

1. 치환적분

(1) 정의

변수를 다른 변수로 바꾸어 적분하는 방법으로 $\int f(x)\,dx = F(x)+C$ ……(i)이라 할 때,

미분가능한 함수 $g(t)$에 대하여 $x=g(t)$로 놓으면 $F(x)=F(g(t))$이다. $F(x)$를 t에 대하여 미분하면

$\frac{d}{dt}F(x)=\frac{d}{dt}F(g(t))=F'(g(t))g'(t)=f(g(t))g'(t)$이므로

$F(x)+C=\int f(g(t))g'(t)dt$ ……(ii)

(i), (ii)에서 다음 등식이 성립한다.

$$\int f(x)\,dx=\int f(g(t))g'(t)\,dt$$

(2) 적용

① 복잡하고 어려운 부정적분의 경우, 피적분함수를 적절하게 치환함으로써 간단하고 쉽게 계산하고자 치환적분법을 사용한다. 여기서 피적분함수란 $\int f(x)\,dx$에서 $f(x)$를 말한다.

② 활용 예시

부정적분 $\int (2x+1)^8 dx$를 구할 때, 함수 $(2x+1)^8$을 전개하여 적분하는 것은 쉽지 않다. 그러므로 치환적분법을 활용하여 $2x+1=t$로 치환하고, 양변을 x로 미분하면

$2=\frac{dt}{dx} \Rightarrow 2dx=dt$이다. $\left(dx=\frac{1}{2}dt\right)$

이제 x에 대한 적분을 t에 대한 적분으로 변환하면

$\int (2x+1)^8 dx=\frac{1}{2}\int t^8 dt=\frac{1}{18}t^9+C=\frac{1}{18}(2x+1)^9+C$이다.

(3) 빈출 공식

① $\int \frac{f'(x)}{f(x)}dx=\ln|f(x)|+C$, $\int \frac{f'(x)}{(f(x))^2}dx=-\frac{1}{f(x)}+C$

② 활용 예시

$\int \cot x\,dx=\int \frac{\cos x}{\sin x}dx=\ln|\sin x|+C$, $\int \tan x\,dx=\int \frac{\sin x}{\cos x}dx=-\ln|\cos x|+C=\ln|\sec x|+C$

$(\sin x)'=\cos x$이므로 분모를 미분하면 분자가 나오는 위와 같은 형태일 때 사용한다.

2. 역치환

(1) 정의

치환적분법은 $\int f(g(t))g'(t)\,dt$를 $\int f(x)\,dx$로 바꾸는 것을 의미하며, 그 반대로 변환하는 것을 역치환이라한다.

(2) 예시

삼각치환

3. 삼각치환

(1) 활용

a^2-x^2, x^2+a^2, $x^2-a^2(a>0)$의 꼴을 포함한 함수를 적분할 때

(2) 방법

적분변수를 삼각함수로 치환하여 함수를 변형한 후 적분한다.

적분에 포함된 식	치환방법	항등식 이용	그림
$\sqrt{x^2+a^2}$ 또는 x^2+a^2 $(a>0)$	$x=a\tan\theta$ $\left(\lvert\theta\rvert<\frac{\pi}{2}\right)$	$1+\tan^2\theta=\sec^2\theta$	빗변 $\sqrt{a^2+x^2}$, 높이 x, 밑변 a, 각 θ
$\sqrt{a^2-x^2}$ 또는 a^2-x^2 $(a>0)$	$x=a\sin\theta$ $\left(\lvert\theta\rvert\le\frac{\pi}{2}\right)$	$1-\sin^2\theta=\cos^2\theta$	빗변 a, 높이 x, 밑변 $\sqrt{a^2-x^2}$, 각 θ
$\sqrt{x^2-a^2}$ 또는 x^2-a^2 $(a>0)$	$x=a\sec\theta$ $\left(0\le\theta<\frac{\pi}{2},\ \frac{\pi}{2}<\theta\le\pi\right)$	$\sec^2\theta-1=\tan^2\theta$	빗변 x, 높이 $\sqrt{x^2-a^2}$, 밑변 a, 각 θ

TIP ▸ 아래 적분 결과들은 자주 사용되므로 기억해 두어야 한다.

① $\int \frac{1}{\sqrt{a^2-x^2}}\,dx=\sin^{-1}\frac{x}{a}+C$

② $\int \frac{1}{a^2+x^2}\,dx=\frac{1}{a}\tan^{-1}\frac{x}{a}+C$

(3) 예시

$\int \frac{1}{x^2\sqrt{9-x^2}}\,dx$를 구하기 위해 $x=3\cos\theta$로 치환하면 $dx=-3\sin\theta\,d\theta$이다.

즉, $\int \frac{1}{x^2\sqrt{9-x^2}}dx = \int \frac{1}{9\cos^2\theta\sqrt{9-9\cos^2\theta}}d\theta$

$$= \int \frac{1}{9\cos^2\theta\, 3\sin\theta}(-3\sin\theta)\, d\theta$$

$$= \frac{1}{9}\int \sec^2\theta\, d\theta = \frac{1}{9}\tan\theta + C$$

개념적용

01

다음을 적분하시오.

(1) $\int x\sin(x^2)dx$

(2) $\int \sec^2 x\, e^{-\tan x}dx$

(3) $\int \frac{1}{x(\ln x)^2}dx$

(4) $\int \frac{x^2}{x^3+1}dx$

(5) $\int \tan x\, dx$

(6) $\int \sec x\, dx$

공략 포인트

치환적분법

복잡하고 어려운 부정적분의 경우에 피적분함수를 적절하게 치환함으로써 간단하게 계산하고자 사용한다.

(5), (6)

분모를 미분하면 분자가 나오는 형태의 적분

풀이

(1) $x^2 = t$ 라 하면, $2xdx = dt$ 이다. $\left(xdx = \frac{1}{2}dt\right)$

$\therefore \int x\sin(x^2)dx = \int \sin t \cdot \frac{1}{2}dt = \frac{1}{2}(-\cos t) + C = -\frac{1}{2}\cos(x^2) + C$

(2) $-\tan x = t$ 라 하면, $-\sec^2 x dx = dt$ 이다. $(\sec^2 x dx = -dt)$

$\therefore \int \sec^2 x\, e^{-\tan x}dx = \int e^t \cdot (-1)dt = -e^t + C = -e^{-\tan x} + C$

(3) $\ln x = t$ 라 하면, $\frac{1}{x}dx = dt$ 이다.

$\therefore \int \frac{1}{x(\ln x)^2}dx = \int \frac{1}{t^2}dt = -\frac{1}{t} + C = -\frac{1}{\ln x} + C$

(4) $x^3 + 1 = t$ 라 하면, $3x^2 dx = dt$ 이다. $\left(x^2 dx = \frac{1}{3}dt\right)$

$\therefore \int \frac{x^2}{x^3+1}dx = \int \frac{1}{t}\cdot\frac{1}{3}dt = \frac{1}{3}\ln|t| = \frac{1}{3}\ln|x^3+1| + C$

(5) $\int \tan x\, dx = \int \frac{\sin x}{\cos x}dx = -\ln|\cos x| + C = \ln|\sec x| + C$

(6) $\int \sec x\, dx = \int \sec x \cdot \frac{\sec x + \tan x}{\sec x + \tan x}dx = \int \frac{\sec^2 x + \sec x\tan x}{\sec x + \tan x}dx = \ln|\sec x + \tan x| + C$

정답 (1) $-\frac{1}{2}\cos(x^2) + C$ (2) $-e^{-\tan x} + C$ (3) $-\frac{1}{\ln x} + C$

(4) $\frac{1}{3}\ln|x^3+1| + C$ (5) $-\ln|\cos x| + C$ 또는 $\ln|\sec x| + C$

(6) $\ln|\sec x + \tan x| + C$

02

다음 $\int \frac{dx}{\sqrt{a^2-x^2}}$ 를 적분하면? (단, C는 적분상수이다.)

① $\sin^{-1}\frac{x}{a}+C$ ② $\cos^{-1}\frac{x}{a}+C$ ③ $\tan^{-1}\frac{x}{a}+C$ ④ $\cot^{-1}\frac{x}{a}+C$

공략 포인트

이 적분 결과는 자주 사용되므로 기억해 두어야 한다.

$$\int \frac{1}{\sqrt{a^2-x^2}}dx = \sin^{-1}\frac{x}{a}+C$$

풀이

$x=a\sin\theta$라 하면 $dx=a\cos\theta d\theta$ 이고

$\sqrt{a^2-x^2}=\sqrt{a^2-a^2\sin^2\theta}=\sqrt{a^2(1-\sin^2\theta)}=a\sqrt{\cos^2\theta}=a|\cos\theta|=a\cos\theta$ 이므로

$(\because -\frac{\pi}{2}\le\theta\le\frac{\pi}{2})$

$\int \frac{dx}{\sqrt{a^2-x^2}}=\int \frac{a\cos\theta}{a\cos\theta}d\theta=\int d\theta=\theta+C$ 이다.

여기서 $x=a\sin\theta \Leftrightarrow \sin\theta=\frac{x}{a}$ 이므로 $\theta=\sin^{-1}\frac{x}{a}$ 이다.

따라서 $\int \frac{dx}{\sqrt{a^2-x^2}}=\theta+C=\sin^{-1}\frac{x}{a}+C$ 이다.

정답 ①

3 부분적분

1. 부분적분

(1) 정의

두 함수 $f(x)$, $g(x)$가 미분가능할 때, 함수의 곱의 미분법에서

$\{f(x)g(x)\}'=f'(x)g(x)+f(x)g'(x)$이므로

$f(x)g(x)=\int f'(x)g(x)dx+\int f(x)g'(x)dx$이다.

따라서

$$\int f(x)g'(x)dx=f(x)g(x)-\int f'(x)g(x)dx$$

$$\left(\text{또는 } \int f'(x)g(x)dx=f(x)g(x)-\int f(x)g'(x)dx\right)$$

(2) 적용

① 부분적분법은 피적분함수가 두 함수의 곱으로 표현되어 있으면서, 곧바로 적분하기 어려운 형태일 때 주로 사용한다.

② 미분하기 쉬운 것을 $f(x)$, 적분하기 쉬운 것을 $g'(x)$로 놓으면 계산하기 편리하다.

③ 부분적분법을 이용하는 것이 편리한 부정적분 형태

- 역삼각함수나 역쌍곡선함수를 포함하는 경우
- 로그함수를 포함하는 경우
- $\int e^{ax}\sin bx\,dx$
- $\int e^{ax}\cos bx\,dx$
- $\int \sec^3 x\,dx$
- $\int x^n \sin ax\,dx$
- $\int x^n \cos ax\,dx$

(3) 활용 예시

$\int xe^x dx$를 적분하기 위해서 적분하기 쉬운 e^x를 g', 미분하기 쉬운 x를 f로 놓으면 다음과 같다.

$$\int xe^x dx=xe^x-\int e^x dx$$

위 식에서 우변은 다시 적분할 수 있으므로

$\int xe^x dx=xe^x-e^x+C=(x-1)e^x+C$의 부정적분 결과를 얻을 수 있다.

TIP ▸ 피적분함수에서 f와 g'을 선택하여 더 복잡한 적분을 계산하게 되었다면, f와 g'의 선택을 서로 바꾸어서 계산하면 된다.

개념적용

01

다음을 적분하시오.

(1) $\int x\sin 2x dx$　　(2) $\int x\ln x dx$

(3) $\int \tan^{-1}x dx$　　(4) $\int \sin^{-1}x dx$

공략 포인트

부분적분법

$\int f(x)g'(x)dx$

$= f(x)g(x) - \int f'(x)g(x)dx$

풀이

(1) $f(x)=x$, $g'(x)=\sin 2x$으로 놓으면 $f'(x)=1$, $g(x)=-\frac{1}{2}\cos 2x$이다.

부분적분법에 의하여

$$\int x\sin 2x dx = x\cdot\left(-\frac{1}{2}\cos 2x\right) - \int\left(-\frac{1}{2}\cos 2x\right)dx = -\frac{1}{2}x\cos 2x + \frac{1}{4}\sin 2x + C$$

(2) $f(x)=\ln x$, $g'(x)=x$으로 놓으면 $f'(x)=\frac{1}{x}$, $g(x)=\frac{1}{2}x^2$이다.

부분적분법에 의하여

$$\begin{aligned}\int x\ln x dx &= \frac{1}{2}x^2\ln x - \int\frac{1}{x}\cdot\frac{1}{2}x^2 dx\\ &= \frac{1}{2}x^2\ln x - \int\frac{1}{2}x dx\\ &= \frac{1}{2}x^2\ln x - \frac{1}{4}x^2 + C\end{aligned}$$

(3) $f(x)=\tan^{-1}x$, $g'(x)=1$로 놓으면 $f'(x)=\frac{1}{1+x^2}$, $g(x)=x$이다.

부분적분법에 의하여

$$\begin{aligned}\int (1\times\tan^{-1}x)dx &= x\tan^{-1}x - \int\left(x\times\frac{1}{1+x^2}\right)dx\\ &= x\tan^{-1}x - \frac{1}{2}\int\left(x\times\frac{2}{1+x^2}\right)dx\\ &= x\tan^{-1}x - \frac{1}{2}\ln(1+x^2) + C\end{aligned}$$

(4) $f(x)=\sin^{-1}x$, $g'(x)=1$로 놓으면 $f'(x)=\frac{1}{\sqrt{1-x^2}}$, $g(x)=x$이다.

부분적분법에 의하여

$$\int \sin^{-1}x dx = x\sin^{-1}x - \int\frac{x}{\sqrt{1-x^2}}dx$$

여기서 $\int\frac{x}{\sqrt{1-x^2}}dx = \int\frac{-t}{t}dt$ $(\because \sqrt{1-x^2}=t)$

$$= -t + C = -\sqrt{1-x^2} + C$$

$\therefore \int \sin^{-1}x dx = x\sin^{-1}x + \sqrt{1-x^2} + C$

정답 (1) $-\frac{1}{2}x\cos 2x + \frac{1}{4}\sin 2x + C$ (2) $\frac{1}{2}x^2\ln x - \frac{1}{4}x^2 + C$

(3) $x\tan^{-1}x - \frac{1}{2}\ln(1+x^2) + C$ (4) $x\sin^{-1}x + \sqrt{1-x^2} + C$

02

부정적분 $\int \sec^3 x\,dx$를 구하면? (단, C는 적분상수이다.)

① $\frac{1}{2}(\sec x \tan x - \ln|\sec x + \tan x|) + C$

② $\frac{1}{2}(\sec x \tan x + \ln|\sec x + \tan x|) + C$

③ $-\frac{1}{2}(\sec x \tan x + \ln|\sec x + \tan x|) + C$

④ $-\frac{1}{2}(\sec x \tan x - \ln|\sec x + \tan x|) + C$

공략 포인트

자주 출제되는 부분적분의 형태는 기억해 두어야 한다.

- 역삼각함수나 역쌍곡선함수를 포함하는 경우
- 로그함수를 포함하는 경우
- $\int \sec^3 x\,dx$

풀이

$f(x) = \sec x$, $g'(x) = \sec^2 x$로 놓으면 $f'(x) = \sec x \tan x$, $g(x) = \tan x$이다.

$$\begin{aligned}\int \sec^3 x\,dx &= \int \sec x \sec^2 x\,dx \\ &= \sec x \tan x - \int \sec x \tan^2 x\,dx \\ &= \sec x \tan x - \int \sec x(\sec^2 x - 1)dx \\ &= \sec x \tan x - \int (\sec^3 x - \sec x)dx \\ &= \sec x \tan x - \int \sec^3 x\,dx + \int \sec x\,dx\end{aligned}$$

$$\therefore 2\int \sec^3 x\,dx = \sec x \tan x + \int \sec x\,dx$$

그러므로 구하고자 하는 부정적분 $\int \sec^3 x\,dx$는 $\frac{1}{2}(\sec x \tan x + \ln|\sec x + \tan x|) + C$이다.

$\left(\because \int \sec x\,dx = \ln|\sec x + \tan x| + C\right)$

정답 ②

4 유리함수와 무리함수의 적분

1. 부분분수 변환

(1) 방법: 분수식을 부분분수로 변환하여 항등식을 이용한다.

(2) 형태

① 분모가 일차식의 곱으로 될 때

$$\frac{ax+b}{(x+\alpha)(x+\beta)}=\frac{A}{x+\alpha}+\frac{B}{x+\beta}$$

② 분모가 인수 중 이차 인수가 있을 때

$$\frac{ax^2+bx+c}{(x+\alpha)(x^2+\beta x+r)}=\frac{A}{x+\alpha}+\frac{Bx+C}{x^2+\beta x+r}$$

③ 분모의 인수 중 완전 제곱 식이 있을 때

$$\frac{ax^2+bx+c}{(x+\alpha)(x+\beta)^2}=\frac{A}{x+\alpha}+\frac{B}{x+\beta}+\frac{C}{(x+\beta)^2}$$

④ 분모가 완전 제곱 식인 경우

$$\frac{ax+b}{(x+\alpha)^2}=\frac{A}{x+\alpha}+\frac{B}{(x+\alpha)^2}$$

(3) 예시

$\frac{2x}{x^2-3x+2}=\frac{A}{x-1}+\frac{B}{x-2}$로 놓으면

$\frac{2x}{x^2-3x+2}=\frac{A(x-2)+B(x-1)}{x^2-3x+2}=\frac{(A+B)x-(2A+B)}{x^2-3x+2}$

계수를 비교하면 $A+B=2,\ -2A-B=0 \quad \therefore A=-2,\ B=4$

즉, $\frac{2x}{x^2-3x+2}=-\frac{2}{x-1}+\frac{4}{x-2}$이다.

2. 유리함수의 적분법

(1) 방법

유리함수의 부정적분을 구할 때는 주어진 유리함수를 간단한 유리함수의 합 또는 차로 나타내어 적분하면 편리한 경우가 있다. 이때 주로 사용되는 방법이 부분분수 변환이다.

(2) 형태

① (분자의 차수) ≥ (분모의 차수)

- 인수분해가 가능하면, 인수분해 후 약분한다.
- 인수분해가 불가능하면, 직접 나눗셈하여 몫과 나머지로 분할한다.

② (분자의 차수) < (분모의 차수)

부분분수로 변환하고 적분한다.

③ 분모가 인수분해 되지 않는 2차식

완전제곱꼴 형태로 고쳐서 삼각치환을 이용하여 적분한다.

3. 무리함수의 적분법

(1) 형태

① 근호 안이 일차식일 때

- $\int f(x, \sqrt[n]{ax+b})\,dx$ 인 경우, $\sqrt[n]{ax+b}=t$ 로 하여 모든 변수를 t 의 함수로 고쳐서 적분한다.
- $\int f(x, \sqrt[n]{ax+b}, \sqrt[m]{ax+b})\,dx$ 인 경우, n, m 의 최소공배수를 k 라 할 때,

  $\sqrt[k]{ax+b}=t$ 라 하여 모든 변수를 t 의 함수로 고쳐서 적분한다.

② 근호 안이 이차식일 때

완전제곱꼴 형태로 고쳐서 삼각치환을 이용하여 적분한다.

개념적용

01

다음을 적분하시오.

(1) $\displaystyle\int \frac{5x+3}{x^3-2x^2-3x}dx$

(2) $\displaystyle\int \frac{1}{x^2+4x+13}dx$

공략 포인트

유리함수의 적분법

(1) 분모의 차수가 더 큰 경우, 부분분수로 변환하여 적분한다.

(2) 분모가 인수분해 되지 않는 2차식의 경우, 완전제곱 형태로 고쳐서 삼각치환을 이용하여 적분한다.

$\sqrt{x^2+a^2}$, x^2+a^2이 적분에 포함된 경우 $\Rightarrow x=a\tan\theta$로 치환

풀이

(1) 주어진 식의 분모는 $x(x+1)(x-3)$으로 인수분해 되기 때문에

$\dfrac{5x+3}{x^3-2x^2-3x}=\dfrac{A}{x}+\dfrac{B}{x+1}+\dfrac{C}{x-3}$로 놓은 후 A, B, C를 결정한다.

위의 분수를 정리하면 다음과 같다.

$5x+3=A(x+1)(x-3)+Bx(x-3)+Cx(x+1)$

정리하여 구하면 $A=-1$, $B=-\dfrac{1}{2}$, $C=\dfrac{3}{2}$이다.

$$\therefore \int \frac{5x+3}{x^3-2x^2-3x}dx=-\int \frac{1}{x}dx-\frac{1}{2}\int \frac{1}{x+1}dx+\frac{3}{2}\int \frac{1}{x-3}dx$$

$$=-\ln|x|-\frac{1}{2}\ln|x+1|+\frac{3}{2}\ln|x-3|+C$$

(2) $\displaystyle\int \frac{1}{x^2+4x+13}dx=\int \frac{1}{(x+2)^2+3^2}dx$이고

$x+2=3\tan\theta$로 치환하면 $dx=3\sec^2\theta\, d\theta$이다. 그리고

$(x+2)^2+3^2=9\tan^2\theta+9=9(\tan^2\theta+1)=9\sec^2\theta$이므로

$$\int \frac{1}{(x+2)^2+3^2}dx=\int \frac{1}{9\sec^2\theta}3\sec^2\theta\, d\theta=\frac{1}{3}\int 1\, d\theta=\frac{1}{3}\theta+C=\frac{1}{3}\tan^{-1}\left(\frac{x+2}{3}\right)+C$$

$\left(\because\ x+2=3\tan\theta \Leftrightarrow \dfrac{x+2}{3}=\tan\theta \Leftrightarrow \theta=\tan^{-1}\left(\dfrac{x+2}{3}\right)\right)$

정답 (1) $-\ln|x|-\dfrac{1}{2}\ln|x+1|+\dfrac{3}{2}\ln|x-3|+C$ (2) $\dfrac{1}{3}\tan^{-1}\left(\dfrac{x+2}{3}\right)+C$

02

다음을 적분하시오.

(1) $\displaystyle\int \frac{1}{x+\sqrt{x}}\,dx$

(2) $\displaystyle\int \frac{3x-1}{\sqrt{x+1}}\,dx$

(3) $\displaystyle\int \frac{\sqrt[4]{x}}{1+\sqrt{x}}\,dx$

공략 포인트

근호 안이 일차식인 형태의 무리함수의 적분은 변수를 치환하여 적분한다.

풀이

(1) $\displaystyle\int \frac{1}{x+\sqrt{x}}\,dx = \int \frac{1}{t^2+t}\cdot 2t\,dt\ \left(\because\ \sqrt{x}=t,\ \frac{1}{2\sqrt{x}}dx = dt \Leftrightarrow dx = 2t\,dt\right)$

$\displaystyle= 2\int \frac{1}{t+1}\,dt = 2\ln(\sqrt{x}+1)+C$

(2) $\displaystyle\int \frac{3x-1}{\sqrt{x+1}}\,dx = \int \frac{3(t^2-1)-1}{t}\cdot 2t\,dt\ \left(\because\ \sqrt{x+1}=t,\ \frac{1}{2\sqrt{x+1}}dx = dt \Leftrightarrow dx = 2t\,dt\right)$

$\displaystyle= 2\int (3t^2-4)\,dt$

$= 2(t^3-4t)+C$

$= 2\{(\sqrt{x+1})^3 - 4\sqrt{x+1}\}+C$

(3) $\displaystyle\int \frac{\sqrt[4]{x}}{1+\sqrt{x}}\,dx = \int \frac{t}{1+t^2}\cdot 4t^3\,dt\ \left(\because\ \sqrt[4]{x}=t,\ \frac{1}{4}x^{-\frac{3}{4}}dx = dt \Leftrightarrow dx = 4t^3\,dt\right)$

$\displaystyle= 4\int \frac{t^4}{1+t^2}\,dt = 4\int \frac{t^4-1+1}{1+t^2}\,dt = 4\int \frac{(t^2+1)(t^2-1)+1}{1+t^2}\,dt$

$\displaystyle= 4\int \left(t^2-1+\frac{1}{1+t^2}\right)dt$

$\displaystyle= 4\left(\frac{1}{3}t^3 - t + \tan^{-1}t\right)+C$

$\displaystyle= 4\left(\frac{1}{3}(\sqrt[4]{x})^3 - \sqrt[4]{x} + \tan^{-1}(\sqrt[4]{x})\right)+C$

정답 (1) $2\ln(\sqrt{x}+1)+C$ (2) $2\{(\sqrt{x+1})^3 - 4\sqrt{x+1}\}+C$
(3) $4\left(\frac{1}{3}(\sqrt[4]{x})^3 - \sqrt[4]{x} + \tan^{-1}(\sqrt[4]{x})\right)+C$

5 다양한 형태의 적분법

1. 지수함수의 부정적분

e^x 를 포함하는 경우 $e^x=t$, $x=\ln t$, $dx=\frac{1}{t}dt$ 로 두고 부분분수로 변환하여 적분한다.

2. 삼각적분

(1) **방법**: 아래 각 형태에 맞춰 풀이한다.

(2) **형태**

① $\int \frac{1}{a\sin x+b\cos x}dx$

$\tan\frac{x}{2}=t$ 로 치환하여 적분한다. 이때 $\sin x=\frac{2t}{1+t^2}$, $\cos x=\frac{1-t^2}{1+t^2}$, $dx=\frac{2}{1+t^2}dt$이다.

② $\int \frac{1}{a+b\tan x}dx$

$\tan x=t$ 로 치환하여 적분한다. 이때 $dx=\frac{1}{1+t^2}dt$이다.

③ $\int \sin^n x\,dx$, $\int \cos^n x\,dx$

- n이 짝수인 양의 정수일 경우는 반각 공식을 여러 번 사용하여 적분한다.
- n이 홀수인 양의 정수일 경우는 $\sin^n x=\sin^{n-1}x\sin x$, $\cos^n x=\cos^{n-1}x\cos x$ 로 고쳐 쓴 다음, 삼각항등식 $\sin^2 x+\cos^2 x=1$을 이용하여 $\sin^{n-1}x$ 와 $\cos^{n-1}x$ 를 각각 $\cos x$ 와 $\sin x$의 거듭 제곱꼴로 바꾸어서 적분한다.

④ $\int \tan^n x\ dx$ (여기서 n은 양의 정수)

$1+\tan^2 x=\sec^2 x$ 을 이용하여 적분한다.

⑤ $\int \sin^m x\cos^n x\ dx$

- n 이 홀수인 양의 정수일 경우
  한 개의 $\cos x$만 남겨두고 나머지 인수들은 $\cos^2 x=1-\sin^2 x$를 이용하여 $\sin x$로 나타낸다. 그다음 $t=\sin x$로 치환하여 적분한다.
- m이 홀수인 양의 정수일 경우
  한 개의 $\sin x$만 남겨두고 나머지 인수들은 $\sin^2 x=1-\cos^2 x$를 이용하여 $\cos x$로 나타낸다. 그다음 $t=\cos x$로 치환하여 적분한다.

• m 또는 n이 모두 짝수인 양의 정수일 경우
반각 공식을 이용하여 적분한다.

TIP ▸ 반각공식

$\sin^2\alpha=\dfrac{1-\cos2\alpha}{2}$

$\cos^2\alpha=\dfrac{1+\cos2\alpha}{2}$

$\tan^2\alpha=\dfrac{1-\cos2\alpha}{1+\cos2\alpha}$

⑥ $\int\tan^m x\sec^n x\,dx$

• n이 짝수인 양의 정수일 경우
$\sec^2x$ 인수를 떼어내고 남은 $\sec^2x$는 항등식 $\sec^2x=1+\tan^2x$를 이용하여 나머지 인수들은 $\tan x$로 나타낸다. 그다음 $t=\tan x$로 치환하여 적분한다.

• m이 홀수인 양의 정수일 경우
$\sec x\tan x$를 떼어내면 $\tan x$의 짝수 제곱꼴만 남으므로 $\tan^2x=\sec^2x-1$를 이용하여 $\sec x$만을 포함하는 식으로 나타낸다. 그다음 $t=\sec x$로 치환하여 적분한다.

⑦ 두 삼각함수의 곱

• $\int\sin mx\sin nx\,dx$

$\sin mx\sin nx=-\dfrac{1}{2}\{\cos(m+n)x-\cos(m-n)x\}$로 변형하여 적분한다.

• $\int\sin mx\cos nx\,dx$

$\sin mx\cos nx=\dfrac{1}{2}\{\sin(m+n)x+\sin(m-n)x\}$로 변형하여 적분한다.

• $\int\cos mx\cos nx\,dx$

$\cos mx\cos nx=\dfrac{1}{2}\{\cos(m+n)x+\cos(m-n)x\}$로 변형하여 적분한다.

TIP ▸ 삼각함수 곱셈 공식

$\sin x\cos y=\dfrac{1}{2}\{\sin(x+y)+\sin(x-y)\}$

$\cos x\sin y=\dfrac{1}{2}\{\sin(x+y)-\sin(x-y)\}$

$\cos x\cos y=\dfrac{1}{2}\{\cos(x+y)+\cos(x-y)\}$

$\sin x\sin y=-\dfrac{1}{2}\{\cos(x+y)-\cos(x-y)\}$

개념적용

01

다음 부정적분을 구하시오.

(1) $\int \frac{2}{e^x+2}dx$　　(2) $\int \frac{1}{e^x+e^{-x}}dx$

공략 포인트

e^x 를 포함한 지수함수가 적분이 되지 않을 때는 다음과 같이 적분한다.

$e^x=t,\ x=\ln t,\ dx=\frac{1}{t}dt$

풀이

(1) $\int \frac{2}{e^x+2}dx=\int \frac{2}{t+2}\cdot\frac{1}{t}dt$ ($\because e^x=t$, $e^xdx=dt \Leftrightarrow dx=\frac{1}{t}dt$)

여기서 $\frac{2}{(t+2)t}=\frac{\mathrm{A}}{t+2}+\frac{\mathrm{B}}{t}=\frac{\mathrm{A}t+\mathrm{B}(t+2)}{(t+2)t}$ 를 정리하면 $\mathrm{A}=-1, \mathrm{B}=1$이므로

$$=\int\left(\frac{-1}{t+2}+\frac{1}{t}\right)dt=-\ln|t+2|+\ln|t|+C$$

$$=-\ln(e^x+2)+\ln e^x+C=\ln\frac{e^x}{e^x+2}+C$$

(2) $\int \frac{1}{e^x+e^{-x}}dx=\int \frac{1}{t+\frac{1}{t}}\cdot\frac{1}{t}dt$ ($\because e^x=t$, $dx=\frac{1}{t}dt$)

$$=\int \frac{1}{1+t^2}dt=\tan^{-1}t+C$$

$$=\tan^{-1}e^x+C$$

정답 (1) $-\ln(e^x+2)+\ln e^x+C$ 또는 $\ln\frac{e^x}{e^x+2}+C$ (2) $\tan^{-1}e^x+C$

02

다음 부정적분을 구하시오.

(1) $\int \frac{2}{1+\tan x}dx$ (2) $\int \sin^3 x\,dx$

(3) $\int \sin^3 x \cos^2 x\,dx$ (4) $\int \tan x \sec^4 x\,dx$

(5) $\int \sin 3x \cos 5x\,dx$

공략 포인트

(1) $\int \frac{1}{a+b\tan x}dx$

$\tan x = t$로 치환하여 적분한다.

이때 $dx = \frac{1}{1+t^2}dt$ 이다.

(2), (3) $\int \sin^n x\ dx$

n이 홀수인 양의 정수일 경우는 $\sin^n x = \sin^{n-1}x\sin x$로 고쳐쓴 다음 삼각항등식을 이용하여 전개한다.

(4) $\int \tan^m x \sec^n x\ dx$

n이 짝수인 양의 정수일 경우에는 $\sec^2 x$ 인수를 떼어내고 남은 $\sec^2 x$는 항등식 $\sec^2 x = 1+\tan^2 x$를 이용하여 전개한다.

(5) 두 삼각함수의 곱 형태 삼각함수 곱셈 공식을 활용하여 형태를 변형하여 적분한다.

$\sin mx \cos nx = \frac{1}{2}\{\sin(m+n)x + \sin(m-n)x\}$

풀이

(1) $\int \frac{2}{1+\tan x}dx = \int \frac{2}{1+t}\cdot\frac{1}{1+t^2}dt$ ($\because$ $\tan x = t$, $dx = \frac{1}{1+t^2}dt$)

$= \int\left(\frac{1}{1+t}+\frac{At+B}{1+t^2}\right)dt$ $(A=-1,\ B=1) = \int\left(\frac{1}{1+t}+\frac{-t}{1+t^2}+\frac{1}{1+t^2}\right)dt$

$= \ln(1+t) - \frac{1}{2}\ln(1+t^2) + \tan^{-1}t + C$

$= \ln(1+\tan x) - \frac{1}{2}\ln(1+\tan^2 x) + \tan^{-1}(\tan x) + C$

$= \ln(1+\tan x) - \ln(\sec x) + x + C$

(2) $\int \sin^3 x\,dx = \int \sin^2 x\cdot\sin x\,dx = \int (1-\cos^2 x)\sin x\,dx$ 에서 $\cos x = t$ 라 하면, $-\sin x dx = dt$ 이다.

$\therefore \int (1-\cos^2 x)\sin x\,dx = \int (1-t^2)(-1)dt$

$= \frac{1}{3}t^3 - t + C = \frac{1}{3}\cos^3 x - \cos x + C$

(3) $\int \sin^3 x \cos^2 x\,dx = \int \sin^2 x\cos^2 x\sin x\,dx$

$= \int (1-\cos^2 x)\cos^2 x\sin x\,dx$

$= \int (\cos^2 x - \cos^4 x)\sin x\,dx$

$= \int (t^2 - t^4)(-dt)$ ($\because$ $\cos x = t$, $-\sin x\,dx = dt$) $= -\frac{1}{3}t^3 + \frac{1}{5}t^5 + C$

$= -\frac{1}{3}\cos^3 x + \frac{1}{5}\cos^5 x + C$

(4) $\int \tan x \sec^4 x\,dx = \int \tan x \sec^2 x(1+\tan^2 x)dx$

$= \int (\tan x\sec^2 x + \tan^3 x\sec^2 x)dx$

$= \int \tan x\sec^2 x\,dx + \int \tan^3 x\sec^2 x\,dx$

$= \frac{1}{2}\tan^2 x + \frac{1}{4}\tan^4 x + C = \frac{1}{4}\tan^2 x(2+\tan^2 x) + C$

$= \frac{1}{4}(\sec^2 x - 1)(\sec^2 x + 1) + C = \frac{1}{4}\sec^4 x - \frac{1}{4} + C$

$= \frac{1}{4}\sec^4 x + C$

(5) $\int \sin 3x \cos 5x\,dx = \frac{1}{2}\int \{\sin 8x + \sin(-2x)\}\,dx$

$= -\frac{1}{16}\cos 8x + \frac{1}{4}\cos(-2x) + C$

$= -\frac{1}{16}\cos 8x + \frac{1}{4}\cos 2x + C$

정답 (1) $\ln(1+\tan x) - \ln(\sec x) + x + C$ (2) $\frac{1}{3}\cos^3 x - \cos x + C$

(3) $-\frac{1}{3}\cos^3 x + \frac{1}{5}\cos^5 x + C$ (4) $\frac{1}{4}\sec^4 x + C$ (5) $-\frac{1}{16}\cos 8x + \frac{1}{4}\cos 2x + C$

대표출제유형

6 부정적분과 여러 가지 적분법

출제경향 분석

미분에서 배웠던 공식을 역으로 생각하면 암기하기 쉬운 적분법은 주요 공식을 암기하고 있어야 향후 다변수미적분과 공학수학 등의 문제를 해결할 때 시간을 단축할 수 있습니다.

치환적분에 관해 묻는 문제가 가장 많고, 그 다음으로 부분적분이 자주 출제되고 있습니다.

대학별 편입시험의 난이도가 높아지면서 부정적분에 관한 단독 출제비중이 줄어들었다는 것은 다른 수학이론과 연계된 문제의 출제비중이 늘어났다는 것을 의미합니다. 따라서 부정적분 뿐만 아니라 관련 이론에 대한 이해도를 높이고, 실전문제에 적용하는 연습을 해야 합니다.

01 부정적분 (기본 공식)

개념 1. 부정적분

부정적분 $\int\left\{\left(x+\frac{1}{\sqrt{x}}\right)^2-5^x\right\}dx$를 구하면?

① $\frac{1}{3}x^3-\frac{1}{3}x^{\frac{3}{2}}+\ln|x|-5^x\ln5+C$

② $\frac{1}{3}x^3+\frac{2}{3}x^{\frac{3}{2}}+\ln|x|+5^x\ln5+C$

③ $\frac{1}{3}x^3+\frac{4}{3}x^{\frac{3}{2}}+\ln|x|-\frac{5^x}{\ln5}+C$

④ $\frac{1}{3}x^3-\frac{4}{3}x^{\frac{3}{2}}+\ln|x|+\frac{5^x}{\ln5}+C$

풀이

STEP A 주어진 식을 전개하기

$$\int\left\{\left(x+\frac{1}{\sqrt{x}}\right)^2-5^x\right\}dx=\int\left(x^2+2\sqrt{x}+\frac{1}{x}-5^x\right)dx$$

STEP B 각각에 대하여 부정적분 공식을 활용해 적분하기

$$\int\left(x^2+2\sqrt{x}+\frac{1}{x}-5^x\right)dx=\frac{1}{3}x^3+\frac{4}{3}x^{\frac{3}{2}}+\ln|x|-\frac{5^x}{\ln5}+C$$

정답 ③

02
부정적분 (치환적분)

개념 2. 치환적분

$\int \frac{(\ln x)^2}{x} dx$를 계산하면? (단, C는 적분상수이다.)

① $\frac{1}{4}(\ln x)^3 + C$　② $\frac{1}{3}(\ln x)^3 + C$　③ $\frac{1}{2}(\ln x)^3 + C$　④ $(\ln x)^3 + C$

풀이

STEP A 피적분함수를 적절하게 치환하기

$\ln x = u$로 놓으면 $\frac{1}{x}dx = du$

STEP B x에 대한 형태를 치환한 u에 대해 적분하기

$$\int \frac{(\ln x)^2}{x} dx = \int u^2 du = \frac{1}{3}u^3 + C$$

STEP C 나타낸 식을 다시 최종적으로 구하고자 하는 x에 대해 나타내기

$$\int \frac{(\ln x)^2}{x} dx = \frac{1}{3}u^3 + C = \frac{1}{3}(\ln x)^3 + C$$

정답 ②

03 부정적분 (삼각치환)

개념 2. 치환적분

다음 $\int \frac{1}{x^2+a^2}dx$를 적분하면? (단, C는 적분상수이다.)

① $a\tan x+C$ ② $a\sec^2 x+C$ ③ $\frac{1}{a}\sec^{-1}\left(\frac{a}{x}\right)+C$ ④ $\frac{1}{a}\tan^{-1}\left(\frac{x}{a}\right)+C$

풀이

STEP A 적분식에 x^2+a^2이 포함되었으므로 $x=a\tan t$로 치환하기

$x=a\tan t$, $dx=a\sec^2 t dt$

STEP B x에 대한 형태를 치환한 t에 대해 적분하기

$$\begin{aligned}\int \frac{1}{x^2+a^2}dx &= \int \frac{1}{a^2\tan^2 t+a^2}\cdot a\sec^2 t dt \\ &= \int \frac{a\sec^2 t}{a^2(\tan^2 t+1)}dt \\ &= \int \frac{a\sec^2 t}{a^2\sec^2 t}dt \\ &= \int \frac{1}{a}dt \\ &= \frac{1}{a}t+C\end{aligned}$$

STEP C 나타낸 식을 다시 최종적으로 구하고자 하는 x에 대해 나타내기

$$\int \frac{1}{x^2+a^2}dx = \frac{1}{a}t+C = \frac{1}{a}\tan^{-1}\left(\frac{x}{a}\right)+C$$

$(\because\ x=a\tan t \Leftrightarrow \frac{x}{a}=\tan t \Leftrightarrow t=\tan^{-1}\left(\frac{x}{a}\right))$

정답 ④

04 부분적분

개념 3. 부분적분

다음 $\int x\tan^{-1}x\,dx$를 적분하면?

① $\tan^2 x + C$

② $\sec^2 x + C$

③ $\frac{1}{2}x^2\tan^{-1}x - \frac{1}{2}(x - \tan^{-1}x) + C$

④ $\frac{1}{2}x^2\tan^{-1}\left(\frac{x}{2}\right) + C$

풀이

STEP A 적분하기 쉬운 x를 $g'(x)$로, 미분하기 쉬운 $\tan^{-1}x$를 $f(x)$로 놓기

$g'(x) = x$, $f(x) = \tan^{-1}x$이라 놓으면 $g(x) = \frac{1}{2}x^2$, $f'(x) = \frac{1}{1+x^2}$이다.

STEP B 부분적분법에 의해 전개하여 구하고자 하는 값을 도출하기

$$\begin{aligned}\int x\tan^{-1}x\,dx &= \frac{1}{2}x^2\tan^{-1}x - \frac{1}{2}\int \frac{x^2}{1+x^2}dx \\ &= \frac{1}{2}x^2\tan^{-1}x - \frac{1}{2}\int\left(1 - \frac{1}{1+x^2}\right)dx \\ &= \frac{1}{2}x^2\tan^{-1}x - \frac{1}{2}(x - \tan^{-1}x) + C\end{aligned}$$

정답 ③

05 유리함수의 적분

🔍 개념 4. 유리함수와 무리함수의 적분

다음을 적분하시오.

$$\int \frac{4x}{(x^2-1)(x+1)}\,dx$$

① $-\ln|x+1|-2\dfrac{1}{x+1}+\ln|x-1|+C$

② $-\ln|x+1|+C$

③ $-\dfrac{1}{x+1}+C$

④ $\ln|x-1|+C$

풀이

STEP A 유리함수의 부정적분을 구할 때 분모의 차수가 큰 경우이므로, 우선 부분분수로 변환하기

$$\begin{aligned}\frac{4x}{(x^2-1)(x+1)} &= \frac{A}{x+1}+\frac{B}{(x+1)^2}+\frac{C}{x-1}\\ &= \frac{A(x+1)(x-1)+B(x-1)+C(x+1)^2}{(x+1)^2(x-1)}\\ &= \frac{(A+C)x^2+(B+2C)x-A-B+C}{(x+1)^2(x-1)}\end{aligned}$$

따라서 $A+C=0$, $B+2C=4$, $-A-B+C=0$이다.

이 세 식을 연립해서 풀면 $A=-1$, $B=2$, $C=1$이다.

즉, $\dfrac{4x}{(x^2-1)(x+1)}=\dfrac{-1}{x+1}+\dfrac{2}{(x+1)^2}+\dfrac{1}{x-1}$

STEP B 부분분수로 변환된 식을 적분하기

$$\begin{aligned}\int \frac{4x}{(x^2-1)(x+1)}\,dx &= \int\left(\frac{-1}{x+1}+\frac{2}{(x+1)^2}+\frac{1}{x-1}\right)dx\\ &= -\ln|x+1|-2\frac{1}{x+1}+\ln|x-1|+C\end{aligned}$$

정답 ①

06 삼각적분

개념 5. 다양한 형태의 적분법

$\int \sin^8 x dx = -A\sin^7 x\cos x + B\int \sin^6 x dx$가 성립하도록 $A+B$의 값을 구하면?

① $\frac{5}{8}$ ② $\frac{7}{8}$ ③ 1 ④ 2

풀이

STEP A 삼각적분 형태에 맞춰 꼴을 변형하기

$$\int \sin^8 x dx = \int \sin x \sin^7 x dx \quad \begin{pmatrix} f' = \sin x, \ g = \sin^7 x \\ f = -\cos x, \ g' = 7\sin^6 x\cos x \end{pmatrix}$$
$$= -\cos x\sin^7 x + 7\int \sin^6 x\cos^2 x dx$$
$$= -\cos x\sin^7 x + 7\int (\sin^6 x - \sin^8 x) dx$$

STEP B 변환한 식을 이항한 후 전개하여 구하고자 하는 식의 형태를 완성하기

$$(1+7)\int \sin^8 x dx = -\cos x\sin^7 x + 7\int \sin^6 x dx$$
$$8\int \sin^8 x dx = -\cos x\sin^7 x + 7\int \sin^6 x dx$$
$$\int \sin^8 x dx = -\frac{1}{8}\cos x\sin^7 x + \frac{7}{8}\int \sin^6 x dx$$
$$\therefore A = \frac{1}{8},\ B = \frac{7}{8}$$

구하고자 하는 $A+B=1$이다.

 ③

7 부정적분과 여러 가지 적분법

정답 및 풀이 p.186

01 미분가능한 함수 $f:\left(-\frac{\pi}{2}, \frac{\pi}{2}\right) \to \mathbb{R}$에 대하여 곡선 $y=f(x)$가 점 $\left(\frac{\pi}{4}, \frac{3}{2}\right)$을 지나고, 이 곡선 위의 임의의 점 $(x, f(x))$에서의 접선의 기울기가 $\frac{\tan x}{\sin 2x}$일 때, $f\left(\frac{\pi}{3}\right)$의 값은?

① $\sqrt{3}+1$　② $\sqrt{3}-1$　③ $\frac{\sqrt{3}}{2}+1$　④ $\frac{\sqrt{3}}{2}-1$

02 $F''(x)=6x+15\sqrt{x}$, $F'(1)=1$, $F(1)=0$을 만족하는 함수 $F(x)$에 대하여 $F(4)$의 값은?

① 52　② 79　③ 149　④ 151

03 $f(x+h)-f(x)=(ax+3)h-3h^2$이고, $f(0)=1$, $f(1)=0$을 만족하는 미분가능한 함수 $f(x)$에 대하여 $f(-1)$의 값은?

① -9　② -8　③ -7　④ -6

04 다음 중 부정적분을 계산하였을 때, $\ln|x+1|$ 항이 있는 식을 모두 고르면?

ㄱ. $\int \frac{2x}{x^2-1}dx$　　ㄴ. $\int \frac{x^2+1}{x(x+1)^2}dx$

ㄷ. $\int \frac{2}{x(x+1)(x+2)}dx$

① ㄱ, ㄴ　② ㄱ, ㄷ　③ ㄴ, ㄷ　④ ㄱ, ㄴ, ㄷ

05 아래의 (ㄱ), (ㄴ)에 알맞은 식을 차례대로 나열한 것은?

$u=\tan^{-1}x$, $dv=dx$로 놓으면 $du=\frac{dx}{1+x^2}$, $v=x$이다.

따라서 부분적분법에 의해 $\int \tan^{-1}x\,dx = \boxed{ㄱ} - \int \frac{x}{x^2+1}dx = \boxed{ㄱ} - \boxed{ㄴ} + C$

(단, C는 적분상수이다.)

① $x\tan^{-1}x$, $\frac{1}{2}\ln(x^2+1)$　② $x\sec x$, $\frac{1}{2}\ln(x^2+1)$

③ $x\tan^{-1}x$, $\frac{1}{2}\ln(x^2-1)$　④ $x\sec x$, $\frac{1}{2}\ln(x^2-1)$

06 부정적분 $I=\int(\sin^{-1}x)^2dx$에 대하여 다음과 같을 때, J는? (단, C는 적분상수이다.)

$$I=x(\sin^{-1}x)^2-2J+C$$

① $-\sqrt{1-x^2}\sin^{-1}x-x$　② $-\sqrt{1-x^2}\sin^{-1}x+x$

③ $\sqrt{1-x^2}\sin^{-1}x-x$　④ $\sqrt{1-x^2}\sin^{-1}x+x$

07 함수 $f(x)=\int 56x(2x-1)^{12}dx$가 $f(0)=-\frac{2}{13}$을 만족시킬 때, $f(1)$의 값은?

① 1　② $\frac{4}{13}$　③ $\frac{27}{13}$　④ 2

08 상수 a, b, c에 대하여 다음의 식이 성립할 때, $a+b+c$의 값은?

$$\int\left(2x+\frac{1}{x}\right)\ln x\,dx = ax^2\ln x + b(\ln x)^2 + cx^2 + (\text{적분 상수})$$

① -1　② $-\frac{1}{2}$　③ 0　④ 1

09 함수 $f(x)$의 부정적분을 $F(x)$라 할 때, $F(x)=xf(x)-x^2\ln x$, $f(1)=0$이 성립한다.
이때, $f(e)$의 값은?

① $2e-1$　② $e-1$　③ $e+1$　④ $2e+1$

10 부정적분 $\int \sec x \tan^2 x\, dx$를 구하면?

① $\sec x \tan x - \ln|\sec x + \tan x| + C$

② $\frac{1}{2}(\sec x \tan x - \ln|\sec x + \tan x|) + C$

③ $\sec x \tan x + \ln|\sec x + \tan x| + C$

④ $\frac{1}{2}(\sec x \tan x + \ln|\sec x + \tan x|) + C$

11 부정적분 $\int \frac{1}{e^x + 4e^{-x} + 5} dx$를 구하시오. (단, 적분상수는 0으로 간주한다.)

① $\frac{1}{3} \ln \frac{e^x + 1}{3e^x + 4}$

② $\frac{1}{3} \ln \frac{2e^x + 1}{e^x + 4}$

③ $\frac{1}{3} \ln \frac{e^x + 1}{e^x + 4}$

④ $\frac{1}{3} \ln \frac{2e^x + 1}{2e^x + 4}$

12 $\int \cos^n x dx = A(n) \cos^n x\ f(x) + B(n) \int \cos^{n-2} x dx$라 할 때, $\frac{B(2)}{A(2)} - f\left(\frac{\pi}{4}\right)$의 값은?

① 0

② 2

③ $1 - \frac{\sqrt{2}}{2}$

④ $2 - \frac{\sqrt{2}}{2}$

정적분과 그 성질

출제 비중 & 빈출 키워드 리포트

단원	출제 비중 (합계 30%)	빈출 키워드
1. 정적분	17%	· 정적분의 성질
2. 역함수의 정적분 및 왈리스 공식	4%	· 역함수의 정적분
3. 정적분과의 관계	7%	· 왈리스 공식
4. 정적분의 근삿값	2%	· 정적분과 무한급수의 관계

1 정적분

1. 정적분

(1) 정의

연속함수 $f:[a, b]\to R$가 유계함수일 때, $[a, b]$의 임의의 분할

$P=\{x_0(=a), x_1, x_2, \cdots, x_n(=b)\}$의 각 소구간

$I_k=[x_{k-1}, x_k]$, $\Delta x_k=x_k-x_{k-1}$, $k=1, 2, 3, \cdots$에 대하여

함숫값 $f(x_k)$의 최댓값, 최솟값을 각각 $M_k=\sup\{f(x)|x\in I_k\}$, $m_k=\inf\{f(x)|x\in I_k\}$라 두면

$L(f, P)=\sum_{k=1}^{n} m_k\Delta x_k$, $U(f, P)=\sum_{k=1}^{n} M_k\Delta x_k$를 각각 분할 P에 대한 f의 리만 하합, 리만 상합이라고 한다.

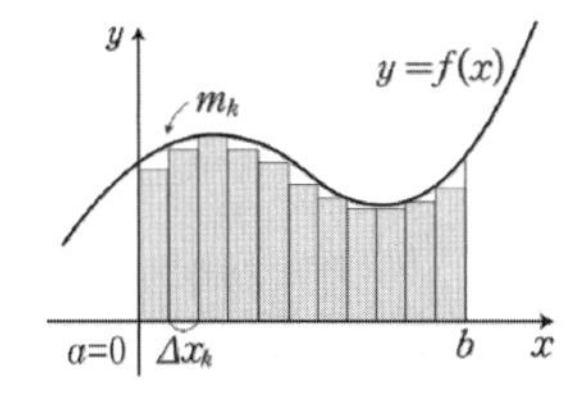

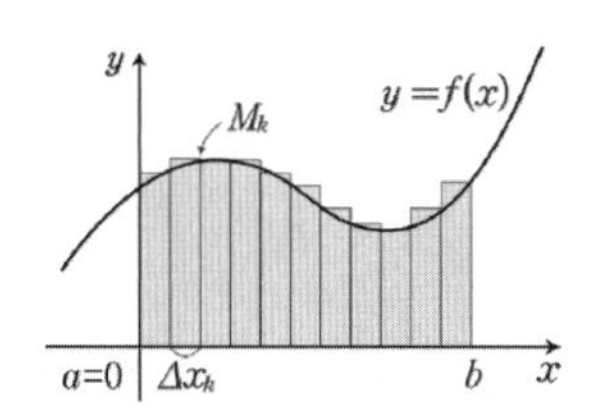

위의 그림에서 세 직선 $x=a, x=b$, $y=0$과 $y=f(x)(>0)$의 그래프로 둘러싸인 면적을 S라 하면

$L(f, P) \le S \le U(f, P)$가 성립한다. 이때, $n\to\infty$이면 $\Delta x_k\to 0$이고 함수 f의 연속성으로부터

$\lim_{n\to\infty} L(f, P)=S=\lim_{n\to\infty} U(f, P)$가 성립한다. x_k^*를 구간 $[x_{k-1}, x_k]$의 임의의 표본점이라 하면

$m_k \le f(x_k^*) \le M_k$이고, $\lim_{n\to\infty}\sum_{k=1}^{n} f(x_k^*)\Delta x_k=S$ 이다.

이 극한값을 함수 f의 정적분이라 하고, $\int_a^b f(x)\,dx$로 나타낸다. 이때 a를 적분의 아래끝(하한), b를 적분의 위끝(상한)이라 한다.

이 극한값이 존재할 때, 함수 $f(x)$는 구간 $[a, b]$에서 '적분가능하다'고 한다.

$$\int_a^b f(x)dx=\int_a^b f(t)dt=\int_a^b f(\theta)d\theta$$

이때 변수 x는 적분값과는 무관하며, 정적분의 변수를 더미변수라고도 한다.

(2) 연속함수의 적분가능성

함수 f가 구간 $[a, b]$에서 연속이거나 유계이고 유한개의 불연속점을 가지면 f는 구간 $[a, b]$에서 적분가능하다.

즉, 정적분 $\int_a^b f(x)dx$가 존재한다.

TIP ▸ $[a, b]$에서 f가 유계이고 유한개의 불연속점만이 존재한다는 것은 적분 영역이 존재한다는 것을 뜻한다. 또, 연속인 함수는 적분가능하므로 미분가능한 함수는 적분가능한 함수이다.

2. 정적분의 주요 성질

(1) 두 함수 $f(x)$, $g(x)$가 적분가능하면 다음 성질을 만족한다.

① $\int_a^b f(x)\,dx = -\int_b^a f(x)dx \ (a>b)$

② $\int_a^a f(x)dx = 0$

③ $\int_a^b cf(x)dx = c\int_a^b f(x)dx$

④ $\int_a^b \{f(x) \pm g(x)\}dx = \int_a^b f(x)dx \pm \int_a^b g(x)dx$

⑤ $\int_a^b f(x)dx = \int_a^c f(x)dx + \int_c^b f(x)dx$

TIP▸ 성질 ⑤는 a, b, c의 대소에 관계없이 성립한다.

(2) $x \in [a, b]$이고 $a \le x \le b$일 때, 다음 성질을 만족한다.

① $0 \le f(x)$이면 $0 \le \int_a^b f(x)\,dx$

② $f(x) \le g(x)$이면 $\int_a^b f(x)dx \le \int_a^b g(x)dx$

③ $\left|\int_a^b f(x)dx\right| \le \int_a^b |f(x)|dx$

④ $m \le f(x) \le M$이면 $m(b-a) \le \int_a^b f(x)dx \le M(b-a)$

(3) 우함수, 기함수에 따른 성질

① 연속함수 f가 우함수, 즉 $f(-x)=f(x)$이면, $\int_{-a}^a f(x)dx = 2\int_0^a f(x)dx$가 성립한다.

② 연속함수 f가 기함수, 즉 $f(-x)=-f(x)$이면, $\int_{-a}^a f(x)dx = 0$이 성립한다.

TIP▸ 우함수: $y=c$, $y=x^2$, $y=\cos x$, $y=\cosh x$, $y=\sec x$, $\cdots$
기함수: $y=x$, $y=x^3$, $y=\sin x$, $y=\tan x$, $y=\sin^{-1}x$, $y=\tan^{-1}x$, $y=\sinh x$, $\cdots$

(4) 연속함수의 평균값

f가 $[a, b]$에서 적분가능하면 $[a, b]$ 위에서 f의 평균값은 다음과 같이 정의한다.

$$avg(f) = \frac{1}{b-a}\int_a^b f(x)dx$$

3. 정적분 관련 주요 정리

(1) 적분의 평균값 정리

정적분 $\int_a^b f(x)dx$의 값을 구간의 길이 $b-a$로 나눈 값을 구간 $[a, b]$에서 연속함수 f의 평균값으로 정의할 때, 함수 f는 주어진 구간에서 적어도 한번은 그 평균값과 같은 값을 갖는다. 이를 정적분의 평균값 정리라고 한다.

함수 $f(x)$가 유계인 구간 $[a, b]$ 에서 연속이면, $\int_a^b f(x)\,dx = f(c)\,(b-a)$ 가 성립하는 $c\in[a, b]$가 적어도 하나 존재한다.

(2) 미적분학의 기본 정리 (정적분의 계산법)

함수 f 가 구간 $[a,\ b]$ 에서 연속일 때, f 의 한 부정적분을 F 라 하면 $\int_a^b f(x)\,dx = F(b)-F(a)$ 가 성립한다.

(3) 적분의 평균값 정리 증명

f가 $[a, b]$에서 연속이므로 최댓값 M과 최솟값 m이 존재한다.

즉 $x\in[a, b]$에 대하여 $m \le f(x) \le M$이다.

$$\therefore \int_a^b m\,dx \le \int_a^b f(x)dx \le \int_a^b Mdx \Rightarrow m \le \frac{1}{b-a}\int_a^b f(x)\,dx \le M$$

연속함수의 중간값 정리에 의하여 $f(c)=\frac{1}{b-a}\int_a^b f(x)dx$를 만족하는 c가 존재한다. $(c\in(a, b))$

$$\therefore \int_a^b f(x)\,dx=(b-a)f(c)$$

4. 정적분의 치환적분법과 부분적분법

(1) 정적분의 치환적분법

닫힌 구간 $[a, b]$에서 연속인 함수 $f(x)$에 대하여 미분가능한 함수 $x=g(t)$의 도함수 $g'(t)$가 닫힌 구간 $[\alpha, \beta]$에서 연속이고, $a=g(\alpha)$, $b=g(\beta)$이면 다음이 성립한다.

$$\int_a^b f(x)dx=\int_\alpha^\beta f(g(t))g'(t)dt$$

(2) 정적분의 부분적분법

두 함수 $f(x)$, $g(x)$가 $[a, b]$에서 미분가능하고 $f'(x)$, $g'(x)$가 $[a, b]$에서 연속일 때 다음이 성립한다.

$$\int_a^b f(x)g'(x)=[f(x)g(x)]_a^b-\int_a^b f'(x)g(x)dx$$

개념적용

01

$\int_0^1 \left(\frac{1}{\sqrt{4-x^2}} + \sqrt{1-x} \right) dx$의 값은?

① $\frac{\pi}{6} + \frac{2}{3}$　② $\frac{\pi}{12} + \frac{2}{3}$　③ $\frac{\pi}{6} + \frac{1}{3}$　④ $\frac{\pi}{6} + \frac{1}{2}$

공략 포인트

적분 공식

$\int \frac{1}{\sqrt{a^2-x^2}} dx = \sin^{-1}\frac{x}{a} + C$

$\int x^n dx = \frac{1}{n+1} x^{n+1} + C$

풀이

$$\int_0^1 \left(\frac{1}{\sqrt{4-x^2}} + \sqrt{1-x} \right) dx = \left[\sin^{-1}\frac{x}{2} - \frac{2}{3}(1-x)^{\frac{3}{2}} \right]_0^1 = \frac{\pi}{6} + \frac{2}{3}$$

정답 ①

02

함수 $y = f(x)$의 도함수가 $f'(x) = \frac{1}{\sqrt{4+x^2}}$ 일 때, $f(2)$의 값은?

(단, $f(0) = 0$ 이다.)

① $\ln(\sqrt{2}-2)$　② $\ln(\sqrt{2}-1)$　③ $\ln\sqrt{2}$　④ $\ln(\sqrt{2}+1)$

공략 포인트

미적분학의 기본정리

함수 f가 구간 $[a, b]$에서 연속일 때, f의 한 부분적분을 F라 하면

$\int_a^b f(x)dx = F(b) - F(a)$가 성립한다.

역쌍곡선함수

$\sinh^{-1}x = \ln(x + \sqrt{x^2+1})$

풀이

$f'(x) = \frac{1}{\sqrt{4+x^2}}$ 일 때,

$\int_0^2 f'(x)dx = \int_0^2 \frac{1}{\sqrt{4+x^2}} dx$

$\Leftrightarrow [f(x)]_0^2 = \left[\sinh^{-1}\left(\frac{x}{2}\right) \right]_0^2$

$\Leftrightarrow f(2) - f(0) = \sinh^{-1}(1)$

$\Leftrightarrow f(2) = \ln(\sqrt{2}+1)$이다.

정답 ④

03

구간 $\left[0, \frac{3\pi}{2}\right]$에서 함수 $f(x)=\sin 2x$가 다음 정리를 만족시키는 모든 ξ의 합은?

> 구간 $[a, b]$에서 연속 함수 $f(x)$에 대해 $\int_a^b f(x)dx=(b-a)f(\xi)$를 만족하는 점 ξ가 구간 (a, b)에 적어도 하나 존재한다.

① π　② $\frac{3\pi}{2}$　③ 2π　④ 3π

공략 포인트

정적분의 평균값 정리
함수 $f(x)$가 유계인 구간 $[a, b]$에서 연속이면
$\int_a^b f(x)dx=f(c)(b-a)$가 성립하는 $c\in[a, b]$가 적어도 하나 존재한다.

풀이

정적분의 평균값 정리를 만족시키는 점 ξ를 찾으면 된다.

$$f(\xi)=\frac{1}{\frac{3}{2}\pi-0}\int_0^{\frac{3}{2}\pi}\sin 2x\,dx=\frac{2}{3\pi}\left[-\frac{1}{2}\cos 2x\right]_0^{\frac{3}{2}\pi}$$

$$=-\frac{1}{3\pi}(\cos 3\pi-1)=\frac{2}{3\pi}=\sin 2\xi$$

따라서 $\sin 2a=\frac{2}{3\pi}\left(단,\ 0<a<\frac{\pi}{4}\right)$라고 할 때,

$\xi=a,\ \xi=\frac{\pi}{2}-a,\ \xi=\pi+a,\ \xi=\frac{3}{2}\pi-a$이므로 구간에서 만족하는 모든 ξ의 합은 $\frac{\pi}{2}+\frac{5}{2}\pi=3\pi$이다.

정답 ④

04

$\int_1^3 \frac{1}{x\sqrt{8x+1}}dx$ 의 값은?

① $\ln\frac{2}{3}$　② $\ln\frac{4}{3}$　③ $\ln\frac{3}{4}$　④ $\ln\frac{3}{2}$

공략 포인트

정적분의 치환적분법에서의 적분 구간
$x=1$일 때, $u=\sqrt{8+1}=3$
$x=3$일 때, $u=\sqrt{24+1}=5$

풀이

$u=\sqrt{8x+1}$로 치환하면 $u^2=8x+1$이므로 $2udu=8dx$이다. 따라서

$$\int_1^3\frac{1}{x\sqrt{8x+1}}dx=\int_3^5\frac{1}{\frac{1}{8}(u^2-1)u}\cdot\frac{1}{4}udu$$

$$=\left[\ln\left|\frac{u-1}{u+1}\right|\right]_3^5$$

$$=\ln\frac{4}{3}$$

정답 ②

05

$\int_1^3 \frac{1}{x^2\sqrt{9-x^2}}dx$의 값은?

① $\frac{\sqrt{2}}{9}$ ② $\frac{2\sqrt{2}}{9}$ ③ $\frac{\sqrt{2}}{3}$ ④ $\frac{4\sqrt{2}}{9}$

공략 포인트

$\sqrt{a^2-x^2}$꼴을 포함한 함수를 적분할 때, 삼각치환을 활용한다.

$\cos\alpha=\frac{1}{3}$일 때, $\tan\alpha$는 삼각형을 그려 구할 수 있다.

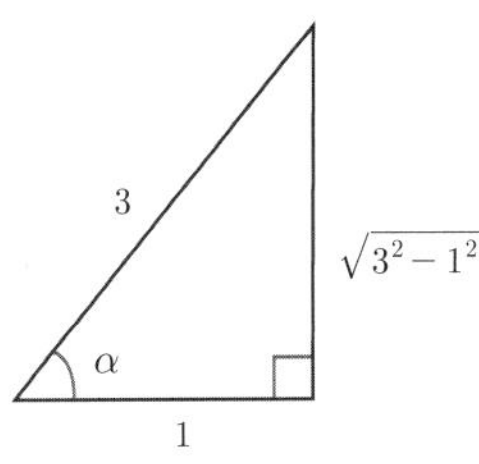

풀이

주어진 식 $\int_1^3 \frac{1}{x^2\sqrt{9-x^2}}dx$에서 $x=3\cos\theta$로 치환하면 $dx=-3\sin\theta d\theta$이다.

즉, $\int_{\cos^{-1}\frac{1}{3}}^{0} \frac{1}{9\cos^2\theta 3\sin\theta}(-3\sin\theta)d\theta = \frac{1}{9}\int_0^{\cos^{-1}\frac{1}{3}}\sec^2\theta d\theta$

$=\frac{1}{9}[\tan\theta]_0^{\cos^{-1}\frac{1}{3}}$

$=\frac{1}{9}\tan\left(\cos^{-1}\frac{1}{3}\right)$

$\cos^{-1}\frac{1}{3}=\alpha$라고 하면, $\cos\alpha=\frac{1}{3}$이다.

$\therefore \frac{1}{9}\tan\left(\cos^{-1}\frac{1}{3}\right)=\frac{1}{9}\tan\alpha$

$=\frac{1}{9}\cdot\sqrt{3^2-1^2}=\frac{2\sqrt{2}}{9}$

정답 ②

06

정적분 $\int_0^1 \frac{1}{(x^2+1)^2}dx$를 구하면?

① $\frac{1}{2}+\frac{\pi}{6}$ ② $\frac{1}{3}+\frac{\pi}{7}$ ③ $\frac{1}{4}+\frac{\pi}{8}$ ④ $\frac{1}{5}+\frac{\pi}{9}$

공략 포인트

x^2+a^2꼴을 포함한 함수를 적분할 때, 삼각치환을 활용한다.

풀이

주어진 식에서 $x=\tan\theta$로 치환하면 $dx=\sec^2\theta d\theta$이다.

$\int_0^{\frac{\pi}{4}} \frac{1}{(\tan^2\theta+1)^2}\sec^2\theta d\theta = \int_0^{\frac{\pi}{4}}\frac{1}{\sec^4\theta}\sec^2\theta d\theta$

$=\int_0^{\frac{\pi}{4}}\frac{1}{\sec^2\theta}d\theta$

$=\int_0^{\frac{\pi}{4}}\cos^2\theta d\theta$

$=\frac{1}{4}+\frac{\pi}{8}$

정답 ③

07

$\int_1^e \frac{\ln x}{\sqrt{x}}\,dx$의 값은?

① -6　② $-2\sqrt{e}+4$　③ -2　④ $2\sqrt{e}+4$

공략 포인트

부분적분법
미분하기 쉬운 $\ln x$를 f로 두고, 적분하기 쉬운 $\sqrt{x}$를 g'로 하여 적분한다.

$\int f(x)g'(x)dx$
$= f(x)g(x) - \int f'(x)g(x)dx$

풀이

$$\int_1^e \frac{\ln x}{\sqrt{x}}dx = [2\sqrt{x}\ln x]_1^e - \int_1^e \frac{2\sqrt{x}}{x}dx$$
$$= [2\sqrt{x}\ln x]_1^e - \int_1^e \frac{2}{\sqrt{x}}dx$$
$$= 2\sqrt{e} - \left[4\sqrt{x}\right]_1^e$$
$$= 2\sqrt{e} - 4\sqrt{e} + 4$$
$$= -2\sqrt{e}+4$$

정답 ②

08

정적분 $\int_0^1 \frac{x}{(x-2)^2(x+2)^2}dx$ 의 값은?

① $\frac{1}{24}$　② $\frac{1}{20}$　③ $\frac{1}{16}$　④ $\frac{1}{12}$

공략 포인트

유리함수의 정적분에서 분모의 차수가 더 큰 경우, 부분분수로 변환하여 적분한다.

풀이

$$\int_0^1 \frac{x}{(x-2)^2(x+2)^2}dx = \int_0^1 \frac{\frac{1}{8}}{(x-2)^2} - \frac{\frac{1}{8}}{(x+2)^2}dx$$
$$= \frac{1}{8}\left[-\frac{1}{x-2} + \frac{1}{x+2}\right]_0^1$$
$$= \frac{1}{8} \times \frac{1}{3} = \frac{1}{24}$$

정답 ①

09

적분 $\int_1^{\sqrt{3}} \frac{36(x^2-x+6)}{x^3+3x}dx$ 가 정수 a, b에 의하여 $a\sqrt{b}\pi+18\ln 6$으로 표현될 때, $a+b$는?

① 1　　② 2　　③ 3　　④ 4

공략 포인트

유리함수의 정적분에서 분모의 차수가 더 큰 경우, 부분분수로 변환하여 적분한다.

풀이

$$\int_1^{\sqrt{3}} \frac{36(x^2-x+6)}{x^3+3x}dx = 36\int_1^{\sqrt{3}}\left(\frac{2}{x}-\frac{x}{x^2+3}-\frac{1}{x^2+3}\right)dx$$

$$= 36\left[2\ln|x|-\frac{1}{2}\ln|x^2+3|-\frac{1}{3}\sqrt{3}\tan^{-1}\frac{x}{\sqrt{3}}\right]_1^{\sqrt{3}}$$

$$= 36\left\{\ln 3-\frac{1}{2}(\ln 6-\ln 4)-\frac{1}{\sqrt{3}}\cdot\frac{\pi}{12}\right\}$$

$$= 18\ln 6-\sqrt{3}\pi$$

주어진 식과 비교하면 $a=-1$, $b=3$이다.

$\therefore a+b=-1+3=2$

정답 ②

2 역함수의 정적분 및 왈리스 공식

1. 역함수의 정적분

(1) 기하학적 방법

함수 f와 g가 역함수 관계에 있고, f'이 연속함수이면 $\int_a^b f(x)dx + \int_{f(a)}^{f(b)} g(x)dx = bf(b) - af(a)$이다.

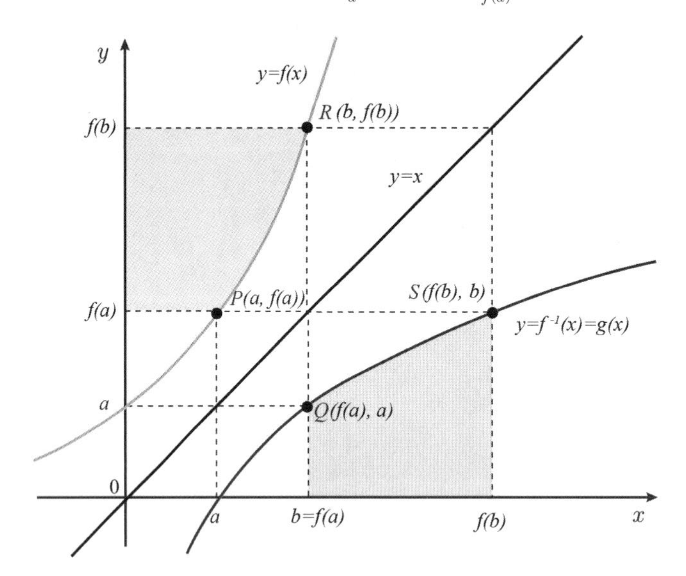

위의 그림에서 $\int_{f(a)}^{f(b)} g(x)dx = bf(b) - af(a) - \int_a^b f(x)dx$임을 알 수 있다.

(2) 예시

함수 $f(x) = x^3 + 2\ (x \geq 0)$의 역함수를 $g(x)$라 할 때,

$\int_0^2 f(x)dx + \int_2^{10} g(x)dx$ 의 값은 $f(0) = 2$, $f(2) = 10$이므로 역함수의 정적분 공식에 의하여 다음과 같다.

$$\int_0^2 f(x)dx + \int_2^{10} g(x)dx = 20 - 0 = 20$$

(3) 대수적 방법

$f^{-1}(x) = t$로 치환하면 $f'(t)dt = dx$, $f^{-1}(f(a)) = a$, $f^{-1}(f(b)) = b$이다.

$$\int_{f(a)}^{f(b)} f^{-1}(x)dx = \int_a^b tf'(t)dt = [tf(t)]_a^b - \int_a^b f(t)dt = bf(b) - af(a) - \int_a^b f(t)dt$$

($\because\ u = t,\ v' = f'(t)$로 두고 부분적분)

2. 왈리스 공식

(1) $I_n = \int_0^{\frac{\pi}{2}} \sin^n x\,dx = \int_0^{\frac{\pi}{2}} \cos^n x\,dx$

① $n \geq 2$인 짝수인 경우: $I_n = \frac{n-1}{n} \cdot \frac{n-3}{n-2} \cdot \cdots \cdot \frac{1}{2} \cdot \frac{\pi}{2}$

② $n \geq 3$인 홀수인 경우: $I_n = \frac{n-1}{n} \cdot \frac{n-3}{n-2} \cdot \cdots \cdot \frac{2}{3}$

③ 점화식: $I_n = \frac{n-1}{n} I_{n-2}$ $(n \geq 2)$

(2) **적분 구간을** $[0, \pi]$, $[0, 2\pi]$**로 확장했을 때**

① $\int_0^{2\pi} \cos^n \theta d\theta$ 또는 $\int_0^{2\pi} \sin^n \theta d\theta$

- n이 짝수인 경우: 각각을 $4\int_0^{\frac{\pi}{2}} \cos^n \theta$(또는 $\sin^n \theta$)$d\theta$로 변형하여 계산한다.
- n이 홀수인 경우: $\int_0^{2\pi} \cos^n \theta d\theta$ 또는 $\int_0^{2\pi} \sin^n \theta d\theta$는 모두 0이다.

② $\int_0^{\pi} \cos^n \theta d\theta$ 또는 $\int_0^{\pi} \sin^n \theta d\theta$

- n이 짝수인 경우: $\int_0^{\pi} \cos^n \theta d\theta$를 $2\int_0^{\frac{\pi}{2}} \cos^n \theta d\theta$로 변형하여 계산한다.
- n이 홀수인 경우: $\int_0^{\pi} \cos^n \theta d\theta$는 0이다.

③ $\int_0^{\pi} \sin^n \theta d\theta$

n이 짝수 또는 홀수이면 $\int_0^{\pi} \sin^n \theta d\theta = 2\int_0^{\frac{\pi}{2}} \sin^n \theta d\theta$로 변형하여 계산한다.

3. 그래프를 이용한 정적분 계산

(1) 함수 $y = f(x)$가 어떠한 대칭성을 가지고 있는 경우에는 정적분을 비교적 간단한 형태로 변형하여 계산할 수 있다.

① $\int_0^a f(a-x)dx = \int_0^a f(x)dx$

② $\int_{a+m}^{b+m} f(x-m)dx = \int_a^b f(x)dx$

(2) (1)의 ①에서 $y = f(a-x)$의 그래프와 $y = f(x)$의 그래프는 $x = \frac{a}{2}$에 대하여 대칭이다.

따라서 $\int_0^a f(a-x)dx = \int_0^a f(x)dx$이다. 또한, (1)의 ②에서 $y=f(x-m)$의 그래프는 $y=f(x)$의 그래프를 x축 방향으로 m만큼 평행이동한 것이므로 적분값이 서로 같다.

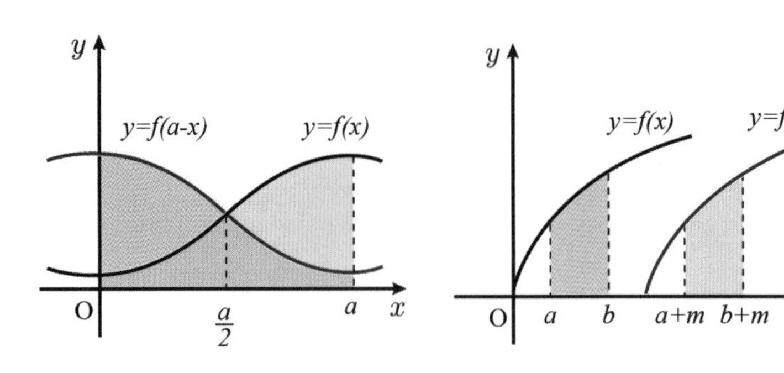

개념적용

01

$\int_0^{\sqrt{3}} \sin(\tan^{-1}x)\,dx$ 의 값은?

① $\frac{1}{2}$ ② $\frac{3}{4}$ ③ 1 ④ $\frac{3}{2}$

공략 포인트

피타고라스의 정리

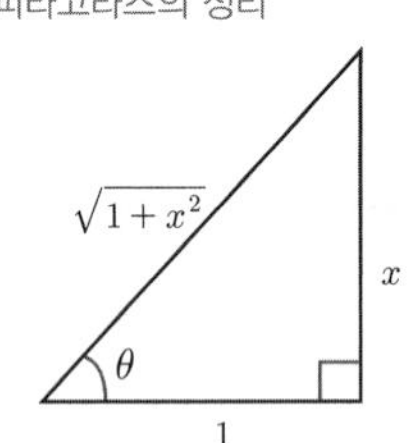

풀이

$\tan^{-1}x = \theta$라 놓으면 $\tan\theta = x$이므로

$\sin(\tan^{-1}x) = \sin\theta = \frac{x}{\sqrt{1+x^2}}$이다.

$$\therefore \int_0^{\sqrt{3}} \sin(\tan^{-1}x)\,dx = \int_0^{\sqrt{3}} \frac{x}{\sqrt{1+x^2}}\,dx = \left[(1+x^2)^{\frac{1}{2}}\right]_0^{\sqrt{3}} = 2-1=1$$

정답 ③

02

$f(x)=1+x+x^3$일 때, $\int_1^3 \pi\{f^{-1}(y)\}^2 dy$의 값은?

① $\frac{5}{4}\pi$　② $\frac{10}{4}\pi$　③ $\frac{7}{15}\pi$　④ $\frac{14}{15}\pi$

공략 포인트

역함수의 정적분
풀이와 같이 원래 함수의 적분으로 해석하여 적분값을 구한다.

풀이

$f^{-1}(y)=x$라 하면 $y=f(x)$, $dy=f'(x)dx$이고
$y\to1$일 때 $x\to0$, $y\to3$일 때 $x\to1$이다.

$$\therefore \int_1^3 \pi\{f^{-1}(y)\}^2 dy = \int_0^1 \pi x^2 \cdot f'(x)dx$$
$$= \int_0^1 \pi x^2(1+3x^2)dx$$
$$= \pi\int_0^1 (x^2+3x^4)dx$$
$$= \pi\left(\frac{1}{3}+\frac{3}{5}\right)=\frac{14}{15}\pi$$

정답 ④

03

$\int_0^{\frac{\pi}{2}} \cos^{10}\theta\, d\theta$의 값은?

① $\frac{55\pi}{128}$　② $\frac{59\pi}{128}$　③ $\frac{63\pi}{512}$　④ $\frac{67\pi}{128}$

공략 포인트

왈리스 공식
$\int_0^{\frac{\pi}{2}} \cos^n x\, dx = \frac{n-1}{n}\cdot\frac{n-3}{n-2}\cdot\cdots\cdot\frac{1}{2}\cdot\frac{\pi}{2}$
(n이 짝수인 경우)

풀이

$$\int_0^{\frac{\pi}{2}} \cos^{10}\theta\, d\theta = \left(\frac{9}{10}\cdot\frac{7}{8}\cdot\frac{5}{6}\cdot\frac{3}{4}\cdot\frac{1}{2}\cdot\frac{\pi}{2}\right)$$
$$=\frac{63\pi}{512}$$

정답 ③

04

$3\int_0^{\frac{\pi}{2}} \sin^5\theta\, d\theta$의 값은?

① $\frac{8}{5}$　② $\frac{7}{5}$　③ $\frac{6}{5}$　④ 1

공략 포인트

왈리스 공식

$\int_0^{\frac{\pi}{2}} \sin^n x\, dx$

$= \frac{n-1}{n} \cdot \frac{n-3}{n-2} \cdot \cdots \cdot \frac{4}{5} \cdot \frac{2}{3}$

(n이 홀수인 경우)

풀이

$$3\int_0^{\frac{\pi}{2}} \sin^5\theta\, d\theta = 3\left(\frac{4}{5} \cdot \frac{2}{3} \cdot 1\right) = \frac{8}{5}$$

정답 ①

05

등식 $\int_0^{\pi} xf(\sin x)\, dx = \frac{\pi}{2}\int_0^{\pi} f(\sin x)dx$를 이용하여 정적분 $\int_0^{\pi} \frac{4x\sin x}{2-\sin^2 x}dx$의 값을 구하면?

① π　② π^2　③ 2π　④ 4π

공략 포인트

$\sin^2 x + \cos^2 x = 1$에서

$\sin^2 x = 1-\cos^2 x$

풀이

$\int_0^{\pi} \frac{4x\sin x}{2-\sin^2 x}dx$3에서 $f(\sin x) = \frac{\sin x}{2-\sin^2 x}$라 하면

$$\int_0^{\pi} \frac{4x\sin x}{2-\sin^2 x}dx = 4\times\int_0^{\pi} xf(\sin x)dx$$

$$= 4\times\frac{\pi}{2}\int_0^{\pi} \frac{\sin x}{2-\sin^2 x}dx$$

$$= 2\pi\int_0^{\pi} \frac{\sin x}{1+\cos^2 x}dx$$

$$= 2\pi\int_1^{-1} \frac{-dt}{1+t^2} \quad (\because \cos x = t,\ \sin x\, dx = -dt)$$

$$= 2\pi\int_{-1}^{1} \frac{dt}{1+t^2}$$

$$= 2\pi\left[\tan^{-1} t\right]_{-1}^{1}$$

$$= 2\pi\left(\frac{\pi}{4}+\frac{\pi}{4}\right) = \pi^2$$

정답 ②

3 정적분과의 관계

1. 부정적분과 도함수의 관계

(1) $\dfrac{d}{dx}\left\{\int f(x)dx\right\}=f(x)$

(2) $\int\left\{\dfrac{d}{dx}f(x)\right\}dx=f(x)+C$

TIP▸ 계산은 언제나 안쪽에서 바깥쪽으로의 순서이다.
(1)의 경우는 적분을 먼저 계산한 다음 미분하므로 적분상수가 없다.
(2)는 미분을 먼저 하고 적분을 하게 되므로 적분상수가 필요하게 된다.

2. 정적분과 도함수의 관계

(1) $f(x)$가 유한구간 I에서 적분가능한 함수일 때, 임의의 고정점 $a\in I$에서 $x\in I$까지의 적분 $F(x)=\int_a^x f(t)dt$인 새로운 함수를 정의할 수 있다. 즉, x에 각각의 값을 대입하면 그에 대응하는 F의 값이 결정된다. 이때 F는 실변수함수로서 미분가능하고 그 도함수는 f이다.

(2) 함수 f가 구간 $[a, b]$에서 연속일 때, $x\in[a,b]$에 대하여 $F(x)=\int_a^x f(t)dt$이면, $F(x)$는 (a,b)에서 미분가능하고 $F'(x)=f(x)$이다. 즉, $\dfrac{d}{dx}\int_a^x f(t)dt=f(x)$이다.

TIP▸ 이 정리는 f가 연속이면 F는 미분가능하고 그 도함수가 f임을 의미한다.

3. 정적분으로 정의된 함수의 미분

① $\dfrac{d}{dx}\int_a^x f(t)dt=f(x)$

② $\dfrac{d}{dx}\int_x^{x+a} f(t)dt=f(x+a)-f(a)$

③ $\dfrac{d}{dx}\int_a^x (x-t)f(t)dt=\int_a^x f(t)\,dt$

④ $\dfrac{d}{dx}\int_{h(x)}^{g(x)} f(t)\,dt=f(g(x))g'(x)-f(h(x))h'(x)$

⑤ $\lim_{h\to 0}\dfrac{1}{h}\int_a^{a+h} f(t)dt=f(a)$

4. 정적분과 무한급수의 관계

(1) 정적분의 정의로부터 무한급수의 합을 구할 수 있다. 함수 $f(x)$가 연속일 때

$$\lim_{n\to\infty}\sum_{k=1}^{n} f(x_k)\Delta x_k = \lim_{n\to\infty}\sum_{k=1}^{n} f\left(a+\left(\frac{b-a}{n}\right)k\right)\frac{b-a}{n}$$

① $x_k = a+\frac{b-a}{n}k$, $\Delta x = \frac{b-a}{n}$로 놓으면

$$\lim_{n\to\infty}\sum_{k=1}^{n} f\left(a+\left(\frac{b-a}{n}\right)k\right)\frac{b-a}{n} = \lim_{n\to\infty}\sum_{k=1}^{n} f(x_k)\Delta x_k = \int_a^b f(x)\,dx$$

② $b-a=p$, $x_k = \frac{p}{n}k$, $\Delta x = \frac{p}{n}$으로 놓으면

$$\lim_{n\to\infty}\sum_{k=1}^{n} f\left(a+\left(\frac{b-a}{n}\right)k\right)\frac{b-a}{n} = \lim_{n\to\infty}\sum_{k=1}^{n} f\left(a+\frac{p}{n}k\right)\frac{p}{n} = \int_0^p f(a+x)dx$$

③ $b-a=p$, $x_k = \frac{k}{n}$, $\Delta x = \frac{1}{n}$으로 놓으면

$$\lim_{n\to\infty}\sum_{k=1}^{n} f\left(a+\left(\frac{b-a}{n}\right)k\right)\frac{b-a}{n} = \lim_{n\to\infty}\sum_{k=1}^{n} f\left(a+\frac{p}{n}k\right)\frac{p}{n} = \lim_{n\to\infty} p\sum_{k=1}^{n} f\left(a+p\cdot\frac{k}{n}\right)\frac{1}{n}$$

$$= p\int_0^1 f(a+px)dx$$

(2) **적용 예시**

$$\lim_{n\to\infty}\sum_{k=1}^{n}\left(1+\frac{2k}{n}\right)^2\frac{2}{n} = \int_1^3 x^2dx \quad : ①을 적용$$

$$= \int_0^2 (1+x)^2dx \quad : ②을 적용$$

$$= 2\int_0^1 (1+2x)^2dx \quad : ③을 적용$$

$$= \frac{26}{3}$$

TIP ▸ $f(\ )$ 괄호 안의 무엇을 x로 놓느냐에 따라 정적분에서의 dx와 위끝, 아래끝이 달라지는 것에 유념한다.

① $x = a+\frac{b-a}{n}k$로 놓는 경우

② $x = \frac{p}{n}k$로 놓는 경우

③ $x = \frac{k}{n}$로 놓는 경우

개념적용

01

함수 $f(x)=\int_1^{e^x}(1+\ln t)dt$의 도함수는?

① $(1+x)e^x$ ② xe^x ③ $1+\ln x$ ④ x^2e^x

공략 포인트

정적분으로 정의된 함수의 미분

$\frac{d}{dx}\int_{g(x)}^{h(x)}f(t)dt=$

$f(h(x))h'(x)-f(g(x))g'(x)$

풀이

$$f'(x)=\frac{d}{dx}\int_1^{e^x}(1+\ln t)dt=(1+\ln e^x)\times e^x=(1+x)e^x$$

정답 ①

02

$\lim_{x\to 0}\frac{\int_0^x \sin(\sin(4t))dt}{\int_0^x \ln(1+2t)dt}$의 값은?

① $\frac{1}{2}$ ② 1 ③ 2 ④ 4

공략 포인트

정적분으로 정의된 함수의 미분

$\frac{d}{dx}\int_a^x f(t)dt=f(x)$

부정형의 극한을 구할 때 $\frac{0}{0}$ 형태인 경우, 로피탈 정리를 바로 활용할 수 있다.

풀이

$$\lim_{x\to 0}\frac{\int_0^x \sin(\sin(4t))\,dt}{\int_0^x \ln(1+2t)\,dt}=\lim_{x\to 0}\frac{\sin(\sin 4x)}{\ln(1+2x)}\quad\left(\because\ \frac{0}{0}\right)$$

$$=\lim_{x\to 0}\frac{\cos(\sin 4x)\,4\cos 4x}{\frac{2}{1+2x}}\quad\left(\because\ \frac{0}{0}\right)$$

$$=\frac{4}{2}=2$$

정답 ③

03

역함수를 가지는 연속함수 $f(x)$가 다음 식을 만족시킬 때, $f'(1)$의 값은?

$$\int_1^{f^{-1}(x)} f(t)dt = (x-1)e^x$$

① $2e$ ② e ③ 1 ④ $\frac{1}{e}$

공략 포인트

역함수의 정적분

$\frac{d}{dx}\int_a^x f(t)dt = f(x)$

역함수의 미분법

$(f^{-1})'(x) = \frac{1}{f'(f^{-1}(x))}$

풀이

주어진 식 $\int_1^{f^{-1}(x)} f(t)dt = (x-1)e^x$에서 양변을 미분하면

$f(f^{-1}(x)) \times (f^{-1})'(x) = e^x + (x-1)e^x \Leftrightarrow x(f^{-1})'(x) = xe^x \Leftrightarrow (f^{-1})'(x) = e^x$이다.

$x=1$을 대입하면 $(f^{-1})'(1) = e$이다.

즉, $\frac{1}{f'(1)} = e$ ($\because f^{-1}(1) = 1 \Leftrightarrow f(1) = 1$)이므로

구하고자 하는 $f'(1) = \frac{1}{e}$이다.

정답 ④

04

극한 $\lim_{n\to\infty}\sum_{k=1}^{n}\frac{\ln(n+(e-1)k)-\ln n}{n+(e-1)k}$ 의 값은?

① $\frac{1}{2e}$ ② $\frac{1}{2(e-1)}$ ③ $\frac{1}{e}$ ④ $\frac{1}{e-1}$

공략 포인트

로그함수 성질

$\ln a - \ln b = \ln\frac{a}{b}$

정적분과 무한급수의 관계

$x = \frac{k}{n}$으로 놓으면

적분의 하한은 0, 상한은 1로 하여 구할 수 있다.

풀이

주어진 식의 분모 분자에 각각 $\frac{1}{n}$을 곱하면 다음과 같다.

$$\lim_{n\to\infty}\sum_{k=1}^{n}\frac{\ln\left(\frac{n+(e-1)k}{n}\right)}{1+(e-1)\frac{k}{n}}\cdot\frac{1}{n} = \frac{1}{e-1}\int_0^1\frac{\ln(1+(e-1)x)}{1+(e-1)x}(e-1)dx\left(\because \lim_{n\to\infty}\sum_{k=1}^{n} = \int_0^1, \frac{k}{n}=x, \frac{1}{n}=dx\right)$$

$$= \frac{1}{e-1}\left[\frac{1}{2}\{\ln(1+(e-1)x)\}^2\right]_0^1 = \frac{1}{2(e-1)}$$

정답 ②

05

$\lim_{n\to\infty}\frac{1}{n^2}\left(\sqrt{n^2-\frac{1^2}{2}}+\sqrt{n^2-\frac{2^2}{2}}+\cdots+\sqrt{n^2-\frac{(n-1)^2}{2}}\right)$의 값은?

① $\frac{\sqrt{2}\pi}{8}-\frac{\sqrt{2}}{4}$　② $\frac{\sqrt{2}\pi}{8}+\frac{\sqrt{2}}{4}$　③ $\frac{\pi}{6}-\frac{\sqrt{3}}{4}$　④ $\frac{\pi}{6}+\frac{\sqrt{3}}{4}$

공략 포인트

삼각치환

적분에 포함된 식 $\sqrt{a^2-x^2}$이 있을 경우, $x=a\sin\theta$로 치환한다.

삼각함수 반각공식

$\cos^2\theta=\frac{1+\cos2\theta}{2}$

풀이

$$\lim_{n\to\infty}\frac{1}{n^2}\left(\sqrt{n^2-\frac{1^2}{2}}+\sqrt{n^2-\frac{2^2}{2}}+\cdots+\sqrt{n^2-\frac{(n-1)^n}{2}}\right)$$

$$=\lim_{n\to\infty}\frac{1}{n^2}\sum_{k=1}^{n-1}\sqrt{n^2-\frac{k^2}{2}}$$

$$=\lim_{n\to\infty}\frac{1}{n}\sum_{k=1}^{n-1}\sqrt{1-\frac{1}{2}\left(\frac{k}{n}\right)^2}$$

$$=\int_0^1\sqrt{1-\frac{1}{2}x^2}\,dx\ \left(\because\ \lim_{n\to\infty}\sum_{k=1}^{n-1}=\int_0^1,\ \frac{k}{n}=x,\ \frac{1}{n}=dx\right)$$

$$=\int_0^{\frac{\pi}{4}}\sqrt{\cos^2\theta}\,\sqrt{2}\cos\theta\,d\theta\ (\because\ x=\sqrt{2}\sin\theta\text{로 치환},\ dx=\sqrt{2}\cos\theta\,d\theta)$$

$$=\sqrt{2}\int_0^{\frac{\pi}{4}}\cos^2\theta\,d\theta=\sqrt{2}\left[\frac{\theta}{2}+\frac{1}{4}\sin2\theta\right]_0^{\frac{\pi}{4}}=\sqrt{2}\left(\frac{\pi}{8}+\frac{1}{4}\right)=\frac{\sqrt{2}}{8}\pi+\frac{\sqrt{2}}{4}$$

정답 ②

06

$\lim_{n\to\infty}\left(\frac{1}{n}+\frac{1}{\sqrt{n^2+1^2}}+\frac{1}{\sqrt{n^2+2^2}}+\cdots+\frac{1}{\sqrt{n^2+(n-1)^2}}\right)$의 값은?

① $\ln(2\sqrt{2}+1)$　② $\ln(\sqrt{2}+1)$　③ $\ln(\sqrt{2}-1)$　④ $\ln(2\sqrt{2}-1)$

공략 포인트

삼각치환

적분에 포함된 식 $\sqrt{a^2+x^2}$이 있을 경우, $x=a\tan\theta$로 치환한다.

풀이

$$\lim_{n\to\infty}\left(\frac{1}{n}+\frac{1}{\sqrt{n^2+1^2}}+\frac{1}{\sqrt{n^2+2^2}}+\dots+\frac{1}{\sqrt{n^2+(n-1)^2}}\right)$$

$$=\lim_{n\to\infty}\sum_{k=0}^{n-1}\frac{1}{\sqrt{n^2+k^2}}$$

$$=\lim_{n\to\infty}\sum_{k=0}^{n-1}\frac{1}{\sqrt{1+\left(\frac{k}{n}\right)^2}}\frac{1}{n}$$

$$=\int_0^1\frac{1}{\sqrt{1+x^2}}dx\ \left(\because\ \lim_{n\to\infty}\sum_{k=0}^{n-1}=\int_0^1,\ \frac{k}{n}=x,\ \frac{1}{n}=dx\right)$$

$$=\int_0^{\frac{\pi}{4}}\frac{\sec^2\theta}{\sqrt{1+\tan^2\theta}}d\theta\ (\because\ x=\tan\theta\text{로 치환},\ dx=\sec^2\theta d\theta)$$

$$=\int_0^{\frac{\pi}{4}}\sec\theta\,d\theta=[\ln(\sec\theta+\tan\theta)]_0^{\frac{\pi}{4}}=\ln(\sqrt{2}+1)$$

정답 ②

4 정적분의 근삿값

1. 중점법칙

(1) $[a, b]$의 분할 $a = x_0 < x_1 < x_2 < \cdots < x_n = b$를 n등분하여 한 구간의 길이를 $\frac{b-a}{n}$로 하고, 각 구간의 중간치 $\frac{x_{i-1}+x_i}{2}$를 잡아 리만합을 구하고 이를 $\int_a^b f(x)dx$의 근삿값으로 취하는 방법이다.

(2) 공식

$\Delta x = \frac{b-a}{n}$이고 $\overline{x_i}$를 $[x_{i-1}, x_i]$의 중점 $\frac{1}{2}(x_{i-1}+x_i)$로 선택하면 다음과 같다.

$$\int_a^b f(x)\,dx \approx \Delta x[f(\overline{x_1}) + f(\overline{x_2}) + \cdots + f(\overline{x_n})]$$

2. 사다리꼴 방법(공식)

(1) $[a, b]$의 분할 $a = x_0 < x_1 < x_2 < \cdots < x_n = b$를 n등분하여 곡선상의 점 $(x_0, f(x_0)), (x_1, f(x_1)), \cdots, (x_n, f(x_n))$을 직선으로 연결하여 각 소구간의 사다리꼴 넓이의 합을 $\int_a^b f(x)dx$의 근삿값으로 취하는 방법이다.

(2) 공식

$\Delta x = \frac{b-a}{n}$이고 $x_i = a + i\Delta x$이면

$$\int_a^b f(x)dx \approx \frac{\Delta x}{2}[f(x_0) + 2f(x_1) + 2f(x_2) + \cdots + 2f(x_{n-1}) + f(x_n)]$$

3. 심프슨 방법(공식)

(1) 사다리꼴 공식에서 선분으로 곡선을 근사하는 방법 대신 포물선으로 원래의 곡선을 근사하는 방법이다. 즉, 두 소구간의 끝점 $(x_{i-1}, f(x_{i-1})), (x_i, f(x_i)), (x_{i+1}, f(x_{i+1}))$을 잇는 포물선으로 원함수의 곡선을 대신하는 방법을 반복한다.

(2) 공식

$\Delta x = \frac{b-a}{n}$이고 $x_i = x_0 + i\Delta x$일 때, (소구간의 수 n은 짝수)

$$\int_a^b f(x)dx \approx \frac{\Delta x}{3}\{f(x_0) + 4f(x_1) + 2f(x_2) + 4f(x_3) + \cdots + 2f(x_{n-2}) + 4f(x_{n-1}) + f(x_n)\}$$

개념적용

01

$n=4$에 대하여 정적분 $\int_{-0.5}^{3.5} \frac{x^2}{x^2+1}dx$의 값을 소수점 아래 첫째 자리까지 근사하면?

① 2.2 ② 2.4 ③ 2.6 ④ 2.8

공략 포인트

중점법칙

$\Delta x = \frac{b-a}{n}$이고

$\overline{x_i}$를 $[x_{i-1}, x_i]$의

중점 $\frac{1}{2}(x_{i-1}+x_i)$로 선택하면

$\int_a^b f(x)dx \approx$

$\Delta x\{f(\overline{x_1})+f(\overline{x_2})+\cdots+f(\overline{x_n})\}$

풀이

중점법칙에 의하여

$$\int_{-0.5}^{3.5} \frac{x^2}{x^2+1}dx \approx 1\times\{f(0)+f(1)+f(2)+f(3)\} = \frac{22}{10} = 2.2$$

$$(\because\ \Delta x = \frac{3.5-(-0.5)}{4} = 1,\ \overline{x_i} = \frac{x_{i-1}+x_i}{2})$$

정답 ①

02

적분 구간 $\left[0, \frac{5}{6}\right]$를 5등분한 사다리꼴 공식으로 계산한 다음 적분의 근삿값은?

$$\int_0^{\frac{5}{6}} \sin^2(\pi x)dx$$

① $\frac{1}{2}$ ② $\frac{23}{48}$ ③ $\frac{23}{8}$ ④ $\frac{2+\sqrt{3}}{5}$

공략 포인트

사다리꼴 방법에 주어진 조건을 대입하여 풀이한다. 이때, $f(x_i)$의 계수와 Δx에 주의하여 구한다.

풀이

$$\int_0^{\frac{5}{6}} \sin^2(\pi x)dx \approx \frac{1}{2}\times\frac{1}{6}\left\{f(0)+2f\left(\frac{1}{6}\right)+2f\left(\frac{2}{6}\right)+2f\left(\frac{3}{6}\right)+2f\left(\frac{4}{6}\right)+f\left(\frac{5}{6}\right)\right\}$$

$$(\because\ \Delta x = \frac{\frac{5}{6}-0}{5},\ x_i = 0+i\Delta x)$$

여기서 $f(x)=\sin^2(\pi x)$이므로

$$\frac{1}{2}\times\frac{1}{6}\left\{f(0)+2f\left(\frac{1}{6}\right)+2f\left(\frac{2}{6}\right)+2f\left(\frac{3}{6}\right)+2f\left(\frac{4}{6}\right)+f\left(\frac{5}{6}\right)\right\}$$

$$=\frac{1}{12}\left\{0+2\times\frac{1}{4}+2\times\frac{3}{4}+2\times1+2\times\frac{3}{4}+\frac{1}{4}\right\}$$

$$=\frac{1}{12}\left\{\frac{2}{4}+\frac{6}{4}+2+\frac{6}{4}+\frac{1}{4}\right\}$$

$$=\frac{23}{48}$$

정답 ②

03

$n=4$일 때, $\int_1^5 \frac{1}{x}\,dx$를 심프슨 공식으로 구한 근삿값은?

① $\frac{73}{45}$　② $\frac{76}{45}$　③ $\frac{79}{45}$　④ $\frac{82}{45}$

공략 포인트

심프슨 방법에 주어진 조건을 대입하여 풀이한다. 이때, $f(x_i)$의 계수와 Δx에 주의하여 구한다.

풀이

$\int_1^5 \frac{1}{x}\,dx \approx \frac{1}{3}\{f(1)+4f(2)+2f(3)+4f(4)+f(5)\}$

$(\because \Delta x=\frac{5-1}{4},\ x_i=0+i\Delta x)$

여기서 $f(x)=\frac{1}{x}$이므로

$\frac{1}{3}\{f(1)+4f(2)+2f(3)+4f(4)+f(5)\}$

$=\frac{1}{3}\left\{1+4\times\frac{1}{2}+2\times\frac{1}{3}+4\times\frac{1}{4}+\frac{1}{5}\right\}$

$=\frac{1}{3}\times\frac{73}{15}$

$=\frac{73}{45}$

정답 ①

정적분과 그 성질

적분법 중 출제비중이 가장 높은 정적분은 앞서 배운 부정적분의 공식에 하한(아래끝), 상한(위끝)을 대입하여 적분값을 구하는 것이 중요합니다.

역함수의 정적분을 구하는 방법과 정적분으로 정의된 함수를 미분하는 방법, 정적분과 무한급수의 관계에 관해 묻는 문제도 출제빈도가 높으므로 문제해결력을 길러야 합니다.

01 정적분의 치환적분법

개념 1. 정적분

정적분 $\int_{0}^{\frac{3}{2}} 15x\sqrt{2x+1}\,dx$의 값은?

① 26 ② 27 ③ 28 ④ 29

풀이

STEP A 변수 치환하기

주어진 식 $\int_{0}^{\frac{3}{2}} 15x\sqrt{2x+1}\,dx$에서 바로 적분값을 구하기는 쉽지 않다.

그러므로 $2x+1=u$로 변수를 치환한다.

STEP B 치환한 변수에 따라 하한, 상한 등의 값도 변환하기

$2x+1=u$로 치환했으므로 $x=\frac{u-1}{2}$이고, $dx=\frac{1}{2}du$이다.

또한, $x=0$일 때 $u=1$, $x=\frac{3}{2}$일 때 $u=4$이다.

STEP C 치환적분값 구하기

$$\begin{aligned}\int_{0}^{\frac{3}{2}} 15x\sqrt{2x+1}\,dx &= \int_{1}^{4} 15\left(\frac{u-1}{2}\right)\sqrt{u}\,\frac{1}{2}\,du \\ &= \frac{15}{4}\int_{1}^{4}\left(u^{\frac{3}{2}}-u^{\frac{1}{2}}\right)du \\ &= \frac{15}{4}\cdot\left[\frac{2}{5}u^{\frac{5}{2}}-\frac{2}{3}u^{\frac{3}{2}}\right]_{1}^{4} \\ &= 29\end{aligned}$$

정답 ④

02 역함수의 정적분

개념 2. 역함수의 정적분과 왈리스 공식

실수 전체의 집합에서 미분가능한 함수 $f(x)$가 다음 조건을 만족시킨다.

> ㄱ. 모든 실수 x에 대하여 $f'(x) > 0$이다.
> ㄴ. $f(1)=3,\ f(4)=6$

$\int_1^4 f(x)dx + \int_3^6 f^{-1}(x)dx$의 값은?

① 21 ② 18 ③ 15 ④ 12

풀이

STEP A 역함수의 정적분 성질에 대해 파악하기

$f'(x)>0$이고 역함수를 가지는 함수 $f(x)$에 대하여 $f(a)=c,\ f(b)=d$일 때,

$\int_a^b f(x)dx + \int_{f(a)}^{f(b)} f^{-1}(x)dx = bf(b)-af(a)$이다.

STEP B 역함수의 정적분 구하기

$$\begin{aligned}\int_1^4 f(x)dx + \int_3^6 f^{-1}(x)dx &= \int_1^4 f(x)dx + \int_{f(1)}^{f(4)} f^{-1}(x)dx \\ &= 4\cdot f(4)-1\cdot f(1) \\ &= 4\cdot 6-1\cdot 3 \\ &= 21\end{aligned}$$

정답 ①

03 정적분으로 정의된 함수의 미분

개념 3. 정적분과의 관계

양의 실수에서 정의된 연속함수 $f(x)$가 어떤 양의 상수 a에 대해

$$\int_a^{x^2} f(t)\,dt = 2\ln x + x^2 - 1$$

을 만족한다. 이때 $f(a)$의 값은?

① 0 ② 1 ③ 2 ④ 3

풀이

STEP A 주어진 식의 양변을 미분하기

$\int_a^{x^2} f(t)\,dt = 2\ln x + x^2 - 1$을 미분하면 다음과 같다.

$$2x f(x^2) = \frac{2}{x} + 2x$$

$$\Rightarrow x f(x^2) = \frac{1}{x} + x \cdots ㉠$$

STEP B 정적분의 정의를 응용하기

주어진 식 $\int_a^{x^2} f(t)\,dt = 2\ln x + x^2 - 1$에 $x = \sqrt{a}\,(x > 0)$를 대입하면

정적분의 정의$\left(\int_a^a f(x)dx = 0\right)$에 의하여

$0 = \ln a + a - 1$

$\therefore a = 1$

STEP C 구하고자 하는 함숫값 구하기

㉠에서 구하고자 하는 함숫값 $f(a)$를 구하고자 $x = \sqrt{a}$를 대입하면

$$\sqrt{a}\, f(a) = \frac{1}{\sqrt{a}} + \sqrt{a}$$

위의 식에 앞서 구한 $a = 1$을 대입하면

$f(1) = 1 + 1 = 2$이다.

정답 ③

04 사다리꼴 방법(공식)

개념 4. 정적분의 근삿값

$n=6$일 때, 사다리꼴 공식을 이용한 정적분 $\int_0^{\pi} x\sin x\,dx$의 근삿값은?

① $\dfrac{2+\sqrt{3}}{12}\pi^2$　② $(2-\sqrt{3})\pi^2$　③ $\dfrac{1+\sqrt{3}}{8}\pi^2$　④ $\dfrac{\sqrt{3}-1}{2}\pi^2$

풀이

STEP A 사다리꼴 공식을 이용하여 공식에 필요한 값 구하기

주어진 정적분 $\int_0^{\pi} x\sin x\,dx$의 근삿값을 사다리꼴 공식

$\int_a^b f(x)dx \approx \dfrac{\Delta x}{2}\{f(x_0)+2f(x_1)+2f(x_2)+\cdots+2f(x_{n-1})+f(x_n)\}$으로 구하기 위해 필요한 값을 구하면 다음과 같다.

$$\Delta x=\frac{b-a}{n}=\frac{\pi-0}{6}=\frac{\pi}{6}$$

$$x_i=a+i\Delta x=0+\frac{i\pi}{6}$$

STEP B 공식에 값을 대입하여 정적분의 근삿값 구하기

$$\int_0^{\pi} x\sin x\,dx$$

$$\approx \frac{1}{2}\cdot\Delta x\left\{f(0)+2f\left(\frac{\pi}{6}\right)+2f\left(\frac{2\pi}{6}\right)+2f\left(\frac{3\pi}{6}\right)+2f\left(\frac{4\pi}{6}\right)+2f\left(\frac{5\pi}{6}\right)+f(\pi)\right\}$$

$$=\frac{1}{2}\cdot\frac{\pi}{6}\left\{0+2\cdot\frac{\pi}{6}\sin\frac{\pi}{6}+2\cdot\frac{\pi}{3}\sin\frac{\pi}{3}+2\cdot\frac{\pi}{2}\sin\frac{\pi}{2}+2\cdot\frac{2\pi}{3}\sin\frac{2\pi}{3}+2\cdot\frac{5\pi}{6}\sin\frac{5\pi}{6}+\pi\sin\pi\right\}$$

$$=\frac{\pi}{12}\left(\frac{\pi}{3}\cdot\frac{1}{2}+\frac{2\pi}{3}\cdot\frac{\sqrt{3}}{2}+\pi+\frac{4\pi}{3}\cdot\frac{\sqrt{3}}{2}+\frac{5\pi}{3}\cdot\frac{1}{2}\right)$$

$$=\frac{2+\sqrt{3}}{12}\pi^2$$

정답 ①

6 정적분과 그 성질

정답 및 풀이 p.188

01 $\int_{0}^{\pi}|\sin x-\sqrt{3}\cos x|dx$ 의 값은?

① 1　② 2　③ 3　④ 4

02 정적분 $\int_{\frac{1}{e}}^{1}\frac{(\ln x)^2}{x^2}dx$를 구하시오.

① $e-2$　② $1-\frac{1}{e}$　③ $1-\frac{2}{e}$　④ $\frac{e}{2}-1$

03 정적분 $\int_{-2}^{2}\lim_{n\to\infty}\frac{(1+x^2)(2x+x^n)}{1+x^n}dx$ 의 값은?

① $\frac{3}{2}$　② 3　③ $\frac{10}{3}$　④ $\frac{20}{3}$

04 양의 실수에서 정의되고 연속 미분가능한 함수 $f(x)$가 $\int_{a}^{e^x} t f'(t)\, dt = x e^x$(단, $a > 0$인 상수)를 만족하고 $f(a) = 1$일 때, $f(e^2)$의 값은?

① 3 ② 4 ③ 5 ④ 6

05 정적분 $\int_{1}^{2} \frac{1}{x^2} \sqrt{\frac{x-1}{x+1}}\, dx$를 구하시오.

① $\frac{\pi}{3} - \frac{\sqrt{3}}{2}$ ② $\frac{\pi}{3} - \frac{1}{2}$ ③ $\frac{\pi}{3} + \frac{1}{2}$ ④ $\frac{\pi}{3} + \frac{\sqrt{3}}{2}$

06 정적분 $\int_{1}^{4} \frac{e^{\sqrt{x}}}{\sqrt{x}}\, dx$ 의 값은?

① $e(2e-5)$ ② $2e(e-2)$ ③ $e(2e-3)$ ④ $2e(e-1)$

07 $\displaystyle\int_1^2 \frac{3x+1}{x^2+x}dx$의 값은?

① $\ln 3$　　② $\ln\left(\frac{7}{2}\right)$　　③ $\ln 4$　　④ $\ln\left(\frac{9}{2}\right)$

08 $-4 \le x \le 4$에서 정의된 함수 f는 구간별로 기울기가 -1 또는 1인 일차함수들로 이어져 있으며 연속이다. $f(0)=0$, $f(-4)=f(-2)=f(2)=f(4)=2$ 일 때 전체 구간에 대한 f의 평균값으로 가능하지 않은 것은? (단, 각 부분 구간의 길이는 1이다.)

① $\frac{5}{4}$　　② $\frac{3}{2}$　　③ $\frac{7}{4}$　　④ 2

09 $f(x)=2x+\cos x$일 때 정적분 $\displaystyle\int_1^{2\pi-1} f^{-1}(x)dx$의 값은?

① $\pi^2-\pi$　　② π^2-1　　③ $2\pi+1$　　④ $\frac{\pi^2}{2}+1$

10 연속인 순증가함수 $f:[0,2]\to[2,2\sqrt{5}]$가 $f(0)=2$, $f(2)=2\sqrt{5}$, $\int_0^2 \sqrt{f(x)^2+5}\,dx=7$을 만족한다.

이때, $\int_3^5 g(\sqrt{x^2-5})\,dx$는 얼마인가? (단, g는 f의 역함수이다.)

① 1　　② 2　　③ 3　　④ 4

11 실수 전체 집합에서 정의된 함수 f와 g가 다음의 성질을 만족한다.

ㄱ. $f(x)=\frac{1}{3}x^3+\frac{2}{3}x+1$	ㄴ. g는 f의 역함수이다.

이때, $\int_2^5 g(x)dx$의 값은?

① $\frac{20}{3}$　　② 6　　③ $\frac{16}{3}$　　④ $\frac{19}{4}$

12 $\dfrac{\int_0^1 (1-x^2)^{2020}dx}{\int_0^1 (1-x^2)^{2019}dx}$의 값은?

① $\frac{1,010}{1,011}$　　② $\frac{2,019}{2,020}$　　③ $\frac{2,020}{2,021}$　　④ $\frac{4,040}{4,041}$

13 정적분 $\int_0^{\pi} \frac{x\sin x}{1+\cos^2 x}dx$의 값을 구하면?

① $\frac{\pi}{4}$　② $\frac{\pi^2}{4}$　③ $\frac{\pi}{2}$　④ $\frac{\pi^2}{2}$

14 $f(x)=\int_0^x e^{-t^2}dt$일 때, $f^{(23)}(0)$의 값을 구하시오.

① 0　② $-\frac{22!}{11!}$　③ $\frac{23!}{11!}$　④ $-\frac{23!}{11!}$

15 연속함수 $f(x)$가 모든 실수 x에 대하여 $\int_0^{x^2}(x^2-t)f(t)\,dt = x^6+x^8$을 만족할 때, $f(1)$의 값은?

① 16　② 18　③ 20　④ 22

16 극한 $\lim_{x \to 0}\left[\frac{1}{x^2}\int_0^{2x}\ln(1+\tan^{-1}t)dt\right]$의 값은?

① $\frac{1}{4}$　② $\frac{1}{2}$　③ 1　④ 2

17 극한 $\lim_{n \to \infty}\sum_{k=1}^{n}\frac{\pi}{4n}\tan^3\frac{k\pi}{4n}$ 의 값을 구하시오.

① $1-\ln 2$　② $\frac{1}{2}$　③ $\frac{1}{2}-\ln 2$　④ $\frac{1}{2}(1-\ln 2)$

18 극한 $\lim_{n \to \infty}\frac{(1^2+2^2+\cdots+n^2)(1^5+2^5+\cdots+n^5)}{(1^3+2^3+\cdots+n^3)(1^4+2^4+\cdots+n^4)}$의 값을 구하면?

① $\frac{4}{3}$　② $\frac{10}{9}$　③ 1　④ $\frac{2}{3}$

19 다음 극한을 구하시오.

$$\lim_{n\to\infty}\sum_{k=1}^{n}\frac{\sqrt{n}+k}{n^2}\cos\left(\frac{\pi k}{2n}+\frac{\sqrt{2\pi}}{\sqrt{n}}\right)$$

① $\frac{2}{\pi}-\frac{4}{\pi^2}$ ② π ③ $\frac{\pi}{2}$ ④ $\frac{1}{\pi}-\frac{1}{\pi^2}$

20 $P_n=\left\{\frac{(2n)!}{n!n^n}\right\}^{\frac{1}{n}}$ $(n=1,\ 2,\ 3,\ \cdots)$일 때, $\lim_{n\to\infty}P_n$의 값은?

① $\frac{1}{e}$ ② $\frac{2}{e}$ ③ $\frac{3}{e}$ ④ $\frac{4}{e}$

21 함수 $y=x^2$의 $[1,\ 2]$에서 정적분의 근삿값을 중점근사를 이용하여 소숫점 둘째자리까지 구하시오. (단, $n=4$이다.)

① 2.31 ② 2.32 ③ 2.33 ④ 2.34

22 다음 표는 직선코스를 달리고 있는 달리기선수의 속도를 0.5초 간격으로 3초 동안 측정한 표이다. 이 선수가 3초 동안에 달린 거리를 사다리꼴 공식으로 구한 근삿값은?

시각(초)	0.0	0.5	1.0	1.5	2.0	2.5	3.0
속도(m/초)	0.0	1.2	2.6	4.0	4.5	4.7	4.8

① 9.5 ② 9.7 ③ 9.9 ④ 10.1

23 $n=6$일 때 심프슨 공식을 이용하여 정적분 $\int_0^{2\pi} \ln(2+\cos x)dx$의 근삿값을 구하면 $a\ln 2+b\ln 3+c\ln 5$라 할 때, $a+b+c$의 값은?

① $-\frac{\pi}{3}$ ② $-\frac{2\pi}{9}$ ③ $\frac{\pi}{3}$ ④ $\frac{2\pi}{9}$

이상적분

출제 비중 & 빈출 키워드 리포트

단원	출제 비중 (합계 11%)	빈출 키워드
1. 이상적분(특이적분)	7%	· 적분 구간이 무한대인 적분
2. 비교 판정법	2%	· 구간 내에 불연속점이 포함된 적분
3. 감마함수	2%	· 비교 판정법

1 이상적분(특이적분)

1. 적분 구간에 $\pm\infty$가 포함된 경우

(1) 형태

적분 구간의 길이가 무한이고 그 구간에서 함수 $f(x)$가 연속인 경우

(2) 형태별 정의

유한구간에서 정적분의 극한값으로 정의한다.

① $\int_a^{\infty} f(x)dx = \lim_{t\to\infty}\int_a^t f(x)dx$

② $\int_{-\infty}^{b} f(x)dx = \lim_{t\to-\infty}\int_t^b f(x)dx$

③ $\int_{-\infty}^{\infty} f(x)dx = \int_{-\infty}^{a} f(x)dx + \int_a^{\infty} f(x)dx = \lim_{t\to-\infty}\int_t^a f(x)dx + \lim_{s\to\infty}\int_a^s f(x)dx$

TIP ▸ (2)의 ③은 $\int_{-\infty}^{a} f(x)dx$, $\int_a^{\infty} f(x)dx$가 모두 수렴하는 경우에 정의할 수 있다.

(3) 이상적분(특이적분)의 수렴과 발산

① 수렴: 극한값이 존재

② 발산: 극한값이 존재하지 않음

TIP ▸ • $\int_0^{\infty} e^{-x^2}dx = \frac{\sqrt{\pi}}{2}$ (이상적분과 관련하여 자주 출제되므로 기억해 두어야 한다.)

• $\int_{-\infty}^{\infty} f(x)dx \neq \lim_{t\to\infty}\int_{-t}^{t} f(x)dx$임에 주의한다.

2. 구간 내에 불연속점이 포함된 적분

(1) 형태

적분 구간의 양 끝이나 내부에서 불연속점인 수직 점근선을 갖는 형태를 말한다.

(2) 형태별 정의

① 함수 f가 구간 $[a, b)$에서 연속이고 $x=b$에서 불연속일 때: $\int_a^b f(x)dx = \lim_{t\to b^-}\int_a^t f(x)dx$

② 함수 f가 구간 $(a, b]$에서 연속이고 $x=a$에서 불연속일 때: $\int_a^b f(x)dx = \lim_{t\to a^+}\int_t^b f(x)dx$

③ 함수 f가 $c(a<c<b)$에서 불연속일 때: $\int_a^b f(x)dx = \int_a^c f(x)dx + \int_c^b f(x)dx = \lim_{t\to c^-}\int_a^t f(x)dx + \lim_{s\to c^+}\int_s^b f(x)dx$

개념적용

01

이상적분 $\int_0^\infty \frac{1}{\sqrt{x}(1+2x)}dx$의 값은?

① 1 ② $\frac{\pi}{2}$ ③ $\frac{\pi}{\sqrt{2}}$ ④ π

공략 포인트

$\sqrt{x}=t$로 치환하면
적분 구간은 다음과 같다.
$x\to 0,\ t\to 0$
$x\to\infty,\ t\to\infty$

$\int \frac{1}{a^2+x^2}dx$
$=\frac{1}{a}\tan^{-1}\frac{x}{a}+C$

풀이

$\sqrt{x}=t$라고 치환하면 $x=t^2$, $dx=2t\,dt$이다.

$$\int_0^\infty \frac{1}{\sqrt{x}(1+2x)}dx=\int_0^\infty \frac{2t}{t(1+2t^2)}dt$$
$$=2\int_0^\infty \frac{1}{1+(\sqrt{2}t)^2}dt$$
$$=\lim_{s\to\infty}2\int_0^s \frac{1}{1+(\sqrt{2}t)^2}dt$$
$$=\lim_{s\to\infty}2\left[\frac{1}{\sqrt{2}}\tan^{-1}\frac{t}{\sqrt{2}}\right]_0^s$$
$$=\lim_{s\to\infty}\frac{2}{\sqrt{2}}\cdot\tan^{-1}\frac{s}{\sqrt{2}}=\frac{2}{\sqrt{2}}\cdot\frac{\pi}{2}=\frac{\pi}{\sqrt{2}}$$

정답 ③

02

적분 $\int_0^\infty xe^{-x^2}dx$의 값은?

① 1 ② $\frac{1}{2}$ ③ $\frac{1}{3}$ ④ $\frac{1}{4}$

공략 포인트

$-x^2=t$로 치환하면
적분 구간은 다음과 같다.
$x\to 0,\ t\to 0$
$x\to\infty,\ t\to -\infty$

정적분의 주요 성질
$\int_a^b f(t)\,dt=-\int_b^a f(t)dt$

풀이

$-x^2=t$로 치환하면 $-2xdx=dt$이다.

$$\int_0^\infty xe^{-x^2}dx=\int_0^{-\infty}-\frac{1}{2}e^t\,dt$$
$$=\frac{1}{2}\int_{-\infty}^0 e^t dt$$
$$=\lim_{s\to\infty}\frac{1}{2}\int_s^0 e^t\,dt$$
$$=\lim_{s\to-\infty}\frac{1}{2}\left[e^t\right]_s^0$$
$$=\lim_{s\to-\infty}\frac{1}{2}(1-e^s)=\frac{1}{2}(1-0)=\frac{1}{2}$$

정답 ②

03

이상적분 $\int_0^{\infty} x^2 e^{-x^2} dx$ 의 값은?

① $\dfrac{\sqrt{\pi}}{4}$　② $\dfrac{\sqrt{\pi}}{2}$　③ $\sqrt{\pi}$　④ $2\sqrt{\pi}$

공략 포인트

이상적분과 관련하여 자주 출제되는 정적분값

$\int_0^{\infty} e^{-x^2} dx = \dfrac{\sqrt{\pi}}{2}$

풀이

$f = x$, $g' = xe^{-x^2}$에 대하여 부분적분을 이용하면 다음과 같다.

$$\int_0^{\infty} x^2 e^{-x^2} dx = \lim_{t\to\infty}\left[-\frac{1}{2}xe^{-x^2}\right]_0^t + \frac{1}{2}\int_0^{\infty} e^{-x^2} dx$$

$$= \frac{\sqrt{\pi}}{4}$$

정답 ①

04

$\int_1^{\infty} \dfrac{dx}{\sqrt{x}(1+x)}$ 의 값은?

① $\dfrac{\pi}{6}$　② $\dfrac{\pi}{4}$　③ $\dfrac{\pi}{3}$　④ $\dfrac{\pi}{2}$

공략 포인트

$\sqrt{x} = t$로 치환하면

적분 구간은 다음과 같다.

$x \to 1,\ t \to 1$

$x \to \infty,\ t \to \infty$

$\int \dfrac{1}{a^2+x^2} dx$

$= \dfrac{1}{a}\tan^{-1}\dfrac{x}{a} + C$

풀이

$\sqrt{x} = t$로 치환하면 $x = t^2$, $dx = 2t\,dt$이다.

$$\int_1^{\infty} \frac{dx}{\sqrt{x}(1+x)} = \int_1^{\infty} \frac{2t}{t(1+t^2)}dt$$

$$= \int_1^{\infty} \frac{2}{1+t^2}dt$$

$$= \lim_{s\to\infty}\int_1^s \frac{2}{1+t^2}dt$$

$$= \lim_{s\to\infty} 2\left[\tan^{-1}t\right]_1^s$$

$$= \lim_{s\to\infty} 2\left(\tan^{-1}s - \frac{\pi}{4}\right)$$

$$= 2\left(\frac{\pi}{2} - \frac{\pi}{4}\right) = \frac{\pi}{2}$$

정답 ④

05

$A=\int_0^{\infty}\frac{x\sqrt{\tan^{-1}(x^2)}}{1+x^4}dx$일 때, A^2의 값은?

① $\frac{\pi^3}{24}$　② $\frac{\pi^3}{36}$　③ $\frac{\pi^3}{72}$　④ $\frac{\pi^3}{144}$

공략 포인트

$\tan^{-1}(x^2)=t$로 치환하면 적분 구간은 다음과 같다.

$x\to0,\ t\to0$

$x\to\infty,\ t\to\frac{\pi}{2}$

풀이

$\tan^{-1}(x^2)=t$라고 치환하면 $\frac{1}{1+x^4}\cdot 2x\,dx=dt$이다.

$$A=\int_0^{\infty}\frac{x\sqrt{\tan^{-1}(x^2)}}{1+x^4}dx$$
$$=\int_0^{\frac{\pi}{2}}\frac{1}{2}\sqrt{t}\,dt$$
$$=\frac{1}{2}\cdot\left[\frac{2}{3}t^{\frac{3}{2}}\right]_0^{\frac{\pi}{2}}=\frac{1}{3}\left(\frac{\pi}{2}\right)^{\frac{3}{2}}$$

이므로 $A^2=\frac{1}{9}\left(\frac{\pi}{2}\right)^3=\frac{\pi^3}{72}$이다.

정답 ③

06

특이적분 $\int_0^1\frac{dx}{\sqrt{1-x^2}}$의 값을 구하면?

① $\frac{\pi}{4}$　② $\frac{\pi}{2}$　③ $\frac{3\pi}{4}$　④ π

공략 포인트

$$\int\frac{1}{\sqrt{a^2-x^2}}dx=\sin^{-1}\frac{x}{a}+C$$

풀이

$$\int_0^1\frac{dx}{\sqrt{1-x^2}}=\lim_{t\to1}\int_0^t\frac{1}{\sqrt{1-x^2}}dx=\lim_{t\to1}[\sin^{-1}x]_0^t=\lim_{t\to1}\sin^{-1}t$$
$$=\sin^{-1}1=\frac{\pi}{2}$$

정답 ②

07

$\int_0^2 \frac{1}{\sqrt{|x-1|}}dx$ 의 값은?

① 1　② 2　③ 3　④ 4

공략 포인트

구간 내 불연속점이 포함된 적분 좌극한과 우극한을 활용하여 계산한다. 본 문제에서는 불연속점이 되는 $x=1$ 을 기준으로 구간을 나누어 적분한다.

풀이

$$\int_0^2 \frac{1}{\sqrt{|x-1|}}dx = \lim_{a\to1^-}\int_0^a \frac{dx}{\sqrt{1-x}} + \lim_{b\to1^+}\int_b^2 \frac{dx}{\sqrt{x-1}} \quad (\because 0 \le x \le a < 1,\ 1 < b < x \le 2)$$

$$= \lim_{a\to1^-}\left[-2\sqrt{1-x}\right]_0^a + \lim_{b\to1^+}\left[2\sqrt{x-1}\right]_b^2$$

$$= 2+2=4$$

정답 ④

08

$\int_0^e x\ln(x)\,dx$ 의 값은?

① $-\frac{e^2}{2}$　② 0　③ $\frac{e^2}{4}$　④ $\frac{e^2}{2}$

공략 포인트

구간 내 불연속점이 포함된 적분

함수 f가 구간 $(a, b]$에서 연속이고 $x=a$에서 불연속일 때

$\int_a^b f(x)dx = \lim_{t\to a^+}\int_t^b f(x)dx$

풀이

$$\lim_{a\to0^+}\int_a^e x\ln x\,dx = \lim_{a\to0^+}\left[\frac{1}{2}x^2\ln x\right]_a^e - \frac{1}{2}\lim_{a\to0^+}\int_a^e x\,dx \quad (\because f'=x, g=\ln x\text{라 하여 부분적분})$$

$$= \frac{1}{2}e^2 - \frac{1}{2}\lim_{a\to0^+}\left[\frac{1}{2}x^2\right]_a^e$$

$$= \frac{e^2}{4}$$

정답 ③

2 비교 판정법

1. 직접비교 판정법

(1) $f(x)$, $g(x)$가 $x \geq a$에서 연속이고, $f(x) \geq g(x) \geq 0$을 만족할 때 다음이 성립한다.

① $\int_a^\infty f(x)dx$가 수렴하면 $\int_a^\infty g(x)dx$도 수렴한다.

② $\int_a^\infty g(x)dx$가 발산하면 $\int_a^\infty f(x)dx$도 발산한다.

(2) p-판정법

① $\int_a^\infty \frac{1}{x^p}dx$이고 $a>0$일 때

- $p>1$: 수렴
- $p \leq 1$: 발산

② $\int_a^b \frac{1}{(x-c)^p}dx$, $a \leq c \leq b$이고 $x=c$에서 불연속일 때

- $p<1$: 수렴
- $p \geq 1$: 발산

2. 극한비교 판정법

양의 함수 $f(x)$와 $g(x)$가 구간 $[a, \infty)$에서 연속이고, $\lim_{x \to \infty} \frac{f(x)}{g(x)} = L$, $0 < L < \infty$이면

$\int_a^\infty f(x)dx$와 $\int_a^\infty g(x)dx$는 동시에 수렴 또는 동시에 발산한다.

개념적용

01

다음 이상적분 중 수렴하는 것을 모두 고른 것은?

ㄱ. $\int_1^\infty e^{-x^2}dx$　　ㄴ. $\int_1^\infty \frac{dx}{x\ln x}$

ㄷ. $\int_0^1 \frac{1}{x-1}dx$　　ㄹ. $\int_{-\infty}^\infty \frac{1}{1+x^2}dx$

① ㄱ, ㄴ　② ㄴ, ㄷ　③ ㄷ, ㄹ　④ ㄱ, ㄹ

공략 포인트

직접 적분하여 구하기 어려운 경우, 직접비교 판정을 통하여 수렴/발산을 판정한다.

풀이

ㄱ. $\int_1^\infty e^{-x^2}dx \le \int_1^\infty e^{-x}dx$

$\int_1^\infty e^{-x}dx = -[e^{-x}]_1^\infty = e^{-1}$로 수렴하므로 비교판정법에 의해 $\int_1^\infty e^{-x^2}dx$도 수렴한다.

ㄴ. $\int_1^\infty \frac{dx}{x\ln x} = \int_0^\infty \frac{1}{t}dt$ ($\because \ln x = t$로 치환, $\frac{1}{x}dx = dt$)

$= \int_0^1 \frac{1}{t}dt + \int_1^\infty \frac{1}{t}dt$

$= [\ln t]_0^1 + [\ln t]_1^\infty$

$= -(-\infty) + \infty = \infty$

ㄷ. $\int_0^1 \frac{1}{x-1}dx = \int_{-1}^0 \frac{1}{t}dt$ ($\because x-1 = t$로 치환, $dx = dt$) $= [\ln|t|]_{-1}^0 = -\infty$

ㄹ. $\int_{-\infty}^\infty \frac{1}{1+x^2}dx = [\tan^{-1}x]_{-\infty}^\infty = \pi$로 수렴한다.

즉, 수렴하는 이상적분은 ㄱ, ㄹ이다.

정답 ④

02

다음 이상적분의 수렴, 발산을 올바르게 고른 것은?

ㄱ. $\int_1^{\infty} \frac{x}{x^3+1} dx$　　　ㄴ. $\int_0^1 \frac{1}{\sqrt{x}} dx$

① ㄱ. 수렴, ㄴ. 수렴　　② ㄱ. 발산, ㄴ. 수렴
③ ㄱ. 수렴, ㄴ. 발산　　④ ㄱ. 발산, ㄴ. 발산

공략 포인트

ㄱ. $p-$판정법

$\int_a^{\infty} \frac{1}{x^p} dx$ 에서

(ⅰ) $p>1$: 수렴

(ⅱ) $p \le 1$: 발산

ㄴ. $p-$판정법

$\int_0^a \frac{1}{x^p} dx$ 에서

(ⅰ) $p<1$: 수렴

(ⅱ) $p \ge 1$: 발산

풀이

ㄱ. $\int_1^{\infty} \frac{x}{x^3+1} dx \le \int_1^{\infty} \frac{x}{x^3} dx = \int_1^{\infty} \frac{1}{x^2} dx$

$p-$판정법에 의해 $\int_1^{\infty} \frac{1}{x^2} dx$ 은 수렴한다.

그러므로 비교 판정법에 의해 $\int_1^{\infty} \frac{x}{x^3+1} dx$ 도 수렴한다.

ㄴ. $\int_0^1 \frac{1}{\sqrt{x}} dx = \left[2\sqrt{x}\right]_0^1 = 2$ 로 수렴한다.

정답 ①

03

다음 중 수렴하는 특이적분의 개수는?

ㄱ. $\int_0^3 \frac{1}{x-3} dx$　　　ㄴ. $\int_1^{\infty} \frac{1}{\sqrt{x}} dx$

ㄷ. $\int_1^{\infty} \frac{2+e^{-x}}{x} dx$　　　ㄹ. $\int_0^{\frac{\pi}{2}} \sec x dx$

① 0　　② 1　　③ 2　　④ 3

공략 포인트 

ㄴ. $p-$판정법으로 풀이하면

$\int_a^{\infty} \frac{1}{x^p} dx$ 에서

(ⅰ) $p>1$: 수렴

(ⅱ) $p \le 1$: 발산

주어진 식에서

$\sqrt{x} = x^{\frac{1}{2}}$, $p \le 1$에 해당하므로 특이적분은 발산한다.

풀이

ㄱ. $\int_0^3 \frac{1}{x-3} dx = \left[\ln|x-3|\right]_0^3 = -\infty$

ㄴ. $\int_1^{\infty} \frac{1}{\sqrt{x}} dx = \left[2\sqrt{x}\right]_1^{\infty} = \infty$

ㄷ. $\int_1^{\infty} \frac{2+e^{-x}}{x} dx > \int_1^{\infty} \frac{2}{x} dx$ 이고 $\int_1^{\infty} \frac{2}{x} dx = 2\left[\ln x\right]_1^{\infty} = \infty$

따라서 비교 판정법에 의하여 $\int_1^{\infty} \frac{2+e^{-x}}{x} dx$ 도 발산한다.

ㄹ. $\int_0^{\frac{\pi}{2}} \sec x dx = \left[\ln(\sec x + \tan x)\right]_0^{\frac{\pi}{2}} = \infty$

정답 ①

3 감마함수

1. 감마함수

(1) 정의: 계승함수($n!$)를 일반화한 것으로, 다음과 같이 나타낸다.

$$\Gamma(n+1) = \int_0^\infty x^n e^{-x}\, dx$$

(2) 주요 성질

① $\Gamma(n+1) = n!$ (단, $n \geq 0$인 정수일 때)

② $\Gamma(n+1) = n\,\Gamma(n)$

③ 기본값: $\Gamma(1) = 1$, $\Gamma\left(\frac{1}{2}\right) = \sqrt{\pi}$

④ $\int_0^\infty x^n e^{-x}\, dx\,(n \geq 0)$에서 $x = -\ln t$로 치환하면,

$\Gamma(n+1) = \int_0^\infty x^n e^{-x}\, dx\,(n \geq 0) = \int_0^1 (-\ln t)^n dt$ 가 성립한다.

TIP ▸ 감마함수와 관련한 문제를 풀기 위해서는 주요 성질을 암기하고 있어야 한다.

개념적용

01

적분 $\int_0^\infty \frac{e^{-x}}{\sqrt{x}}dx$의 값은?

① $\frac{1}{\pi}$ ② $\frac{1}{\sqrt{\pi}}$ ③ 1 ④ $\sqrt{\pi}$

공략 포인트

감마함수의 정의
$\Gamma(n+1)$
$=\int_0^\infty x^n e^{-x}dx$

감마함수의 기본값
$\Gamma\left(\frac{1}{2}\right)=\sqrt{\pi}$

풀이

$$\int_0^\infty \frac{e^{-x}}{\sqrt{x}}dx=\int_0^\infty x^{-\frac{1}{2}}e^{-x}dx$$
$$=\Gamma\left(-\frac{1}{2}+1\right)$$
$$=\Gamma\left(\frac{1}{2}\right)$$
$$=\sqrt{\pi}$$

정답 ④

02

$\int_{-\infty}^\infty x^2e^{-x^2}dx$의 값은?

① $\frac{\sqrt{\pi}}{2}$ ② $\frac{\sqrt{2\pi}}{2}$ ③ $\sqrt{\pi}$ ④ $2\sqrt{\pi}$

공략 포인트

$\int_{-a}^a f(x)dx=2\int_0^a f(x)dx$
(단, 우함수인 경우)

감마함수의 성질과 기본값
$\Gamma(n+1)=n\,\Gamma(n)$
$\Gamma\left(\frac{1}{2}\right)=\sqrt{\pi}$

풀이

$$\int_{-\infty}^\infty x^2e^{-x^2}dx=2\int_0^\infty x^2e^{-x^2}dx$$

$x^2=t$라고 치환하면 $x=\sqrt{t}$, $dx=\frac{1}{2\sqrt{t}}dt$이다.

$$2\int_0^\infty x^2e^{-x^2}dx=2\int_0^\infty te^{-t}\cdot\frac{1}{2\sqrt{t}}dt$$
$$=\int_0^\infty \sqrt{t}e^{-t}dt$$
$$=\int_0^\infty t^{\frac{1}{2}}e^{-t}dt$$
$$=\Gamma\left(\frac{3}{2}\right)$$
$$=\frac{1}{2}\Gamma\left(\frac{1}{2}\right)=\frac{\sqrt{\pi}}{2}$$

정답 ①

4 이상적분

출제경향 분석

이상적분 개념을 묻는 문제는 단독으로 출제되기도 하지만, 주로 수렴/발산을 판정하는 문제의 보기로 출제됩니다. 이때 비교 판정법의 개념도 섞여서 출제되므로 해당 유형의 문제를 자주 접해보는 것이 좋습니다.

무한구간에서의 정적분은 유한구간에서의 정적분으로 적절히 바꾸어 풀이합니다. 자주 출제되는 문제 유형과 공식 위주로 학습하면 효율적인 풀이가 가능합니다.

감마함수 형태와 성질을 알고 적절히 적용한다면 풀이 시간을 단축할 수 있습니다.

01 이상적분 계산 (적분 구간이 무한대인 적분)

개념 1. 이상적분

이상적분 $\int_0^\infty 2xe^{-2x^2}dx$의 값은?

① $\frac{1}{2}$ ② $\frac{1}{3}$ ③ $\frac{1}{4}$ ④ $\frac{1}{5}$

풀이

STEP A 치환적분을 활용하기 위해 변수 x를 적절히 치환하기

적분 구간이 무한대인 이상적분의 경우로, 적절히 치환하여 전개한다.

$-2x^2=t$, $-4xdx=dt$로 치환하면 적분 구간은 $0\to0$, $\infty\to-\infty$이다.

STEP B 치환한 변수로 주어진 식을 변환하기

$$\int_0^\infty 2xe^{-2x^2}dx=-\frac{1}{2}\int_0^{-\infty}e^t\,dt$$
$$=\frac{1}{2}\int_{-\infty}^0 e^t\,dt$$

STEP C 정적분 계산하기

$$\frac{1}{2}\int_{-\infty}^0 e^t\,dt=\frac{1}{2}\left[e^t\right]_{-\infty}^0$$
$$=\frac{1}{2}(1-0)$$
$$=\frac{1}{2}$$

정답 ①

02 이상적분 계산 (구간 내에 불연속점이 포함된 적분)

개념 1. 이상적분

특이적분 $\int_0^{\frac{3}{2}} \frac{x^2}{\sqrt{9-4x^2}}dx$의 값은?

① $\frac{9}{4}\pi$ ② $\frac{9}{8}\pi$ ③ $\frac{9}{16}\pi$ ④ $\frac{9}{32}\pi$

풀이

STEP A 적분에 포함된 식이 $\sqrt{a^2-x^2}$ 형태이므로 삼각치환하여 전개하기

$x = \frac{3}{2}\sin\theta$ 로 치환하면 $dx = \frac{3}{2}\cos\theta d\theta$ 이다.

또한, 적분 구간은 $x \to 0$, $\theta \to 0$이고, $x \to \frac{3}{2}$, $\theta \to \frac{\pi}{2}$ 이므로 주어진 식은 다음과 같다.

$$\int_0^{\frac{3}{2}} \frac{x^2}{\sqrt{9-4x^2}}dx = \int_0^{\frac{\pi}{2}} \frac{\frac{9}{4}\sin^2\theta}{\sqrt{9-4\left(\frac{9}{4}\sin^2\theta\right)}} \cdot \frac{3}{2}\cos\theta d\theta = \frac{9}{8}\int_0^{\frac{\pi}{2}} \sin^2\theta d\theta$$

STEP B 왈리스 공식을 활용하여 구하고자 하는 값을 도출하기

$$\frac{9}{8}\int_0^{\frac{\pi}{2}} \sin^2\theta d\theta = \frac{9}{8} \cdot \left(\frac{1}{2} \cdot \frac{\pi}{2}\right) = \frac{9}{32}\pi$$

TIP ▸ 왈리스 공식

$$\int_0^{\frac{\pi}{2}} \sin^n x\, dx = \frac{n-1}{n} \cdot \frac{n-3}{n-2} \cdot \cdots \cdot \frac{1}{2} \cdot \frac{\pi}{2}$$ (단, n이 짝수인 경우)

정답 ④

03 이상적분의 수렴 여부 판정

개념 2. 비교 판정법

다음 특이적분 중 수렴하는 것을 모두 찾으시오.

ㄱ. $\displaystyle\int_1^2 \frac{x+1}{x\sqrt{x-1}}dx$

ㄴ. $\displaystyle\int_0^1 \frac{dx}{\sqrt{x^2+2x}}$

ㄷ. $\displaystyle\int_0^\infty \frac{1+e^{-x}}{x}dx$

ㄹ. $\displaystyle\int_{-\infty}^\infty \operatorname{sech} x\, dx$

① ㄱ, ㄴ ② ㄱ, ㄷ ③ ㄱ, ㄴ, ㄹ ④ ㄱ, ㄷ, ㄹ

풀이

STEP A 적분 계산이 가능한 특이적분은 전개하여 수렴 여부를 판정하기

ㄱ. $\displaystyle\int_1^2 \frac{x+1}{x\sqrt{x-1}}dx = \int_0^{\frac{\pi}{4}} \frac{\sec^2\theta+1}{\sec^2\theta\sqrt{\sec^2\theta-1}}\cdot 2\sec^2\theta\tan\theta\, d\theta$ ($\because x=\sec^2\theta$ 로 치환)

$\displaystyle = 2\int_0^{\frac{\pi}{4}}(\sec^2\theta+1)\,d\theta = 2[\tan\theta+\theta]_0^{\frac{\pi}{4}} = \frac{4+\pi}{2}$

ㄴ. $\displaystyle\int_0^1 \frac{dx}{\sqrt{x^2+2x}} = \int_0^1 \frac{1}{\sqrt{(x+1)^2-1}}dx$

$\displaystyle = \int_0^{\frac{\pi}{3}} \frac{1}{\tan\theta}\sec\theta\tan\theta\, d\theta$ ($\because x+1=\sec\theta$ 로 치환)

$\displaystyle = [\ln(\sec\theta+\tan\theta)]_0^{\frac{\pi}{3}} = \ln(2+\sqrt{3})$

ㄹ. $\displaystyle\int_{-\infty}^\infty \operatorname{sech} x\, dx = \int_{-\infty}^\infty \frac{2}{e^x+e^{-x}}dx = \int_{-\infty}^\infty \frac{2e^x}{e^{2x}+1}dx$

$\displaystyle = \int_0^\infty \frac{2}{t^2+1}dt$ ($\because e^x=t$ 로 치환)

$\displaystyle = [2\tan^{-1}t]_0^\infty = \pi$

STEP B 비교 판정법을 이용하여 수렴 여부를 판정하기

ㄷ. $\displaystyle\int_0^\infty \frac{1}{x}dx = \int_0^1 \frac{1}{x}dx + \int_1^\infty \frac{1}{x}dx$에서 $\displaystyle\int_0^1 \frac{1}{x}dx$는 발산한다.

또, $0<x<\infty$에서 $0<e^{-x}<1$이므로 $1<1+e^{-x}<2$이다.

$\displaystyle\frac{1}{x}<\frac{1+e^{-x}}{x}$를 만족하므로 $\displaystyle\int_1^\infty \frac{1}{x}dx < \int_0^\infty \frac{1+e^{-x}}{x}dx$이다.

$\displaystyle\int_1^\infty \frac{1}{x}dx$는 발산하므로 비교 판정법에 의해 $\displaystyle\int_0^\infty \frac{1+e^{-x}}{x}dx$는 발산한다.

즉, 다음 중 수렴하는 특이적분은 ㄱ, ㄴ, ㄹ이다.

정답 ③

04 감마함수의 성질

개념 3. 감마함수

$\int_0^{\infty} e^{-x^2} dx = \frac{\sqrt{\pi}}{2}$ 를 이용하여 $\int_0^{\infty} \sqrt{x}\, e^{-x} dx$ 의 값을 구한 것은?

① $\frac{\sqrt{\pi}}{4}$ ② $\frac{\sqrt{\pi}}{2}$ ③ $\sqrt{\frac{\pi}{2}}$ ④ $\sqrt{\pi}$

풀이

STEP A 주어진 식을 감마함수의 정의에 따라 나타내기

$$\int_0^{\infty} \sqrt{x} e^{-x} dx = \int_0^{\infty} x^{\frac{1}{2}} e^{-x} dx$$
$$= \Gamma\left(\frac{1}{2}+1\right)$$
$$= \Gamma\left(\frac{3}{2}\right)$$

STEP B 감마함수의 성질 활용하기

$\Gamma(n+1) = n\Gamma(n)$이므로

$$\Gamma\left(\frac{3}{2}\right) = \frac{1}{2}\Gamma\left(\frac{1}{2}\right)$$

STEP C 감마함수의 기본값을 대입하여 구하고자 하는 값 구하기

$$\frac{1}{2}\Gamma\left(\frac{1}{2}\right) = \frac{\sqrt{\pi}}{2}$$

다른 풀이

STEP A 주어진 식을 적분법을 활용하여 전개하기

$$\int_0^{\infty} \sqrt{x} e^{-x} dx = \int_0^{\infty} t e^{-t^2} 2t dt \left(\because \sqrt{x} = t,\ dx = 2t dt \text{로 치환}\right)$$
$$= 2\int_0^{\infty} t^2 e^{-t^2} dt \left(\because f = t,\ g' = t e^{-t^2} \text{로 하여 부분적분}\right)$$
$$= 2\left\{\left[-\frac{t}{2} e^{-t^2}\right]_0^{\infty} + \frac{1}{2}\int_0^{\infty} e^{-t^2} dt\right\}$$

STEP B 주어진 적분값을 대입하여 구하고자 하는 값 구하기

$$2\left\{\left[-\frac{t}{2} e^{-t^2}\right]_0^{\infty} + \frac{1}{2}\int_0^{\infty} e^{-t^2} dt\right\} = \int_0^{\infty} e^{-t^2} dt = \frac{\sqrt{\pi}}{2}$$

정답 ②

5 이상적분

정답 및 풀이 p.193

01 적분 $\int_0^\infty (1-\tanh x)\,dx$의 값은?

① π^2　② e^2　③ $\ln 2$　④ $\sqrt{2}$

02 두 실수 a, b에 대하여 $\int_0^\infty \frac{a}{2x+1} - \frac{x^{2021}}{x^{2022}+1}\,dx = b$일 때, ab의 값은?

① $\ln 2$　② $2\ln 2$　③ $\ln 5$　④ $2\ln 3$

03 이상적분 $\int_{\frac{1}{2}}^\infty \frac{dx}{1+4x^2}$의 값은?

① $\frac{\pi}{16}$　② $\frac{\pi}{16}+1$　③ $\frac{\pi}{8}$　④ $\frac{\pi}{8}+1$

04 이상적분 $\int_0^1 \frac{\ln x}{\sqrt{x}}dx$의 값은?

① 발산 ② -6 ③ -4 ④ -1

05 이상적분 $\int_1^2 \frac{1}{x(\ln x)^p}dx$이 수렴하는 양의 실수 p의 범위는?

① $p > 1$ ② $0 < p < 1$ ③ $p > 2$ ④ $0 < p < 2$

06 이상적분 $\int_0^1 \left(2x\sin\frac{1}{x^2} - \frac{2}{x}\cos\frac{1}{x^2}\right)dx$ 의 값은?

① $-\sin 2$ ② $-\sin 1$ ③ 0 ④ $\sin 1$

07 $\int_0^1 \frac{\ln x}{\sqrt{x}}\,dx + \int_e^{\infty} \frac{1}{x(\ln x)^2}\,dx$의 값은?

① -5　　② -3　　③ 0　　④ 3

08 다음 이상적분을 구하시오.

$$\int_0^1 \sin(\ln x)\,dx$$

① 2　　② $-\frac{1}{2}$　　③ $\frac{1}{2}$　　④ -2

09 다음 이상적분 중 발산하는 것을 모두 고른 것은?

ㄱ. $\int_0^1 \frac{\cos x}{2x}dx$　　ㄴ. $\int_{-\infty}^{-1} \frac{1}{\sqrt{3-x}}dx$

ㄷ. $\int_0^1 \frac{e^x}{\sqrt{2x}}dx$　　ㄹ. $\int_0^1 \frac{\ln x}{1+x^3}\,dx$

① ㄱ, ㄴ　　② ㄴ, ㄷ　　③ ㄷ, ㄹ　　④ ㄱ, ㄹ

10 다음 중 수렴하는 특이적분의 개수는?

ㄱ. $\int_1^{\infty} \frac{\ln x}{x^2} dx$

ㄴ. $\int_2^{\infty} \frac{2+e^{-x}}{x} dx$

ㄷ. $\int_1^{2} \frac{x}{1-x^2} dx$

ㄹ. $\int_1^{3} \frac{1}{\sqrt{x-1}} dx$

① 0 ② 1 ③ 2 ④ 3

11 다음 특이적분 중에서 수렴하는 것만을 있는 대로 고르면?

ㄱ. $\int_0^{1} \ln x \, dx$

ㄴ. $\int_{-\infty}^{\infty} \frac{x}{x^2+1} dx$

ㄷ. $\int_1^{\infty} \frac{\ln x}{x^2} dx$

① ㄱ ② ㄱ, ㄴ ③ ㄱ, ㄷ ④ ㄴ, ㄷ

12 특이적분 중에서 수렴하는 것만을 모두 고르면?

ㄱ. $\int_1^{\infty} \frac{\ln x}{x^3} dx$

ㄴ. $\int_1^{\infty} \frac{\sin x}{x} dx$

ㄷ. $\int_0^{1} (\ln x)^2 dx$

① ㄱ, ㄴ ② ㄱ, ㄷ ③ ㄴ, ㄷ ④ ㄱ, ㄴ, ㄷ

13 $\int_{-\infty}^{\infty} e^{-\frac{1}{2}x^2} dx = \sqrt{2\pi}$ 임을 이용하여, $\left(\int_0^{\infty} x^2 e^{-\frac{1}{2}x^2} dx\right) \times \left(\int_0^{\infty} \sqrt{\frac{2}{x}} e^{-\frac{1}{2}x} dx\right)$ 의 값을 구하면?

① $\frac{\pi}{2}$ ② π ③ $\frac{\sqrt{2}}{2}\pi$ ④ $\sqrt{2}\pi$

14 $\alpha > 0$ 인 α 에 대하여 감마함수는 $\Gamma(\alpha) = \int_0^{\infty} t^{\alpha-1} e^{-t} dt$ 이다. $\Gamma\left(\frac{3}{2}\right) = \frac{\sqrt{\pi}}{2}$ 임을 이용하여,

이상적분 $\int_0^1 x \left(\ln \frac{1}{x}\right)^{\frac{1}{2}} dx$ 의 값을 구하면?

① $\frac{\sqrt{\pi}}{4\sqrt{2}}$ ② $\frac{\sqrt{\pi}}{4}$ ③ $\frac{\sqrt{\pi}}{2\sqrt{2}}$ ④ $\frac{\sqrt{\pi}}{2}$

15 다음 중 적분의 계산이 잘못된 것을 고르면?

① $\int_1^2 (\ln x)^2 dx = 2(\ln 2)^2 - 4\ln 2 + 2$

② $\int_0^{\infty} x^5 e^{-x} dx = 120$

③ $\int_0^3 \frac{1}{(x-1)^2} dx = -\frac{3}{2}$

④ $\int_0^{\frac{\pi^2}{4}} \sin\sqrt{x}\, dx = 2$

04 극좌표

출제 비중 & 빈출 키워드 리포트

단원	출제 비중 (합계 4%)	빈출 키워드
1. 극좌표와 극방정식	2%	· 극좌표와 직교좌표 간 전환
2. 극곡선	2%	· 극곡선의 접선

1 극좌표와 극방정식

1. 극좌표

(1) 극좌표계

임의의 점 P에 대하여 원점 O로부터 거리를 r, 극축과 동경벡터 $\overrightarrow{OP}$가 이루는 각을 θ라고 했을 때, 이를 사용하여 $P(r, \theta)$로 나타내는 좌표계

(2) 극좌표와 직교좌표 사이의 관계

원점(극)을 직교좌표계의 원점으로 하고, 극축을 직교좌표계 축의 양의 방향과 겹쳐 놓으면 극좌표 (r, θ)와 직교좌표 (x, y) 사이에는 다음 관계식이 성립한다.

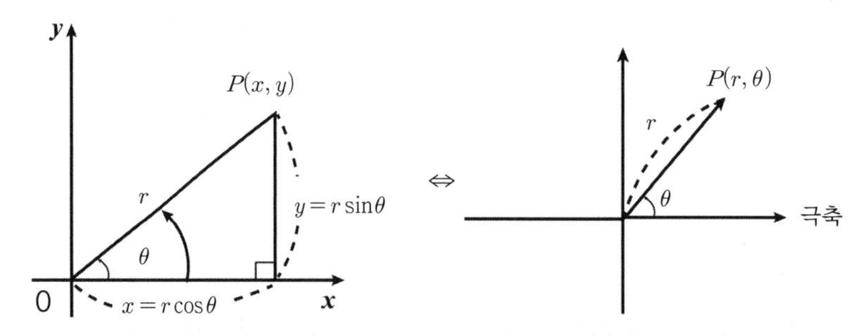

직교좌표 (x, y)	극좌표 (r, θ)
$x = r\cos\theta$	
$y = r\sin\theta$	
$x^2 + y^2 = r^2$	
$\tan^{-1}\dfrac{y}{x} = \theta$	

2. 극좌표의 대칭성

(1) 정의

① 직교좌표계에서는 각 점이 x축과 y축의 값인 (x, y)로 유일하게 표시되지만, 극좌표계에서는 동경의 반지름과 편각으로 나타내기 때문에 동일한 위치를 나타내는 여러 개의 순서쌍이 존재할 수 있다.

② 일반적으로 $(r, \theta \pm 2n\pi)$는 같은 점을 나타낸다.(n은 정수)

③ $r < 0$인 경우, 점 $(-r, \theta)$와 (r, θ)는 원점으로부터의 거리는 같고, 수직선상에서 원점을 중심으로 서로 반대편에 놓인다. (원점대칭) 즉, $(-r, \theta)$와 $(r, \theta + \pi)$는 같은 점을 나타낸다.

(2) 대칭성 표현

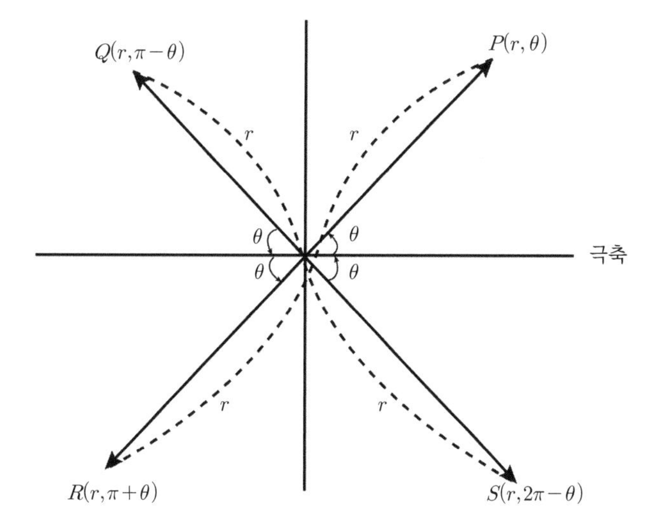

① $P(r,\ \theta)=(r,\ 2\pi+\theta)=\ \cdots\ =(-r,\ \pi+\theta)=(-r,\ 3\pi+\theta)=\ \cdots$

② $Q(r,\ \pi-\theta)=(r,3\pi-\theta)=\ \cdots\ =(-r,\ -\theta)=(-r,2\pi-\theta)=\ \cdots$

③ $R(r,\ \pi+\theta)=(r,\ 3\pi+\theta)=\ \cdots\ =(-r,\ \theta)=(-r,\ 2\pi+\theta)=\ \cdots$

④ $S(r,\ 2\pi-\theta)=(r,\ 4\pi-\theta)=\ \cdots\ =(-r,\ \pi-\theta)=(-r,\ 3\pi-\theta)=\ \cdots$

3. 극방정식

(1) 정의

극좌표계에서 동경의 반지름 r과 편각 θ 사이에 성립하는 관계를 나타낸 식

(2) 표현

$$r=f(\theta)\ \Leftrightarrow\ f(r,\theta)=0\ \Leftrightarrow\ f((-1)^n r,\theta+n\pi)=0$$

(단, $n\in$정수)

개념적용

01

직교좌표의 점 $(1, 0)$을 극좌표 (r, θ)로 변환하였을 때, r의 값으로 올바른 것은?

① 1　　② 2　　③ 3　　④ 4

공략 포인트

직교좌표를 극좌표로 변환

$\sqrt{x^2+y^2}=r$

$\tan^{-1}\frac{y}{x}=\theta$

풀이

$r=\sqrt{1^2+0}=1$

$\theta=\tan^{-1}\frac{0}{1}=2n\pi$, n은 정수

정답 ①

02

직교방정식 $(x-2)^2+y^2=4$를 극방정식으로 나타내면?

① $r=4+8\cos\frac{\theta}{2}$　　② $r=4+8\sin\frac{\theta}{2}$

③ $r=4-8\cos^2\frac{\theta}{2}$　　④ $r=4-8\sin^2\frac{\theta}{2}$

공략 포인트

배각 공식

$\cos\theta=\cos^2\frac{\theta}{2}-\sin^2\frac{\theta}{2}$

$=2\cos^2\frac{\theta}{2}-1$

$=1-2\sin^2\frac{\theta}{2}$

풀이

$(x-2)^2+y^2=4$

$\Rightarrow x^2-4x+4+y^2=4$

$\Rightarrow x^2+y^2=4x$

$\Rightarrow r^2=4r\cos\theta$

$\Rightarrow r=4\cos\theta=4\left(1-2\sin^2\frac{\theta}{2}\right)$

$=4-8\sin^2\frac{\theta}{2}$

정답 ④

03

극곡선 $r^2 \sin 2\theta = 1$의 직교좌표 방정식은?

① $x^2 - y^2 = 1$ ② $x^2 + y^2 = 1$ ③ $y = \frac{1}{x}$ ④ $y = \frac{1}{2x}$

공략 포인트

배각 공식
$\sin 2\theta = 2\sin\theta\cos\theta$

극좌표를 직교좌표로 변환
$r\sin\theta = y$
$r\cos\theta = x$

풀이

$r^2\sin 2\theta = 1 \Leftrightarrow r^2 2\sin\theta\cos\theta = 1$

$\Leftrightarrow 2(r\sin\theta)(r\cos\theta) = 1$

$\Leftrightarrow 2yx = 1 \Leftrightarrow y = \frac{1}{2x}$

정답 ④

04

극좌표상의 두 점 $\left(2, \frac{\pi}{3}\right)$와 $\left(4, \frac{2\pi}{3}\right)$ 사이의 거리를 구하면?

① $2\sqrt{3}$ ② $2\sqrt{2}$ ③ $\sqrt{3}$ ④ $\sqrt{2}$

공략 포인트

두 점 (x_1, y_1), (x_2, y_2) 사이의 거리 공식
$d = \sqrt{(x_1 - x_2)^2 + (y_1 - y_2)^2}$

풀이

극좌표 $\left(2, \frac{\pi}{3}\right)$를 직교좌표상의 점으로 바꾸면

$x = 2\cos\frac{\pi}{3} = 1$, $y = 2\sin\frac{\pi}{3} = \sqrt{3}$이므로 점 $(1, \sqrt{3})$이고,

극좌표 $\left(4, \frac{2}{3}\pi\right)$를 직교좌표상의 점으로 바꾸면

$x = 4\cos\frac{2}{3}\pi = -2$, $y = 4\sin\frac{2}{3}\pi = 2\sqrt{3}$이므로 점 $(-2, 2\sqrt{3})$이다.

따라서 두 점 사이의 거리는

$\sqrt{(1+2)^2 + (\sqrt{3} - 2\sqrt{3})^2} = 2\sqrt{3}$이다.

정답 ①

05

극방정식 $r=1+\sin\frac{\theta}{2}$ 와 동일한 그래프를 나타내지 않는 극방정식은?

① $r=-1+\cos\frac{\theta}{2}$ ② $r=-1+\sin\frac{\theta}{2}$ ③ $r=-1-\cos\frac{\theta}{2}$ ④ $r=1-\sin\frac{\theta}{2}$

공략 포인트

극좌표계는 직교좌표계와 달리 하나의 순서쌍으로 정의되지 않는 대칭성을 갖는다.

풀이

$(r,\theta)=(r,\ 2\pi+\theta)=(-r,\ \pi+\theta)=(-r,\ 3\pi+\theta)=\ \cdots$이므로

(i) $(r,\theta)=(r,\ 2\pi+\theta)$

$$r=1+\sin\frac{\theta}{2} \Leftrightarrow r=1+\sin\frac{2\pi+\theta}{2} \Leftrightarrow r=1-\sin\frac{\theta}{2}$$

(ii) $(r,\theta)=(-r,\ \pi+\theta)$

$$r=1+\sin\frac{\theta}{2} \Leftrightarrow -r=1+\sin\frac{\pi+\theta}{2} \Leftrightarrow -r=1+\cos\frac{\theta}{2} \Leftrightarrow r=-1-\cos\frac{\theta}{2}$$

(iii) $(r,\theta)=(-r,\ 3\pi+\theta)$

$$r=1+\sin\frac{\theta}{2} \Leftrightarrow -r=1+\sin\frac{3\pi+\theta}{2} \Leftrightarrow -r=1-\cos\frac{\theta}{2} \Leftrightarrow r=-1+\cos\frac{\theta}{2}$$

그러므로 극방정식 $r=1+\sin\frac{\theta}{2}$ 와 동일한 그래프를 나타내지 않는 것은 ② $r=-1+\sin\frac{\theta}{2}$ 이다.

정답 ②

2 극곡선

1. 극곡선

(1) 정의

극방정식 $r=f(\theta) \Leftrightarrow f(r, \theta)=0$을 만족하는 점들로 구성된 그래프

(2) 그래프

θ값의 변화에 따라 r값을 구하여 점을 나타낸 뒤 연결하는 방법으로 그린다.

① 원

• $r=a$

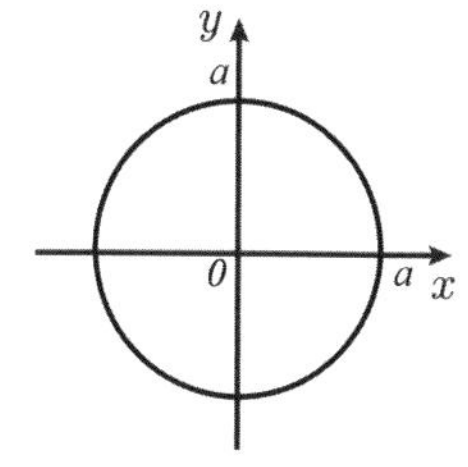

• $r=2a\sin\theta$
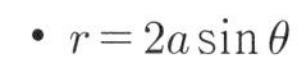

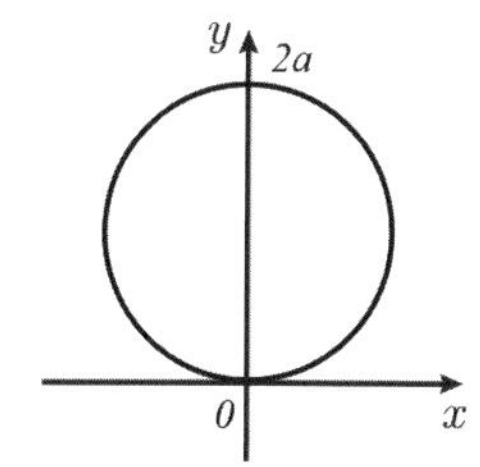

• $r=2a\cos\theta$

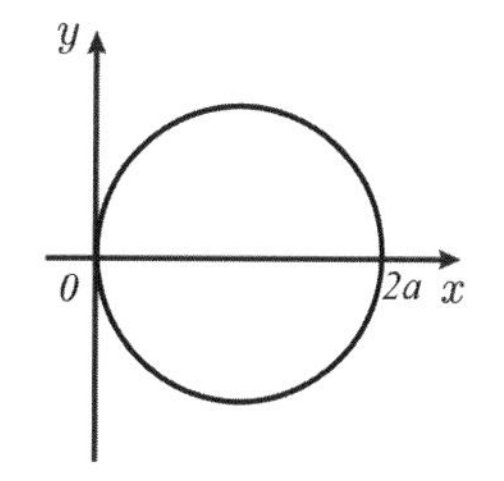

• $r=\cos\theta+\sin\theta$

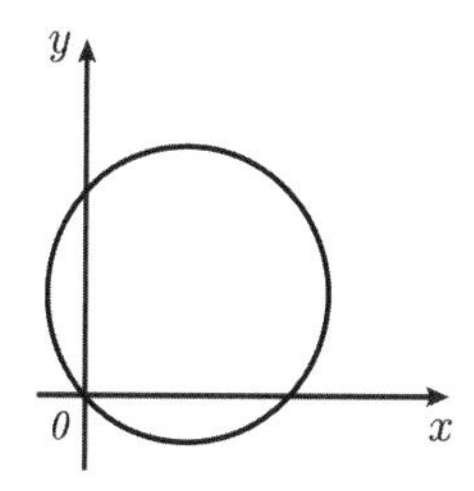

TIP ▸ • $r=2a\cos\theta$ 또는 $r=2a\sin\theta$에서 반지름은 a이다.

• $r=a\cos\theta+b\sin\theta$의 반지름은 $\dfrac{\sqrt{a^2+b^2}}{2}$이다.

② 장미형: $r=a\cos n\theta$ 또는 $r=a\sin n\theta$ 형태의 극방정식을 만족하는 곡선

(n이 홀수이면 n엽 장미엽선, 짝수이면 $2n$엽 장미엽선이라 한다.)

• $n=3$일 때(n이 홀수인 경우)

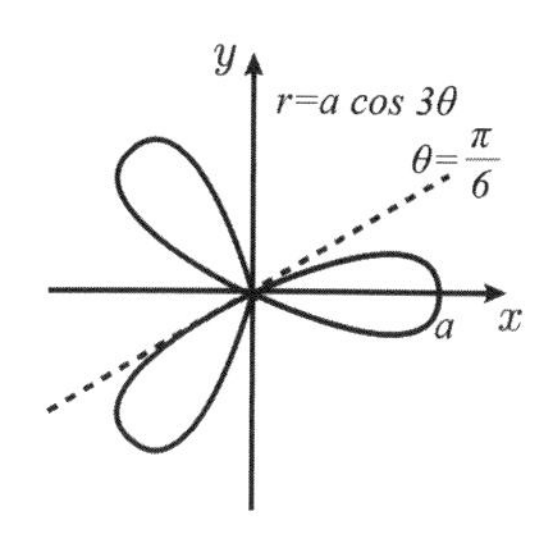

• $n=2$일 때(n이 짝수인 경우)

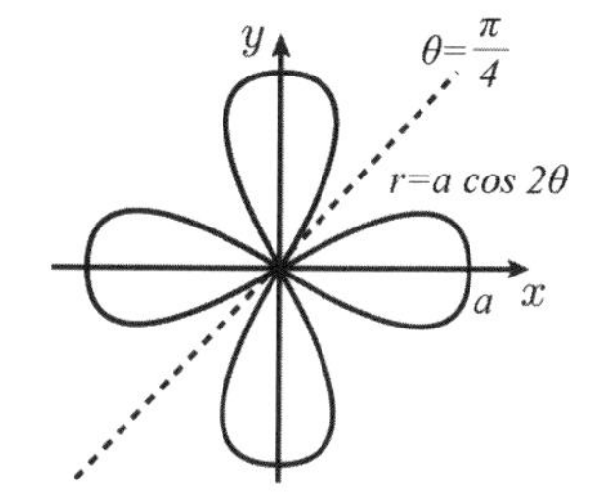

③ 연주형(2엽 장미): 극방정식 $r^2 = a^2\cos 2\theta$ 또는 $r^2 = a^2\sin 2\theta$를 만족하는 곡선

• $r^2 = a^2\cos 2\theta$

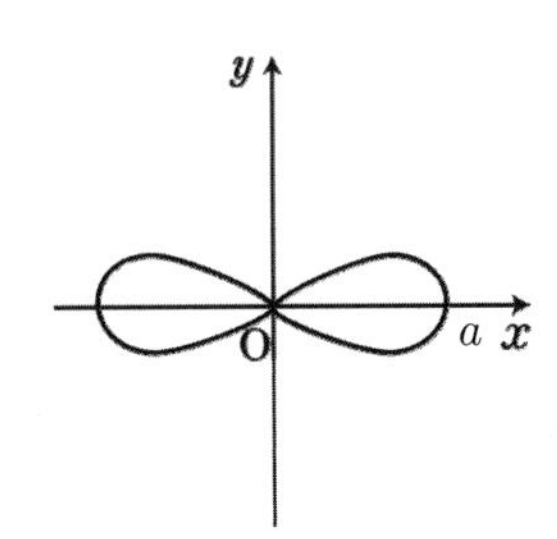

• $r^2 = a^2\sin 2\theta$

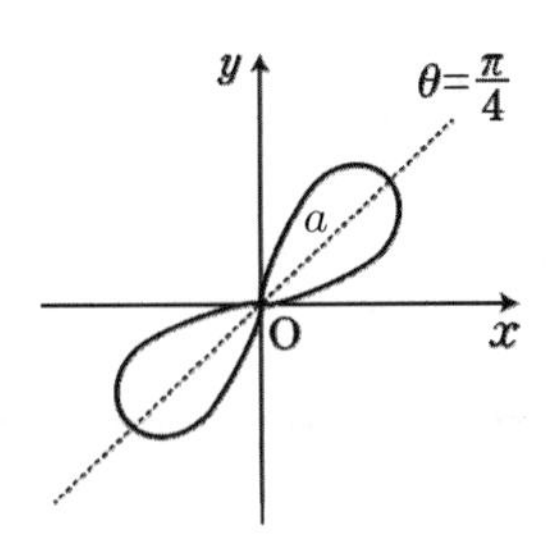

TIP ▸ $r^2 = a^2\sin 2\theta$의 그래프는 $r^2 = a^2\cos 2\theta$의 그래프를 반시계 방향으로 $\frac{\pi}{4}$만큼 회전한 것이다.

④ 심장형: $r = a \pm b\cos\theta$ 또는 $r = a \pm b\sin\theta$ 형태의 극방정식을 만족하는 곡선

• $r = a + b\cos\theta \ (a = b)$

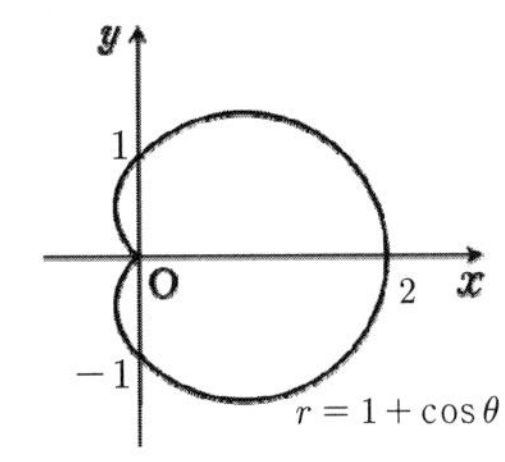

• $r = a + b\cos\theta \ (a < b)$

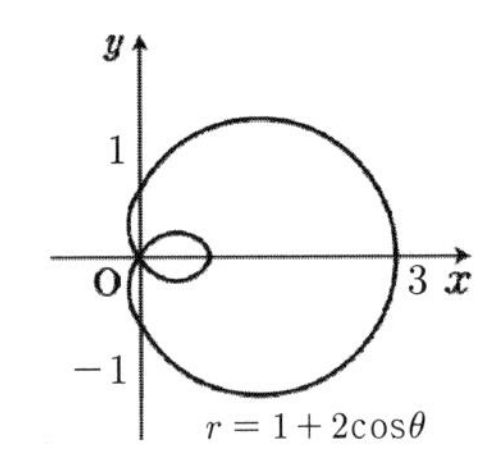

• $r = a + b\cos\theta \ (a > b)$

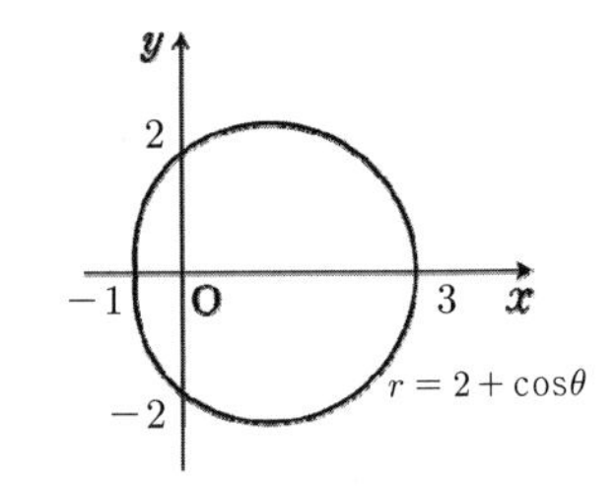

TIP ▸ 그래프의 회전

$r = a + b\cos\theta$의 그래프를 기준으로

$r = a - b\cos\theta$의 그래프는 π만큼 회전시킨 것이고,

$r = a + b\sin\theta$의 그래프는 $\frac{\pi}{2}$만큼 회전시킨 것이다.

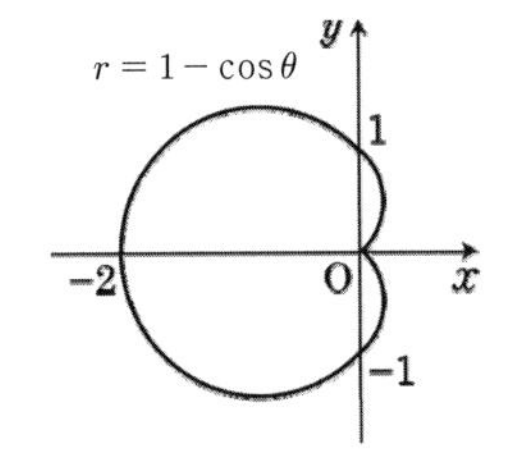

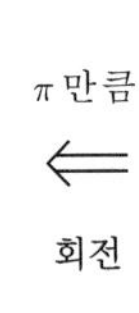

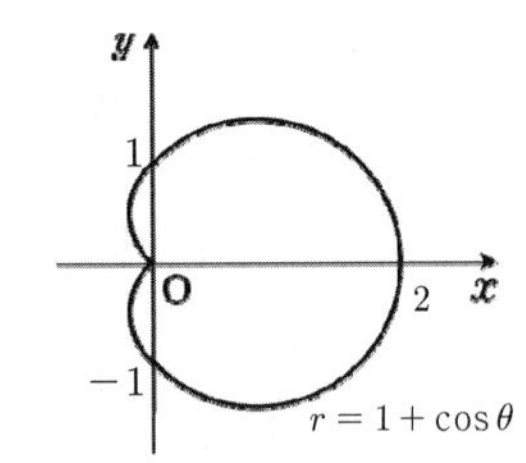

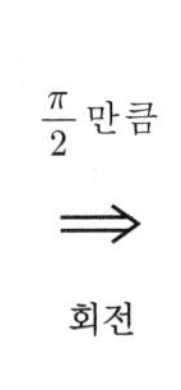

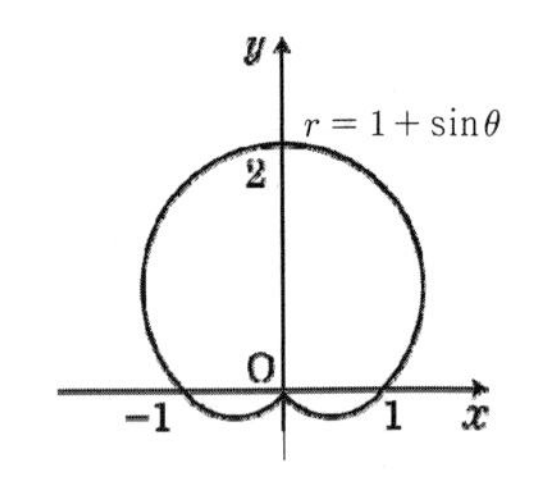

2. 극곡선의 접선과 사잇각

(1) 극곡선의 접선

$r=f(\theta)$를 $x=r\cos\theta,\ y=r\sin\theta$에 의한 매개변수 방정식으로 놓고 미분한다. 즉,

$$\frac{dy}{dx}=\frac{\frac{dy}{d\theta}}{\frac{dx}{d\theta}}$$

(2) 극곡선의 사잇각

① $r=f(\theta)$의 접선과 극축의 사잇각 θ는 다음과 같이 구할 수 있다.

$$\tan\theta=\frac{dy}{dx}$$

② $r=f(\theta)$의 동경 $\theta=\alpha$와 접선의 사잇각 ψ는 다음과 같이 구할 수 있다.

$$\tan\psi=\frac{r}{\frac{dr}{d\theta}}=\frac{r}{r'}$$

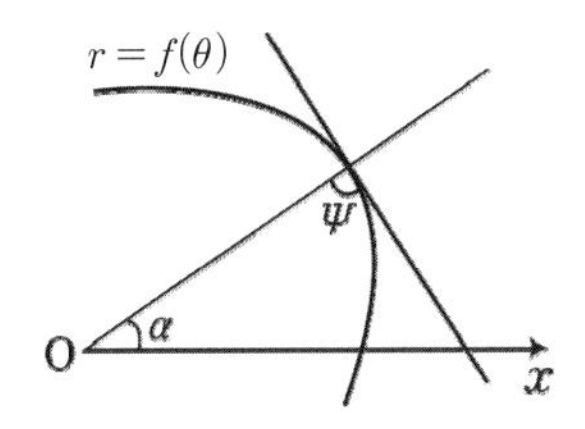

③ $r=f(\theta)$와 $r=g(\theta)$의 교점에서 두 접선의 사잇각 ψ는 다음과 같이 구할 수 있다.

$$\tan\psi=\tan|\theta-\theta'|$$

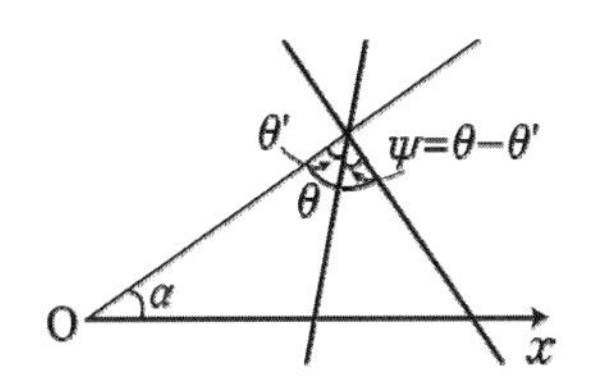

(단, θ: $r=f(\theta)$의 동경과 접선의 사잇각, θ': $r=g(\theta)$의 동경과 접선의 사잇각)

TIP ▸ 탄젠트 공식

$$\tan(x\pm y)=\frac{\tan x\pm\tan y}{1\mp\tan x\tan y}$$

01

곡선 $r=\dfrac{8}{4+3\sin\theta}$ 은 다음 중 어떤 곡선인가?

① 원 ② 포물선 ③ 타원 ④ 쌍곡선

공략 포인트 

극좌표를 직교좌표로 변환
$r=\sqrt{x^2+y^2}$
$r\sin\theta=y$

타원의 방정식
$\dfrac{x^2}{a^2}+\dfrac{y^2}{b^2}=1$

풀이

$r=\dfrac{8}{4+3\sin\theta} \Leftrightarrow 4r+3r\sin\theta=8$

$\Leftrightarrow 4\sqrt{x^2+y^2}+3y=8$

$\Leftrightarrow 16(x^2+y^2)=(8-3y)^2$

$\Leftrightarrow 16(x^2+y^2)=64-48y+9y^2$

$\Leftrightarrow 16x^2+7y^2+48y=64$

$\Leftrightarrow \dfrac{16x^2}{64}+\dfrac{7y^2+48y}{64}=1$

즉, 주어진 극곡선은 타원을 나타낸다.

정답 ③

02

극곡선 $r\sin^2\theta=\cos\theta$ 가 나타내는 곡선은?

① 직선 ② 원 ③ 타원 ④ 포물선

공략 포인트 

극좌표를 직교좌표로 변환
$r\sin\theta=y$
$r\cos\theta=x$

풀이

$r\sin^2\theta=\cos\theta \Leftrightarrow (r\sin\theta)^2=r\cos\theta$

$\Leftrightarrow y^2=x$

즉, 주어진 극곡선은 포물선을 나타낸다.

정답 ④

03

극곡선 $r=1+\sin\theta$ 와 $r=3\sin\theta$ 의 교점의 개수는?

① 1　② 2　③ 3　④ 4

공략 포인트

극곡선에서 $r=a\sin\theta$는 반지름이 a인 원을, $a\pm b\sin\theta$는 심장형을 나타낸다.

극곡선의 그래프 유형을 파악하여 교점의 개수를 파악한다.

풀이

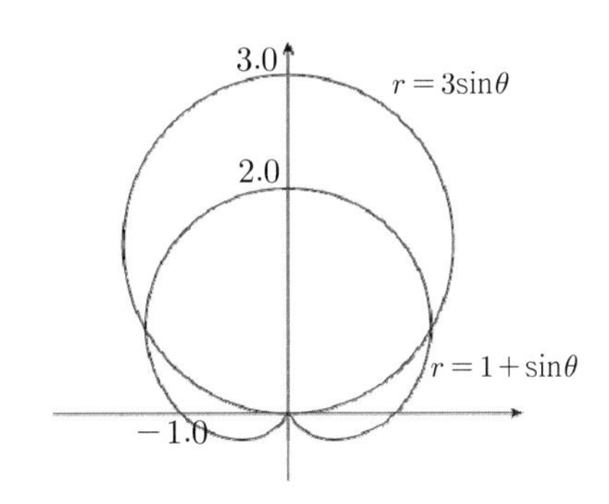

교점의 개수는 3개이다.

정답 ③

04

각 θ에 대한 극방정식 $r=\cos(3\theta)$ $(0\le\theta\le\pi)$와 $r=\frac{1}{3}$ $(0\le\theta\le 2\pi)$로 주어진 두 곡선의 교점의 개수는?

① 2　② 6　③ 8　④ 12

공략 포인트

극곡선에서 $r=a\cos3\theta$는 3엽 장미를, $r=a$는 반지름이 a인 원을 나타낸다.

풀이

$r=\cos3\theta$는 3엽 장미꼴이고 $r=\frac{1}{3}$은 반지름 $\frac{1}{3}$인 원이므로

주어진 두 곡선의 교점의 개수는 6개이다.

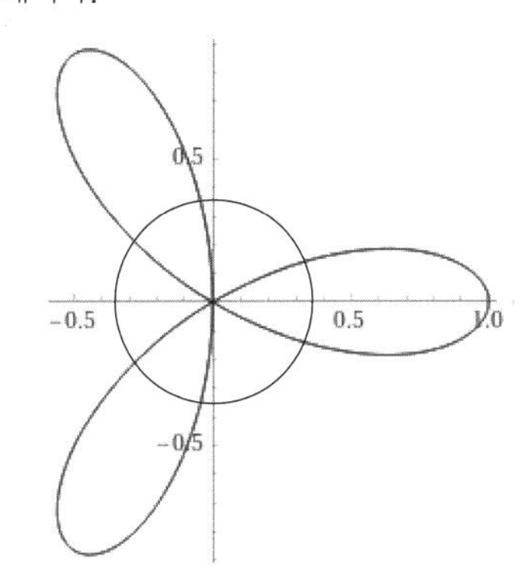

정답 ②

05

곡선 $r = 1 + \cos\theta$ 위의 점에서의 접선의 방정식이 $y = a$이다. 양수 a의 값은?

① $\dfrac{\sqrt{19}}{4}$　② $\dfrac{\sqrt{21}}{4}$　③ $\dfrac{\sqrt{23}}{4}$　④ $\dfrac{3\sqrt{3}}{4}$

공략 포인트

극곡선의 접선은 매개변수 미분법으로 구한다.

$\dfrac{dy}{dx} = \dfrac{dy/d\theta}{dx/d\theta}$

풀이

접선의 방정식이 $y = a$이므로 접선의 기울기가 0이다.

$x = r\cos\theta = (1+\cos\theta)\cos\theta$, $y = r\sin\theta = (1+\cos\theta)\sin\theta$라 하면

$$\frac{dy}{dx} = \frac{dy/d\theta}{dx/d\theta} = \frac{-\sin^2\theta + (1+\cos\theta)\cos\theta}{-\sin\theta\cos\theta - (1+\cos\theta)\sin\theta} = \frac{-\sin^2\theta + \cos\theta + \cos^2\theta}{-\sin\theta - 2\sin\theta\cos\theta}$$

$$= \frac{2\cos^2\theta + \cos\theta - 1}{-\sin\theta(1+2\cos\theta)}$$

$$= \frac{(2\cos\theta - 1)(\cos\theta + 1)}{-\sin\theta(1+2\cos\theta)}$$

위에서 구한 값이 0을 만족하는 θ는 $\dfrac{\pi}{3}, \dfrac{5\pi}{3}, \pi$이다.

$\theta = \dfrac{\pi}{3}$이면, $y = \left(1+\dfrac{1}{2}\right)\cdot\dfrac{\sqrt{3}}{2} = \dfrac{3}{4}\sqrt{3}$

$\theta = \dfrac{5\pi}{3}$이면, $y = \left(1+\dfrac{1}{2}\right)\cdot\left(-\dfrac{\sqrt{3}}{2}\right) = -\dfrac{3}{4}\sqrt{3}$

$\theta = \pi$이면, $y = (1-1)\cdot 0 = 0$

양수 a의 값을 구하면 $a = \dfrac{3\sqrt{3}}{4}$이다.

정답 ④

06

극방정식 $r = 2\sin 3\theta$에 대하여 $\theta = \dfrac{\pi}{6}$에서의 접선의 기울기는?

① $-\sqrt{3}$　② $-\dfrac{\sqrt{3}}{2}$　③ $\dfrac{\sqrt{3}}{2}$　④ $\sqrt{3}$

공략 포인트

극곡선의 접선은 매개변수 미분법으로 구한다.

$\dfrac{dy}{dx} = \dfrac{dy/d\theta}{dx/d\theta}$

풀이

극방정식 $r = 2\sin 3\theta$를 직교좌표로 나타내면

$x = r\cos\theta = 2\sin 3\theta\cos\theta$, $y = r\sin\theta = 2\sin 3\theta\sin\theta$이므로

매개변수 미분법에 의하여

$$\frac{dy}{dx} = \left.\frac{2\{3\cos 3\theta\sin\theta + \sin 3\theta\cos\theta\}}{2\{3\cos 3\theta\cos\theta - \sin 3\theta\sin\theta\}}\right|_{\theta = \frac{\pi}{6}}$$

$$= \frac{3\cos\frac{\pi}{2}\sin\frac{\pi}{6} + \sin\frac{\pi}{2}\cos\frac{\pi}{6}}{3\cos\frac{\pi}{2}\cos\frac{\pi}{6} - \sin\frac{\pi}{2}\sin\frac{\pi}{6}} = \frac{\frac{\sqrt{3}}{2}}{-\frac{1}{2}} = -\sqrt{3}\text{이므로}$$

$\theta = \dfrac{\pi}{6}$일 때, 극방정식 $r = 2\sin 3\theta$의 접선의 기울기는 $-\sqrt{3}$이다.

정답 ①

07

극방정식 $r = 1+2\cos\theta$의 그래프를 생각하자. 직교좌표로 표시된 이 곡선 위의 점 $(1, \sqrt{3})$에서의 접선의 방정식의 기울기는?

① $\frac{1}{9}$ ② $\frac{\sqrt{3}}{9}$ ③ $\frac{1}{3}$ ④ $\frac{\sqrt{3}}{3}$

공략 포인트

극곡선의 접선은 매개변수 미분법으로 구한다.

$\frac{dy}{dx} = \frac{dy/d\theta}{dx/d\theta}$

직교좌표를 극좌표로 변환

$\sqrt{x^2+y^2} = r$

$\tan^{-1}\frac{y}{x} = \theta$

풀이

$x = r\cos\theta = (1+2\cos\theta)\cos\theta$

$y = r\sin\theta = (1+2\cos\theta)\sin\theta$

$$\Rightarrow \frac{dy}{dx} = \frac{-2\sin^2\theta+(1+2\cos\theta)\cos\theta}{-2\sin\theta\cos\theta-(1+2\cos\theta)\sin\theta} = \frac{2\cos2\theta+\cos\theta}{-2\sin2\theta-\sin\theta}$$

$(1, \sqrt{3})$을 극좌표계상의 점으로 표현하면

$r = \sqrt{1+3} = 2,\ \theta = \tan^{-1}\sqrt{3} = \frac{\pi}{3}$이므로 $\left(2, \frac{\pi}{3}\right)$이다.

$$\left.\frac{dy}{dx}\right|_{\theta=\frac{\pi}{3}} = \frac{2\cos\frac{2\pi}{3}+\cos\frac{\pi}{3}}{-2\sin\frac{2\pi}{3}-\sin\frac{\pi}{3}} = \frac{1}{3\sqrt{3}} = \frac{\sqrt{3}}{9}$$

정답 ②

08

두 극곡선 $r_1 = 2\cos\theta$, $r_2 = 3\tan\theta$의 교점 $\left(\sqrt{3}, \frac{\pi}{6}\right)$에서의 교각의 크기는?

① $\frac{\pi}{4}$ ② $\cos^{-1}\left(\frac{1}{33}\right)$ ③ $\frac{\pi}{2}$ ④ $\tan^{-1}(5\sqrt{3})$

공략 포인트

극곡선 $r = f(\theta)$의 동경 θ와 접선의 사잇각을 α라 할 때

$\tan\alpha = \frac{r}{dr/d\theta} = \frac{r}{r'}$

두 극곡선의 교각 ψ에 대하여

$\tan\psi = \tan|\theta-\theta'|$

탄젠트 공식

$\tan(x\pm y) = \frac{\tan x \pm \tan y}{1 \mp \tan x \tan y}$

풀이

각 극곡선의 동경과 접선이 이루는 각을 각각 α, β라 하면

$$\tan\alpha = \frac{r_1}{dr_1/d\theta} = \left.\frac{2\cos\theta}{-2\sin\theta}\right|_{\theta=\frac{\pi}{6}} = -\sqrt{3}$$

$$\tan\beta = \frac{r_2}{dr_2/d\theta} = \left.\frac{3\tan\theta}{3\sec^2\theta}\right|_{\theta=\frac{\pi}{6}} = \frac{\frac{1}{\sqrt{3}}}{\left(\frac{2}{\sqrt{3}}\right)^2} = \frac{\sqrt{3}}{4}$$

두 극곡선의 교각 $\psi = \alpha-\beta$이므로

$$\tan\psi = |\tan(\alpha-\beta)| = \left|\frac{-\sqrt{3}-\frac{\sqrt{3}}{4}}{1-\sqrt{3}\cdot\frac{\sqrt{3}}{4}}\right| = 5\sqrt{3}$$

$\therefore \psi = \tan^{-1}(5\sqrt{3})$

정답 ④

3 극좌표

극좌표, 극방정식에 관한 개념을 단독적으로 묻는 문제는 출제 비중이 낮은 편이지만 이후에 배울 극좌표에서의 면적을 구하는 문제 및 극방정식에서의 곡선 길이를 구하는 문제를 풀기 위하여 선행되어야 할 개념입니다. 두 유형의 문제는 빈출되므로 이번 단원에서 극좌표에 관한 개념을 확실히 익혀둬야 합니다.

01 극좌표 ↔ 직교좌표 변환

개념 1. 극좌표와 극방정식

극좌표 $\left(4,\ \dfrac{\pi}{6}\right)$로 주어진 점 A와 극좌표계에서 $r=\dfrac{1}{1-\cos\theta}$로 표현되는 곡선 위를 움직이는 점 B가 있다. 이때, $\overline{OB}+\overline{BA}$의 최솟값을 구하시오. (단, O는 원점을 의미한다.)

① $1+2\sqrt{3}$　② $2\sqrt{3}$　③ $3\sqrt{3}$　④ $4+2\sqrt{3}$

풀이

STEP A 주어진 극좌표, 극곡선을 직교좌표 방정식으로 변환하기

극곡선 $r=\dfrac{1}{1-\cos\theta}$을 직교좌표 방정식으로 변환하면

$r(1-\cos\theta)=1 \Leftrightarrow r-r\cos\theta=1$에서

$\sqrt{x^2+y^2}-x=1 \Leftrightarrow y^2=2x+1$이다.

그리고 극좌표 $\left(4,\ \dfrac{\pi}{6}\right)$를 직교좌표로 변환하면

$x=4\cos\dfrac{\pi}{6}=2\sqrt{3}$, $y=4\sin\dfrac{\pi}{6}=2$

즉, $A(2\sqrt{3},\ 2)$이다.

STEP B 두 점 사이의 거리 공식을 이용하여 구하고자 하는 값 구하기

$\overline{OB}+\overline{BA}$의 최솟값은 점 A와 y좌표가 같은 $B\left(\dfrac{3}{2},\ 2\right)$일 때 얻어진다.

$\overline{OB}=\sqrt{\left(\dfrac{3}{2}\right)^2+2^2}=\dfrac{5}{2}$, $\overline{BA}=2\sqrt{3}-\dfrac{3}{2}$이므로

$\overline{OB}+\overline{BA}$의 최솟값은 $1+2\sqrt{3}$이다.

TIP ▸ 두 점 사이의 거리 공식

점 $A(x_1,\ y_1)$, 점 $B(x_2,\ y_2)$ 사이의 거리를 d라고 할 때

$d=\sqrt{(x_1-x_2)^2+(y_1-y_2)^2}$

정답 ①

02 극곡선의 접선

개념 2. 극곡선의 접선과 사잇각

극곡선 $r = 3 + 4\sin\theta$ 위의 $\theta = \dfrac{\pi}{6}$ 에 대응하는 점에서 접선의 기울기는?

① $\sqrt{3}$ ② $3\sqrt{3}$ ③ $5\sqrt{3}$ ④ $7\sqrt{3}$

풀이

STEP A 극좌표와 직교좌표의 관계에서 x, y 구하기

$$x = r\cos\theta = (3+4\sin\theta)\cos\theta,\ y = r\sin\theta = (3+4\sin\theta)\sin\theta$$

STEP B 매개변수 미분법에 의해 dy/dx 구하기

$$\frac{dy}{dx} = \frac{\frac{dy}{d\theta}}{\frac{dx}{d\theta}} = \frac{4\cos\theta\sin\theta + (3+4\sin\theta)\cos\theta}{4\cos\theta\cos\theta - (3+4\sin\theta)\sin\theta}$$

STEP C 대응하는 점에서 접선의 기울기를 구하기 위해 θ값 대입하기

$$\frac{dy}{dx} = \left.\frac{4\cos\theta\sin\theta + (3+4\sin\theta)\cos\theta}{4\cos\theta\cos\theta - (3+4\sin\theta)\sin\theta}\right|_{\theta=\pi/6}$$

$$= \frac{4\cos\frac{\pi}{6}\sin\frac{\pi}{6} + \left(3+4\sin\frac{\pi}{6}\right)\cos\frac{\pi}{6}}{4\cos\frac{\pi}{6}\cos\frac{\pi}{6} - \left(3+4\sin\frac{\pi}{6}\right)\sin\frac{\pi}{6}}$$

$$= \frac{4\frac{\sqrt{3}}{2}\frac{1}{2} + \left(3+4\frac{1}{2}\right)\frac{\sqrt{3}}{2}}{4\frac{\sqrt{3}}{2}\frac{\sqrt{3}}{2} - \left(3+4\frac{1}{2}\right)\frac{1}{2}}$$

$$= \frac{\sqrt{3} + \frac{5\sqrt{3}}{2}}{3 - \frac{5}{2}}$$

$$= \frac{2\sqrt{3} + 5\sqrt{3}}{6-5}$$

$$= 7\sqrt{3}$$

④

4 극좌표

정답 및 풀이 p.196

01 좌표평면에서 두 극곡선 $r=\dfrac{1}{\cos\theta+\sin\theta}$ 과 $r=\dfrac{1}{1-\sin\theta}$ 이 만나는 두 점 사이의 거리는?

① 4　　② $4\sqrt{2}$　　③ $4\sqrt{3}$　　④ 8

02 곡선 $x^2+y^2=x+y$는 원이다. 이를 극방정식으로는 $r=$(ㄱ)(으)로 나타낼 수 있다.

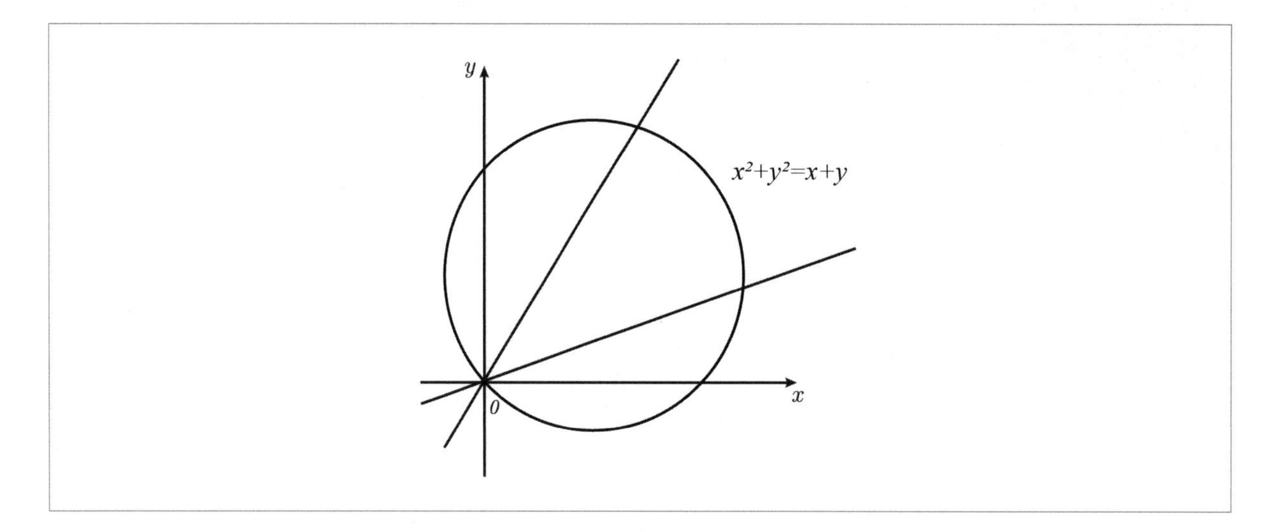

(ㄱ)에 적합한 식을 고르시오.

① $\cos\theta$　　② $\sin\theta$　　③ $\cos\theta+\sin\theta$　　④ $\dfrac{1}{2}\cos\theta+\dfrac{1}{2}\sin\theta$

03 극방정식 $r=\dfrac{3}{4\cos\theta+5\sin\theta}$ 을 직교좌표 방정식으로 옳게 나타낸 것은?

① $3x+4y=5$　　② $4x+5y=3$　　③ $4x+3y=5$　　④ $5x+4y=3$

04 극좌표로 주어진 곡선 $r=5+\sin\theta$에 대한 설명 중 옳은 것을 모두 고르면?

ㄱ. 곡선의 그래프는 x축에 대하여 대칭이다.
ㄴ. 곡선의 그래프는 y축에 대하여 대칭이다.
ㄷ. 곡선의 그래프는 원점에 대하여 대칭이다.

① ㄱ ② ㄴ ③ ㄷ ④ ㄱ, ㄷ

05 두 극방정식 $r=1+\sin\theta$와 $r=1-\cos\theta$로 정의된 두 곡선의 교점의 개수는?

① 0개 ② 1개 ③ 2개 ④ 3개

06 극곡선 $r=1+\sin\theta$에 대하여 $\theta=\theta_0$일 때의 접선의 기울기가 0인 θ_0의 값을 모두 더하면? (단, $-\pi \le \theta \le \pi$이다.)

① $-\pi$ ② $-\frac{\pi}{2}$ ③ $\frac{\pi}{2}$ ④ π

07 극좌표로 정의된 곡선 $r=1+2\sin\theta$에 있는 점 $\left(2,\ \frac{\pi}{6}\right)$에서의 접선의 방정식은?

① $y=\frac{\sqrt{3}}{4}x-\frac{5}{2}$ ② $y=3\sqrt{3}x+\frac{\pi}{6}-9$

③ $y=3\sqrt{3}x-8$ ④ $y=\frac{3\sqrt{3}}{2}x-\frac{7}{2}$

08 극좌표계의 점 $(r,\ \theta)=\left(\frac{3}{2},\ \frac{\pi}{3}\right)$에서 극곡선 $r=1+\cos\theta$의 접선의 기울기는?

① 0　　② -1　　③ $\frac{1}{4}$　　④ $-\frac{1}{2}$

09 극곡선 $r=1+\sin\theta$가 있다. $\theta=\frac{\pi}{3}$, $\theta=\frac{2}{3}\pi$에서 이 곡선의 접선을 각각 l_1, l_2라 할 때,

x축 및 l_1, l_2로 둘러싸인 다각형의 면적은?

① $\frac{26+15\sqrt{3}}{8}$　　② $\frac{26-15\sqrt{3}}{8}$

③ $\frac{12-\sqrt{3}}{2}$　　④ $\frac{12+\sqrt{3}}{2}$

10 극방정식 $r=4\cos 2\theta$ 위의 점 $\left(2,\ \frac{\pi}{6}\right)$에서 접선과 동경 사이의 예각을 ψ라 할 때, $\cos\psi$의 값은?

① $\frac{2\sqrt{3}}{\sqrt{13}}$　　② $\frac{1}{2\sqrt{3}}$　　③ $\frac{1}{\sqrt{13}}$　　④ $\sqrt{\frac{3}{13}}$

05 면적과 부피

출제 비중 & 빈출 키워드 리포트

단원	출제 비중 (합계 20%)	빈출 키워드
1. 면적	13%	· 직교방정식에서의 면적
2. 부피	7%	· 극좌표에서의 면적
		· 회전체의 부피

1 면적

1. 직교방정식에서의 면적

(1) 곡선과 x축 사이의 면적

함수 $f(x)$가 구간 $[a, b]$에서 연속일 때, 곡선 $y=f(x)$와 두 직선 $x=a$, $x=b$ 및 x축으로 둘러싸인 도형의 넓이

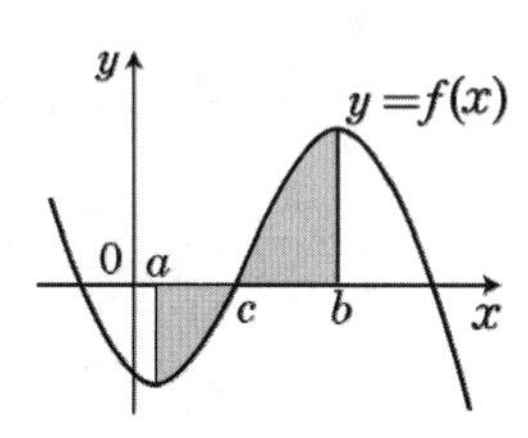

$$\text{넓이}=\int_a^b |f(x)|\,dx$$

(2) 곡선과 y축 사이의 면적

함수 $g(y)$가 구간 $[c, d]$에서 연속일 때, 곡선 $x=g(y)$와 두 직선 $y=c$, $y=d$ 및 y축으로 둘러싸인 도형의 넓이

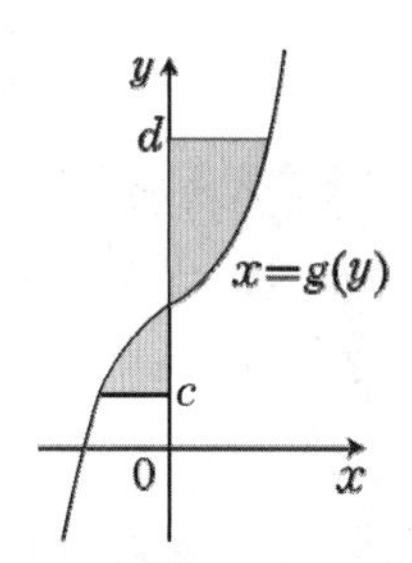

$$\text{넓이}=\int_c^d |g(y)|\,dy$$

(3) 두 곡선 사이의 면적

두 곡선 $y=f(x)$, $y=g(x)$와 두 직선 $x=a$, $x=b$로 둘러싸인 도형의 면적

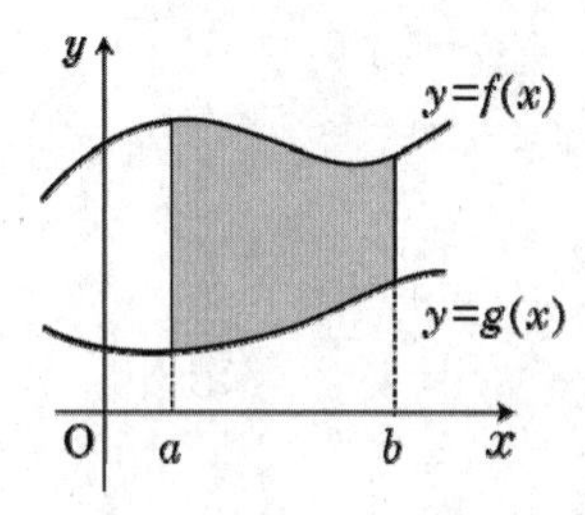

$$\text{넓이}=\int_a^b |f(x)-g(x)|\,dx$$

2. 매개변수 방정식에서의 면적

(1) 면적을 구하는 방법

매개곡선으로 둘러싸인 면적은 정적분의 치환적분법을 이용하여 구한다. 즉, 곡선이 매개변수 함수 $x=f(t),\, y=g(t)$로 주어지고 이 곡선이 $\alpha \le t \le \beta$에서 연속일 때 다음이 성립한다.

① 곡선 $x=f(t),\, y=g(t)$와 x축으로 둘러싸인 도형의 면적

$$\text{넓이}=\int_{\alpha}^{\beta} |g(t)|f'(t)\,dt$$

② 곡선 $x=f(t),\, y=g(t)$와 y축으로 둘러싸인 도형의 면적

$$\text{넓이}=\int_{\alpha}^{\beta} |f(t)|g'(t)dt$$

(2) 대표적인 매개곡선

① 사이클로이드: $\begin{cases} x=a(t-\sin t) \\ y=a(1-\cos t) \end{cases}$

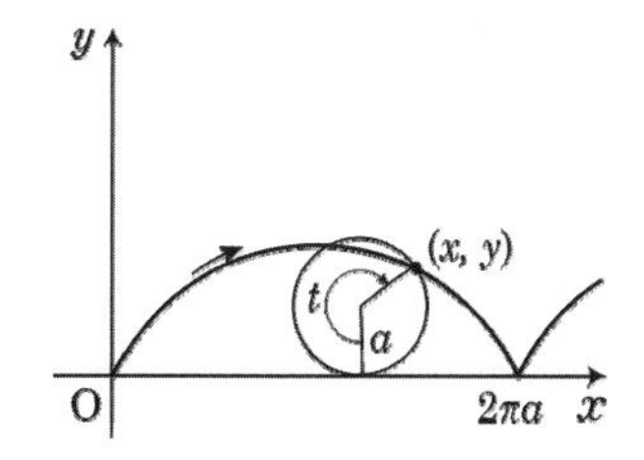

② 성망형: $\begin{cases} x=a\cos^3 t \\ y=a\sin^3 t \end{cases}$, $(0 \le t \le 2\pi)$

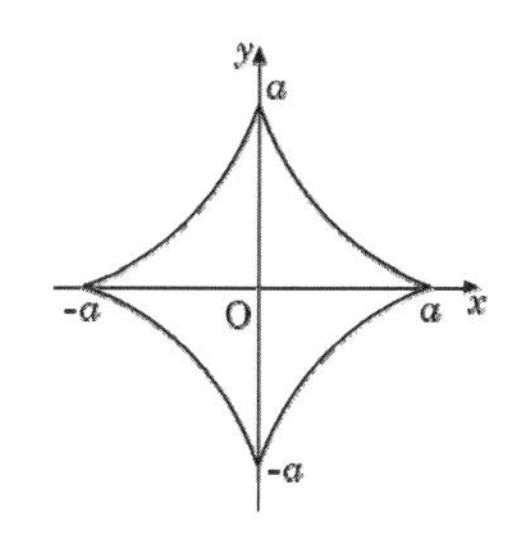

③ 타원: $\begin{cases} x=a\cos t \\ y=b\sin t \end{cases}$, $(0 \le t \le 2\pi)$

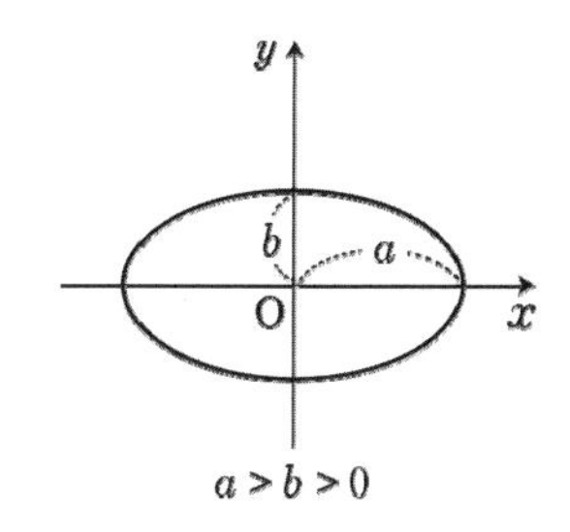

3. 극좌표에서의 면적

(1) 곡선 $r=f(\theta)$로 둘러싸인 영역의 넓이

① 배경

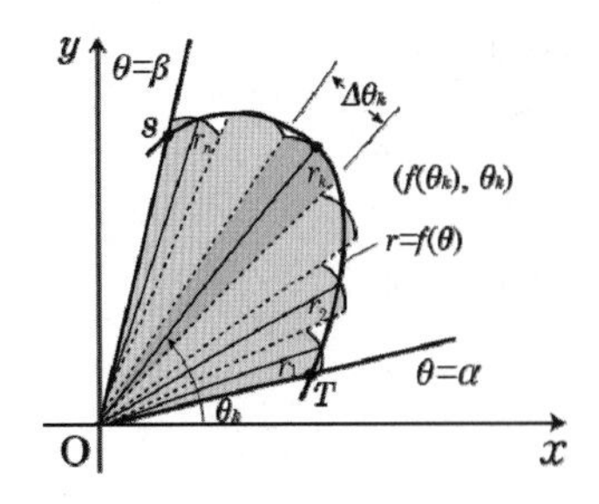

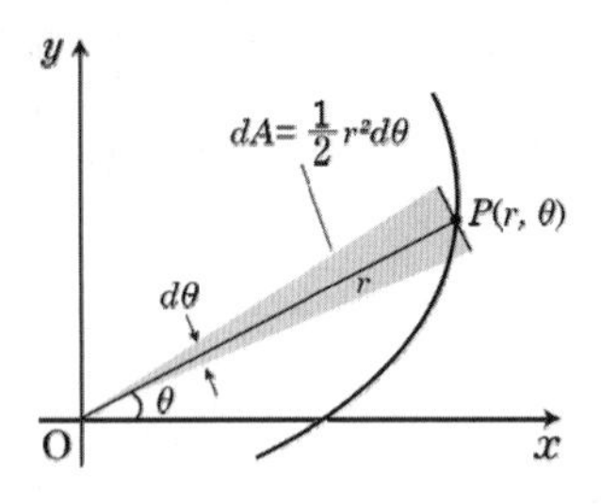

그림과 같이 극곡선으로 둘러싸인 면적을 무수히 많은 부분으로 나누었을 때, 각 부분은 반지름이 $r=f(\theta)$이고 중심각이 $d\theta$(라디안)인 부채꼴로 근사된다.

호도법에서 부채꼴의 넓이는 $\frac{1}{2}r^2\theta$이므로 이 부채꼴의 넓이는

$A_k=\frac{1}{2}{r_k}^2\Delta\theta_k=\frac{1}{2}\{f(\theta_k)\}^2\Delta\theta_k$이다.

따라서 전체 넓이의 근삿값은

$\sum_{k=1}^{n}A_k=\sum_{k=1}^{n}\frac{1}{2}\{f(\theta_k)\}^2\Delta\theta_k$이다.

이때 f는 연속이므로 분할에 대한 길이 $\|P\|$가 0에 가까울수록 참값에 가까운 근삿값을 구할 수 있다.

즉, $A=\lim_{\|P\|\to 0}\sum_{k=1}^{n}\frac{1}{2}\{f(\theta_k)\}^2\Delta\theta_k=\int_{\alpha}^{\beta}\frac{1}{2}\{f(\theta)\}^2d\theta$이다.

② 정리

극방정식 $r=f(\theta)$가 구간 $[\alpha,\beta]$에서 연속일 때, 곡선 $r=f(\theta)$의 $\alpha\le\theta\le\beta$ 사이의 영역의 면적은 다음과 같다.

$$A=\frac{1}{2}\int_{\alpha}^{\beta}r^2\,d\theta=\frac{1}{2}\int_{\alpha}^{\beta}\{f(\theta)\}^2\,d\theta$$

(2) 두 극곡선으로 둘러싸인 영역의 넓이

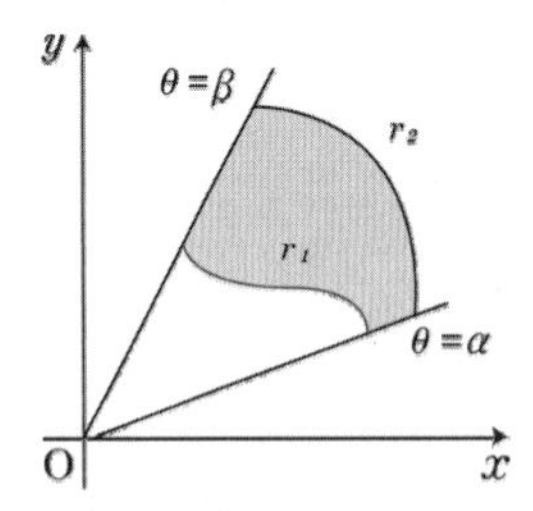

$\theta=\alpha$에서 $\theta=\beta$ 까지 두 극곡선 $r_1=f(\theta)$, $r_2=g(\theta)$사이의 영역에 대한 넓이

$$\text{넓이}=\int_{\alpha}^{\beta}\frac{1}{2}{r_2}^2d\theta-\int_{\alpha}^{\beta}\frac{1}{2}{r_1}^2d\theta=\frac{1}{2}\int_{\alpha}^{\beta}({r_2}^2-{r_1}^2)\,d\theta$$

개념적용

01

좌표평면에서 곡선 $y = \operatorname{arc}\cos x$와 직선 $x = \frac{1}{\sqrt{2}}$ 및 x축으로 둘러싸인 영역의 넓이는?

① $\frac{\sqrt{2}(4-\pi)}{8}$ ② $\frac{\sqrt{2}(4-\pi)}{4}$ ③ $\frac{\sqrt{2}(\pi-2)}{8}$ ④ $\frac{\sqrt{2}(\pi-2)}{4}$

공략 포인트

곡선과 x축 사이의 면적
함수 $f(x)$가 구간 $[a, b]$에서 연속일 때, 곡선 $y = f(x)$와 두 직선 $x = a$, $x = b$및 x축으로 둘러싸인 도형의 넓이는 다음과 같다.
$A = \int_a^b |f(x)|dx$(단, $a < b$)

풀이

$\cos^{-1}x = t$로 치환하면 $\cos t = x$에서
$-\sin t\, dt = dx$이므로

$$\int_{\frac{1}{\sqrt{2}}}^{1} \cos^{-1}x dx = \int_0^{\frac{\pi}{4}} t \cdot \sin t\, dt$$
$$= [-t\cos t]_0^{\frac{\pi}{4}} + \int_0^{\frac{\pi}{4}} \cos t\, dt \quad (\because f' = \sin t,\ g = t \text{ 부분적분})$$
$$= -\frac{\pi}{4} \cdot \frac{\sqrt{2}}{2} + [\sin t]_0^{\pi/4}$$
$$= -\frac{\sqrt{2}}{8}\pi + \frac{\sqrt{2}}{2} = \frac{\sqrt{2}(4-\pi)}{8}$$

정답 ①

02

곡선 $y = \ln(2x-1)$과 직선 $y = 1$, x축, y축으로 둘러싸인 도형의 넓이는?

① $\frac{1}{8}e$ ② $\frac{1}{4}e$ ③ $\frac{1}{2}e$ ④ e

공략 포인트

곡선과 y축 사이의 면적
함수 $g(y)$가 구간 $[c, d]$에서 연속일 때, 곡선 $x = g(y)$와 두 직선 $y = c$, $y = d$및 y축으로 둘러싸인 도형의 넓이는 다음과 같다.
$A = \int_c^d |g(y)|dy$(단, $c < d$)

풀이

$y = \ln(2x-1) \Leftrightarrow e^y = 2x-1 \Leftrightarrow e^y + 1 = 2x$

$\therefore x = \frac{1}{2}(e^y+1)$이므로 구하고자 하는 영역의 넓이를 A라 하면

$$A = \int_0^1 \frac{1}{2}(e^y+1)dy$$
$$= \frac{1}{2}[e^y + y]_0^1$$
$$= \frac{1}{2}(e+1-1)$$
$$= \frac{1}{2}e$$

정답 ③

03

그래프 $y=\frac{1}{2}x^2$과 그래프 $y=-x^2+2x$ 사이의 영역의 넓이는?

① $\frac{29}{54}$ ② $\frac{5}{9}$ ③ $\frac{31}{54}$ ④ $\frac{16}{27}$

공략 포인트

두 곡선 사이의 면적
두 곡선 $y=f(x)$, $y=g(x)$와 두 직선 $x=a$, $x=b$로 둘러싸인 도형의 면적은 다음과 같다.

$A=\int_a^b |f(x)-g(x)|dx$

풀이

$y=\frac{1}{2}x^2$과 $y=-x^2+2x$을 연립하면

$\frac{1}{2}x^2=-x^2+2x \Leftrightarrow \frac{3}{2}x^2-2x=0 \Leftrightarrow \frac{1}{2}x(3x-4)=0$이므로

두 곡선의 교점은 $x=0$과 $x=\frac{4}{3}$이다.

두 곡선 $y=\frac{1}{2}x^2$과 $y=-x^2+2x$으로 둘러싸인 영역의 넓이를 A라고 할 때,

$$A=\int_0^{\frac{4}{3}}\left\{(-x^2+2x)-\frac{1}{2}x^2\right\}dx$$
$$=\int_0^{\frac{4}{3}}\left(-\frac{3}{2}x^2+2x\right)dx$$
$$=\left[-\frac{1}{2}x^3+x^2\right]_0^{\frac{4}{3}}$$
$$=-\frac{1}{2}\times\frac{64}{27}+\frac{16}{9}=\frac{16}{27}$$

정답 ④

04

포물선 $y^2=2x$와 직선 $y=x-12$로 둘러싸인 도형의 넓이는?

① $\frac{230}{3}$ ② 80 ③ $\frac{250}{3}$ ④ $\frac{260}{3}$

공략 포인트

두 곡선 사이의 면적
두 곡선 $x=f(y)$, $x=g(y)$와 두 직선 $y=a$, $y=b$로 둘러싸인 도형의 면적은 다음과 같다.

$A=\int_a^b |f(y)-g(y)|\,dy$

풀이

$y^2=2x$와 $y=x-12$을 연립하면

$y^2=2(y+12) \Leftrightarrow y^2-2y-24=0 \Leftrightarrow (y-6)(y+4)=0$이므로 $y=-4$, $y=6$에서 교점을 갖는다.

포물선 $y^2=2x$와 직선 $y=x-12$로 둘러싸인 영역의 넓이를 A라고 할 때,

$$A=\int_{-4}^{6}\left\{(y+12)-\frac{y^2}{2}\right\}dy$$
$$=\int_{-4}^{6}\left(-\frac{y^2}{2}+y+12\right)dy$$
$$=\left[-\frac{y^3}{6}+\frac{1}{2}y^2+12y\right]_{-4}^{6}$$
$$=-36+18+72-\left(\frac{64}{6}+8-48\right)$$
$$=54-\left(\frac{32}{3}-40\right)=94-\frac{32}{3}=\frac{250}{3}$$

정답 ③

05

매개곡선 $x=2t-t^2$, $y=\sqrt{t}$ $(t \geq 0)$과 y축으로 둘러싸인 영역의 넓이는?

① $\dfrac{8\sqrt{2}}{15}$ ② $\dfrac{\sqrt{2}}{3}$ ③ $\dfrac{2\sqrt{2}}{15}$ ④ $\dfrac{\sqrt{2}}{15}$

공략 포인트

매개변수 방정식에서의 면적

곡선 $x=f(t)$, $y=g(t)$와 y축으로 둘러싸인 도형의 면적은 다음과 같다.

$A=\int_{\alpha}^{\beta}|f(t)|g'(t)dt$

풀이

$t=0$과 $t=2$일 때, $x=0$이므로 매개곡선 $x=2t-t^2$, $y=\sqrt{t}$ $(t \geq 0)$과 y축으로 둘러싸인 영역의 넓이를 A라고 할 때,

$$A=\int_0^2(2t-t^2)\frac{1}{2\sqrt{t}}dt$$
$$=\frac{1}{2}\int_0^2\left(2t^{\frac{1}{2}}-t^{\frac{3}{2}}\right)dt$$
$$=\frac{1}{2}\left[\frac{4}{3}t^{\frac{3}{2}}-\frac{2}{5}t^{\frac{5}{2}}\right]_0^2$$
$$=\left[\frac{2}{3}t^{\frac{3}{2}}-\frac{1}{5}t^{\frac{5}{2}}\right]_0^2$$
$$=\frac{4\sqrt{2}}{3}-\frac{4\sqrt{2}}{5}$$
$$=4\sqrt{2}\left(\frac{1}{3}-\frac{1}{5}\right)$$
$$=\frac{8\sqrt{2}}{15}$$

정답 ①

06

극좌표계에서 곡선 $r=2+2\cos\theta$로 둘러싸인 영역의 넓이는?

① 2π ② 4π ③ 6π ④ 8π

공략 포인트

극좌표에서의 면적

극방정식 $r=f(\theta)$가 구간 $[\alpha, \beta]$에서 연속일 때, 곡선 $r=f(\theta)$의 $\alpha \leq \theta \leq \beta$ 사이 영역의 면적은 다음과 같다.

$A=\frac{1}{2}\int_{\alpha}^{\beta}r^2\,d\theta$

풀이

구하고자 하는 영역의 넓이를 A라 하면

$$A=\frac{1}{2}\int_0^{2\pi}r^2d\theta$$
$$=\frac{1}{2}\int_0^{2\pi}(2+2\cos\theta)^2d\theta$$
$$=\frac{1}{2}\cdot4\int_0^{2\pi}(1+\cos\theta)^2d\theta$$
$$=2\int_0^{2\pi}(1+2\cos\theta+\cos^2\theta)\,d\theta$$
$$=2\left\{[\theta+2\sin\theta]_0^{2\pi}+4\cdot\frac{1}{2}\cdot\frac{\pi}{2}\right\}$$
$$\left(\because\int_0^{2\pi}\cos^2\theta\,d\theta=4\int_0^{\frac{\pi}{2}}\cos^2\theta\,d\theta=4\cdot\frac{1}{2}\cdot\frac{\pi}{2}\text{, 왈리스 공식}\right)$$
$$=2(2\pi+\pi)=6\pi$$

TIP ▸ $r=a(1\pm\cos\theta)$ 또는 $r=a(1\pm\sin\theta)$로 유계된 영역의 넓이

$\frac{3}{2}\pi a^2$

정답 ③

07

극좌표 방정식 $r = \sqrt{\sin^3\theta}$, $0 \le \theta \le \pi$로 표현되는 곡선에 의해 둘러싸인 영역의 넓이는?

① $\frac{2}{3}$ ② $\frac{2}{3}\pi$ ③ $\frac{1}{3}$ ④ $\frac{1}{3}\pi$

공략 포인트

극좌표에서의 면적

극방정식 $r = f(\theta)$가 구간 $[\alpha, \beta]$에서 연속일 때, 곡선 $r = f(\theta)$의 $\alpha \le \theta \le \beta$ 사이 영역의 면적은 다음과 같다.

$A = \frac{1}{2}\int_{\alpha}^{\beta} r^2\, d\theta$

왈리스 공식 (n은 홀수인 경우)

$\int_0^{\frac{\pi}{2}} \sin^n x\, dx = \frac{n-1}{n}\cdot\frac{n-3}{n-2}\cdot \cdots \cdot\frac{4}{5}\cdot\frac{2}{3}\cdot 1$

풀이

구하고자 하는 영역의 넓이를 A라 하면

$$\begin{aligned} A &= \frac{1}{2}\int_0^{\pi} r^2\, d\theta \\ &= \frac{1}{2}\int_0^{\pi} (\sqrt{\sin^3\theta})^2 d\theta \\ &= \frac{1}{2}\int_0^{\pi} \sin^3\theta d\theta \\ &= \frac{1}{2}\left(2\int_0^{\frac{\pi}{2}} \sin^3\theta d\theta\right) \\ &= \frac{1}{2}\cdot 2\cdot\frac{2}{3}\cdot 1 (\because \text{ 왈리스 공식}) \\ &= \frac{2}{3} \end{aligned}$$

정답 ①

08

극방정식 $r = 3\cos\theta$로 주어진 곡선의 내부와 극방정식 $r = \sqrt{3} + \cos\theta$로 주어진 곡선의 외부에 놓인 영역의 넓이는?

① π ② $\frac{2\pi}{3}$ ③ $\frac{\pi}{6}$ ④ $\frac{\pi}{3}$

공략 포인트

두 극곡선으로 둘러싸인 영역의 넓이

$\theta = \alpha$에서 $\theta = \beta$까지 두 극곡선 $r_1 = f(\theta)$, $r_2 = g(\theta)$ 사이 영역에 대한 넓이는 다음과 같다.

$A = \frac{1}{2}\int_{\alpha}^{\beta} (r_2{}^2 - r_1{}^2)\, d\theta$

풀이

두 극곡선을 연립하면 $3\cos\theta = \sqrt{3} + \cos\theta$에서 $\cos\theta = \frac{\sqrt{3}}{2}$이므로

$\theta = \frac{\pi}{6}$ 또는 $-\frac{\pi}{6}$이다. 즉, 구하고자 하는 영역의 넓이 A는

$$\begin{aligned} A &= 2\int_0^{\frac{\pi}{6}} \frac{1}{2}\{(3\cos\theta)^2 - (\sqrt{3}+\cos\theta)^2\} d\theta = \int_0^{\frac{\pi}{6}} 9\cos^2\theta - (3 + 2\sqrt{3}\cos\theta + \cos^2\theta)\, d\theta \\ &= \int_0^{\frac{\pi}{6}} 8\cos^2\theta - 2\sqrt{3}\cos\theta - 3\, d\theta = \int_0^{\frac{\pi}{6}} 4(1+\cos 2\theta) - 2\sqrt{3}\cos\theta - 3\, d\theta \ (\because \text{ 반각공식}) \\ &= \int_0^{\frac{\pi}{6}} (4\cos 2\theta - 2\sqrt{3}\cos\theta + 1)\, d\theta \\ &= [2\sin 2\theta - 2\sqrt{3}\sin\theta + \theta]_0^{\pi/6} \\ &= \frac{\pi}{6} \end{aligned}$$

정답 ③

09

극곡선 $r=1$의 외부와 극곡선 $r=2\sin\theta$의 내부에 있는 공통부분의 넓이는?

① $\frac{\pi}{3}+\frac{\sqrt{3}}{4}$ ② $\frac{\pi}{3}+\frac{\sqrt{3}}{2}$ ③ $\frac{2}{3}\pi+\frac{\sqrt{3}}{4}$ ④ $\frac{2}{3}\pi+\frac{\sqrt{3}}{2}$

공략 포인트

두 극곡선으로 둘러싸인 영역의 넓이

$\theta=\alpha$에서 $\theta=\beta$ 까지 두 극곡선 $r_1=f(\theta)$, $r_2=g(\theta)$ 사이 영역에 대한 넓이는 다음과 같다.

$A=\frac{1}{2}\int_{\alpha}^{\beta}(r_2{}^2-r_1{}^2)\,d\theta$

반각공식

$\sin^2\theta=\frac{1-\cos2\theta}{2}$

풀이

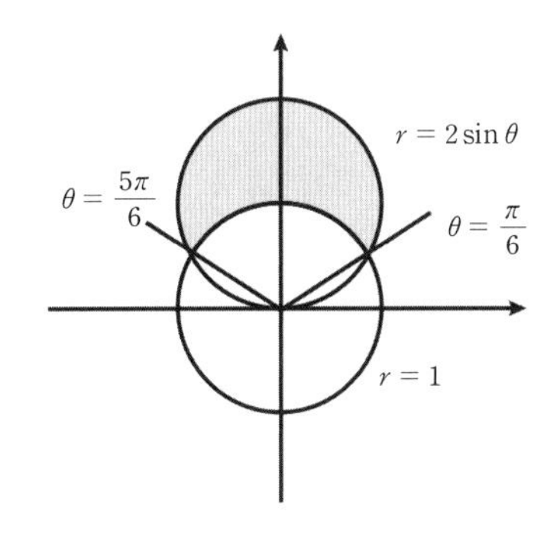

두 극곡선을 연립하면 $2\sin\theta=1$ 에서

$\theta=\frac{\pi}{6},\ \frac{5}{6}\pi$ 이므로 구하고자 하는 영역의 넓이 A는

$$A=2\int_{\pi/6}^{\pi/2}\frac{1}{2}\{(2\sin\theta)^2-1^2\}d\theta=\int_{\pi/6}^{\pi/2}(4\sin^2\theta-1)\,d\theta$$

$$=\int_{\pi/6}^{\pi/2}\left(4\cdot\frac{1-\cos2\theta}{2}-1\right)d\theta$$

$$=[\theta-\sin2\theta]_{\pi/6}^{\pi/2}=\frac{\pi}{3}+\frac{\sqrt{3}}{2}$$

정답 ②

10

다음 두 극곡선의 내부에 공통으로 놓인 영역의 넓이를 구하면?

$$r=1-\cos\theta,\ r=1+\cos\theta$$

① $\frac{3\pi}{2}-\frac{9}{2}$ ② $\frac{3\pi}{2}-4$ ③ $\frac{3\pi}{2}-\frac{7}{2}$ ④ $\frac{5\pi}{2}-\frac{15}{2}$

공략 포인트

두 극곡선으로 둘러싸인 영역의 넓이

$\theta=\alpha$에서 $\theta=\beta$ 까지 두 극곡선 $r_1=f(\theta)$, $r_2=g(\theta)$ 사이 영역에 대한 넓이는 다음과 같다.

$A=\frac{1}{2}\int_{\alpha}^{\beta}(r_2{}^2-r_1{}^2)\,d\theta$

풀이

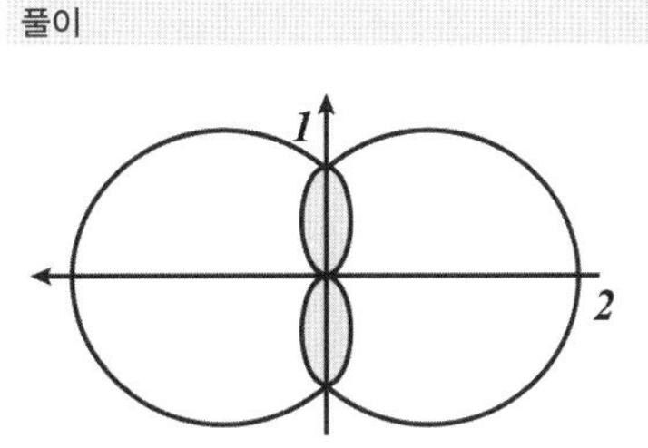

그래프를 그려 보면 주어진 영역이 대칭 구조이므로 구하고자 하는 넓이를 A라 하면

$$A=4\left(\frac{1}{2}\int_{\frac{\pi}{2}}^{\pi}(1+\cos\theta)^2d\theta\right)=2\int_{\frac{\pi}{2}}^{\pi}(\cos^2\theta+2\cos\theta+1)\,d\theta=2\int_{\frac{\pi}{2}}^{\pi}\frac{1+\cos2\theta}{2}+2\cos\theta+1\,d\theta$$

$$=2\int_{\frac{\pi}{2}}^{\pi}\frac{3}{2}+\frac{1}{2}\cos2\theta+2\cos\theta\,d\theta=2\left(\frac{3}{2}\theta+\frac{1}{4}\sin2\theta+2\sin\theta\right)\Big]_{\frac{\pi}{2}}^{\pi}=\frac{3\pi}{2}-4$$

정답 ②

2 부피

1. 절단면의 넓이를 이용한 입체의 부피

(1) 배경

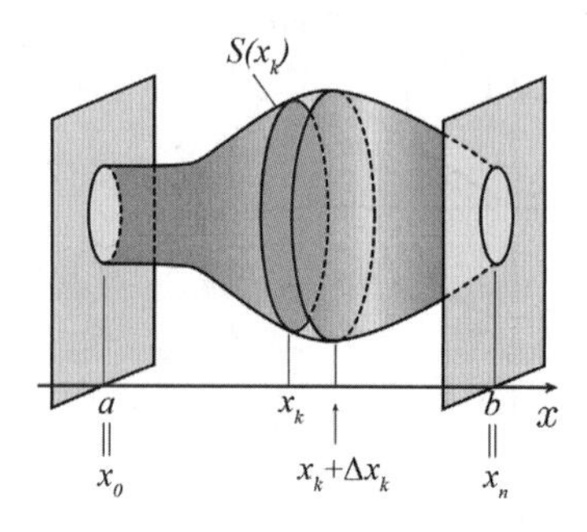

구간 $[a, b]$를 폭 Δx_k인 부분구간으로 분할하고, 각각의 분할점 $(a=x_0<x_1<x_2< \cdots <x_n=b)$에서 x축에 수직인 평면들로 입체를 절단하면 주어진 입체는 x_{k-1}에서의 평면과 x_k에서 평면 사이의 밑넓이가 $S(x_k)$이고 높이가 $\Delta x_k(=x_k-x_{k-1})$인 원주형 입체의 조각들로 나누어진다. 이 k번째 조각의 부피는 $V_k=S(x_k)\Delta x_k$ 이므로 전체 부피는 $V \approx \sum_{k=1}^{n} V_k = \sum_{k=1}^{n} S(x_k)\Delta x_k$로 근사할 수 있다.

(2) 정의

$x=a$, $x=b$ 사이에 놓인 입체 S의 점 x_k를 지나고 x축에 수직인 한 절단면의 넓이를 $S(x_k)$라 하면, 입체 S의 부피 V는 다음과 같다.

$$V=\lim_{n\to\infty}\sum_{k=1}^{n} S(x_k)\Delta x=\int_a^b S(x)dx$$

2. 회전체의 부피

(1) 직교좌표계에서 회전체의 부피

① x축 둘레로 회전시킨 입체의 부피

• 곡선과 x축 사이의 영역을 x축 둘레로 회전시킨 입체의 부피

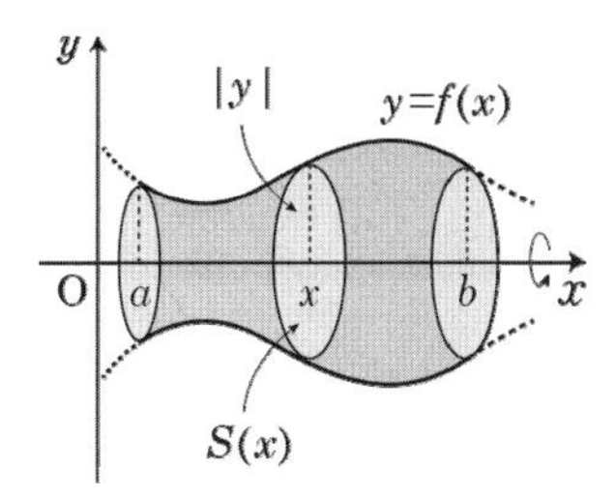

그림과 같이 x좌표가 x인 점을 지나 x축에 수직인 평면으로 이 회전체를 자르면 그 단면은 반지름의 길이가 $|y|$인 원이 된다. 그 단면의 넓이 $S(x)=\pi y^2=\pi\{f(x)\}^2$ 이므로 함수 $f(x)$가 구간 $[a,\ b]$에서 연속일 때, 곡선 $y=f(x)$를 x축 둘레로 회전시켜 생기는 회전체의 부피는 다음과 같다.

$$V_x=\int_a^b S(x)dx=\int_a^b \pi y^2 dx=\pi\int_a^b \{f(x)\}^2 dx$$

• 두 곡선 사이의 영역을 x축 둘레로 회전시킨 입체의 부피

곡선 $y=f(x)$, $y=g(x)$가 구간 $[a, b]$에서 연속이고 $f(x)\ \geq\ g(x)$일 때, 이 두 곡선으로 둘러싸인 영역을 x축 둘레로 회전시켜 만든 회전체의 부피는 다음과 같다.

$$V_x=\pi\int_a^b [\{f(x)\}^2-\{g(x)^2\}]dx$$

② y축 둘레로 회전시킨 입체의 부피

• 곡선과 y축 사이의 영역을 y축 둘레로 회전시킨 입체의 부피

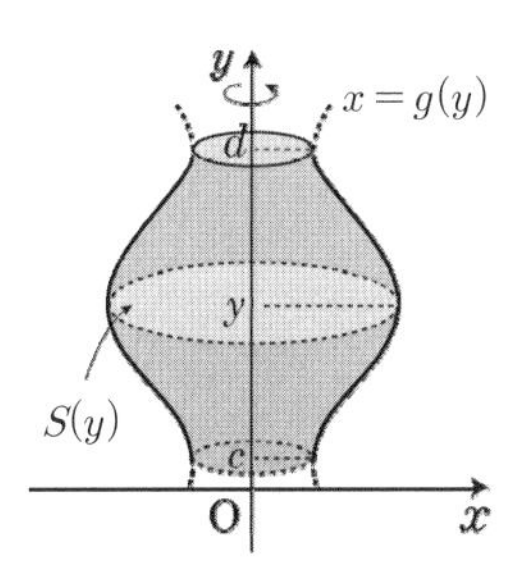

구간 $[c,\ d]$에서 곡선 $x=g(y)$를 y축 둘레로 회전시켜 생기는 회전체의 부피는 다음과 같다.

$$V_y=\int_c^d \pi x^2 dy=\pi\int_c^d \{g(y)\}^2 dy$$

• 두 곡선 사이의 영역을 y축 둘레로 회전시킨 입체의 부피

곡선 $x=f(y)$, $x=g(y)$ 가 구간 $[c, d]$에서 연속이고 $f(y)\ \geq\ g(y)$일 때, 이 두 곡선으로 둘러싸인 영역을 y축 둘레로 회전시켜 만든 회전체의 부피는 다음과 같다.

$$V_y=\pi\int_c^d \left[\{f(y)\}^2-\{g(y)\}^2\right] dy$$

(2) 매개변수함수로 주어진 곡선을 x축 및 y축 둘레로 회전시킨 회전체의 부피

($x=f(t)$, $y=g(t)$로 주어지고 이 곡선이 $\alpha \le t \le \beta$에서 연속일 때)

① x축 둘레로 회전하여 얻은 회전체의 부피는 다음과 같다.

$$V_x = \pi \int_{\alpha}^{\beta} \{g(t)\}^2 f'(t)\, dt$$

② y축 둘레로 회전하여 얻은 회전체의 부피는 다음과 같다.

$$V_y = \pi \int_{\alpha}^{\beta} \{f(t)\}^2 g'(t)\, dt$$

(3) 원주각법에 의한 회전체의 부피

연속인 곡선 $y=f(x)(\ge 0)$, 직선 $x=a$, $x=b$ 및 x축으로 둘러싸인 도형을 y축을 축으로 하여 회전시켜 얻은 회전체의 부피는 다음과 같다.

$$V_y = 2\pi \int_a^b xy\, dx = 2\pi \int_a^b x f(x)\, dx$$

TIP ▸ 원주각법을 사용한 원기둥의 부피

단면적의 표시가 복잡하거나, 적분 계산이 어려울 때 원주각법을 사용한다.

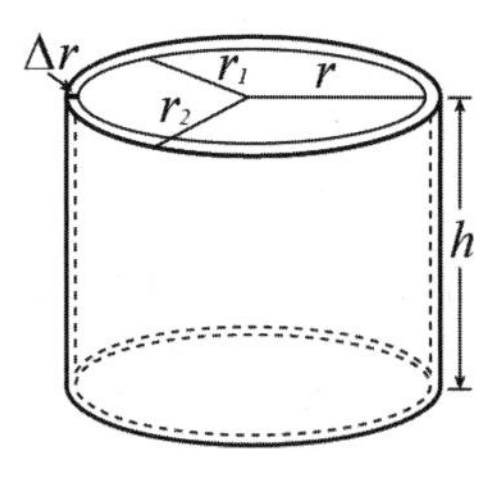

안쪽 반지름이 r_1, 바깥 반지름이 r_2, 높이가 h인 속이 빈 원통(원기둥)의 부피

$V=(\pi {r_2}^2 - \pi {r_1}^2)h = \pi(r_2+r_1)(r_2-r_1)h$

$= 2\pi\left(\dfrac{r_1+r_2}{2}\right) \cdot h \cdot (r_2-r_1)$

$= 2\pi \times$(평균 반지름)$\times$(높이)$\times$(원통의 두께)

개념적용

01

곡선 $y=\sqrt{\sin(\ln x)}\,(1\le x\le e^{\pi})$ 와 x축으로 둘러싸인 영역을 x축 둘레로 회전시켜 얻은 입체의 부피를 구하면?

① π ② $\frac{\pi}{2}(e^{\pi}+1)$ ③ $\pi(e^{\pi}-1)$ ④ $\pi(1+e^{\pi})$

공략 포인트

직교좌표계에서 회전체의 부피
구간 $[a,\ b]$에서 연속일 때, 곡선 $y=f(x)$를 x축 둘레로 회전시켜서 생기는 회전체의 부피

$V_x=\int_a^b \pi y^2 dx$

풀이

$$V=\int_a^b \pi y^2\,dx=\pi\int_1^{e^{\pi}}\sin(\ln x)dx$$

$$=\pi\int_0^{\pi} e^t\sin t\,dt\ (\because\ \ln x=t,\ dx=e^t dt\text{로 치환})$$

$$=\frac{\pi}{2}[e^t(\sin t-\cos t)]_0^{\pi}\ (\because\ \text{부분적분})$$

$$=\frac{\pi}{2}(e^{\pi}+1)$$

정답 ②

02

직선 $y=2-x$와 곡선 $y=\sqrt{x}$ 그리고 y축으로 둘러싸인 영역을 x축을 회전축으로 회전시켜 얻은 입체의 부피는?

① $\frac{11}{6}\pi$ ② 2π ③ $\frac{13}{6}\pi$ ④ $\frac{7}{3}\pi$

공략 포인트

직교좌표계에서 회전체의 부피
곡선 $y=f(x)$, $y=g(x)$가 구간 $[a,\ b]$에서 연속이고 $f(x)\ge g(x)$일 때, 두 곡선으로 둘러싸인 영역을 x축 둘레로 회전시킨 회전체의 부피

$V_x=\pi\int_a^b[\{f(x)\}^2-\{g(x)\}^2]dx$

풀이

두 곡선을 연립하면 $x=1$에서 만나며, 이를 그래프에서 보면 다음과 같다.

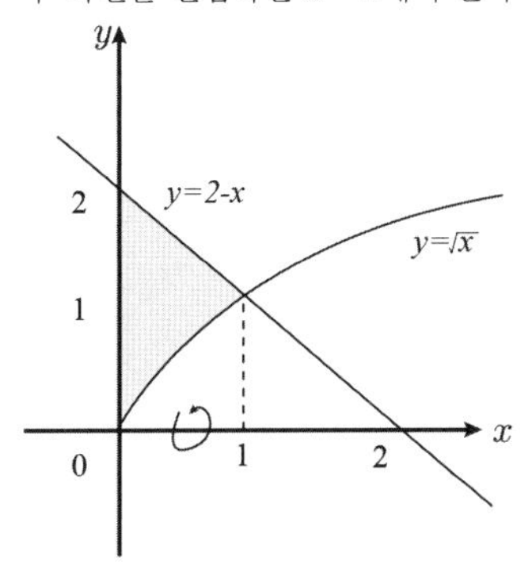

즉, 구간 $[0,\ 1]$에서 $2-x\ge\sqrt{x}$ 이므로 구하고자 하는 입체의 부피는

$$V_x=\pi\int_0^1\{(2-x)^2-(\sqrt{x})^2\}dx=\pi\int_0^1(x^2-5x+4)dx$$

$$=\pi\left[\frac{1}{3}x^3-\frac{5}{2}x^2+4x\right]_0^1=\frac{11}{6}\pi\text{이다.}$$

정답 ①

03

$0 \le x \le \frac{\pi}{2}$에서 정의된 두 함수 $y=\cos x$와 $y=\sin 2x$로 둘러싸인 영역을 x축 둘레로 회전시킬 때 생기는 회전체의 부피는?

① $\frac{3\sqrt{3}\pi}{16}$ ② $\frac{3\sqrt{3}\pi}{8}$ ③ $\frac{\sqrt{3}\pi}{4}$ ④ $\frac{2\sqrt{3}\pi}{15}$

공략 포인트

직교좌표계에서 회전체의 부피
곡선 $y=f(x)$, $y=g(x)$가 구간 $[a, b]$에서 연속이고 $f(x) \ge g(x)$일 때, 두 곡선으로 둘러싸인 영역을 x축 둘레로 회전시킨 회전체의 부피
$V_x = \pi \int_a^b [\{f(x)\}^2 - \{g(x)^2\}]dx$

풀이

두 곡선을 연립하면
$\cos x = \sin 2x \Leftrightarrow \cos x = 2\sin x \cos x \Leftrightarrow \cos x(2\sin x - 1) = 0$이므로
$\cos x = 0$ 또는 $2\sin x = 1$인 x를 $0 \le x \le \frac{\pi}{2}$에서 찾으면 $x = \frac{\pi}{6}, \frac{\pi}{2}$이다.
이를 그래프에서 보면 다음과 같다.

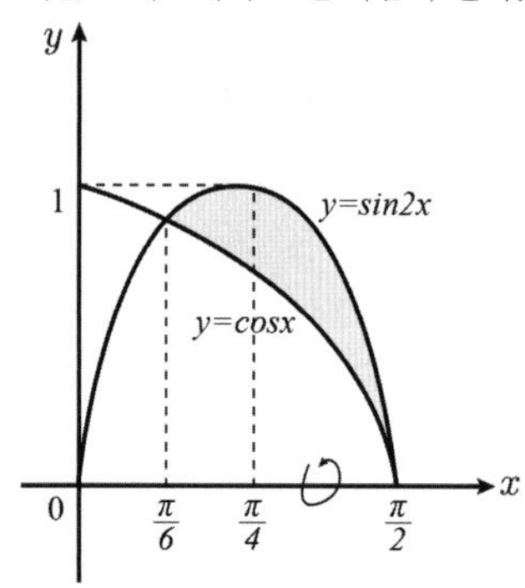

즉, 구간 $\left[\frac{\pi}{6}, \frac{\pi}{2}\right]$에서 $\sin 2x \ge \cos x$이므로 구하고자 하는 입체의 부피는

$$V_x = \pi \int_{\frac{\pi}{6}}^{\frac{\pi}{2}} \sin^2 2x - \cos^2 x \, dx$$

$$= \frac{\pi}{2} \int_{\frac{\pi}{6}}^{\frac{\pi}{2}} (1-\cos 4x) - (1+\cos 2x) \, dx$$

$$= -\frac{\pi}{2} \int_{\frac{\pi}{6}}^{\frac{\pi}{2}} \cos 4x + \cos 2x \, dx$$

$$= -\frac{\pi}{2} \left[\frac{1}{4}\sin 4x + \frac{1}{2}\sin 2x\right]_{\pi/6}^{\pi/2} = \frac{3\sqrt{3}\pi}{16}$$ 이다.

TIP ▸ 삼각함수의 배각공식 및 반각공식

- $\sin 2x = 2\sin x \cos x$
- $\sin^2 x = \frac{1-\cos 2x}{2}$, $\cos^2 x = \frac{1+\cos 2x}{2}$

정답 ①

04

두 곡선 $y=-\ln x$, $y=ex$ 및 x축으로 둘러싸인 부분을 y축으로 회전하여 얻은 입체의 부피는?

① $\left(\frac{1}{2}-\frac{5}{6e^2}\right)\pi$ ② $\left(\frac{5}{2}-\frac{1}{6e^2}\right)\pi$ ③ $\left(\frac{1}{4}-\frac{5}{6e^2}\right)\pi$ ④ $\left(\frac{5}{4}-\frac{1}{6e^2}\right)\pi$

공략 포인트 

직교좌표계에서 회전체의 부피
곡선 $x=f(y)$, $x=g(y)$ 가 구간 $[c,d]$에서 연속이고 $f(y)\geq g(y)$일 때, 두 곡선으로 둘러싸인 영역을 y축 둘레로 회전시켜 만든 회전체의 부피

V_y
$=\pi\int_c^d [\{f(y)\}^2-\{g(y)\}^2]\,dy$

풀이

두 곡선을 연립하면

$y=ex \Leftrightarrow x=\frac{1}{e}y$, $y=-\ln x \Leftrightarrow x=e^{-y}$

$\therefore\ e^{-y}=\frac{1}{e}y \Leftrightarrow e^{-y+1}=y \Leftrightarrow -y+1=\ln y$에서 $y=1$이다.

이를 그래프에서 보면 다음과 같다.

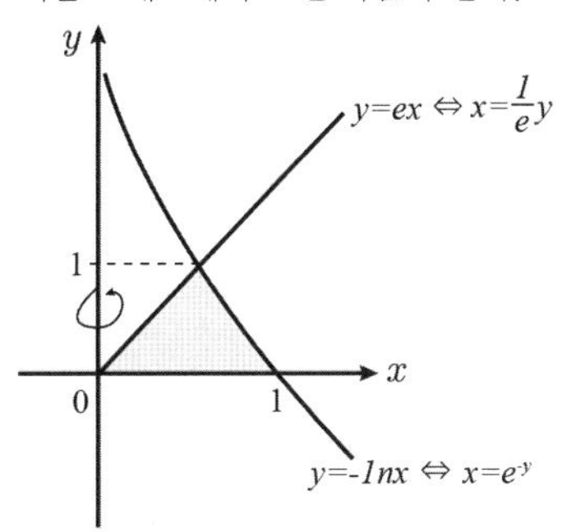

즉, 구간 $[0, 1]$에서 $e^{-y}\geq\frac{1}{e}y$이므로 구하고자 하는 입체의 부피는

$$V_y=\pi\int_0^1\left\{(e^{-y})^2-\left(\frac{1}{e}y\right)^2\right\}dy$$
$$=\pi\left[-\frac{1}{2}e^{-2y}-\frac{1}{3e^2}y^3\right]_0^1$$
$$=\left(\frac{1}{2}-\frac{5}{6e^2}\right)\pi\text{이다.}$$

정답 ①

05

곡선 $y=\dfrac{3x}{1+x^3}$과 세 직선 $y=0$, $x=1$, $x=5$로 둘러싸인 부분을 y축을 중심으로 회전하여 얻은 입체의 부피는?

① $2\pi\ln 63$　　② $\pi+3\ln 21$　　③ $3\pi\ln 21$　　④ $2\pi+\ln 63$

공략 포인트

원주각법에 의한 회전체의 부피
연속인곡선 $y=f(x)(\geq 0)$, 직선 $x=a$, $x=b$ 및 x축$(y=0)$으로 둘러싸인 도형을 y축을 축으로 하여 회전시킨 회전체의 부피는 다음과 같다.

$V_y=2\pi\int_a^b xy\,dx$

풀이

$$V_y=2\pi\int_1^5 \frac{3x^2}{1+x^3}dx$$
$$=2\pi\left[\ln|1+x^3|\right]_1^5$$
$$=2\pi\ln 63$$

정답 ①

06

곡선 $y=-x^2+3x-2$와 직선 $y=0$으로 둘러싸인 평면 영역을 y축을 중심으로 돌려서 만든 회전 입체의 부피는?

① $\dfrac{\pi}{4}$　　② $\dfrac{\pi}{2}$　　③ $\dfrac{3}{4}\pi$　　④ $\dfrac{5}{4}\pi$

공략 포인트 

원주각법에 의한 회전체의 부피
연속인곡선 $y=f(x)(\geq 0)$, 직선 $x=a$, $x=b$ 및 x축$(y=0)$으로 둘러싸인 도형을 y축을 축으로 하여 회전시킨 회전체의 부피는 다음과 같다.

$V_y=2\pi\int_a^b xy\,dx$

풀이

곡선 $y=-x^2+3x-2$와 직선 $y=0$의 교점은
$-x^2+3x-2=0 \Leftrightarrow -(x-2)(x-1)=0$에서 $x=1$, $x=2$이므로
곡선 $y=-x^2+3x-2$와 직선 $y=0$(x축)으로 둘러싸인 평면 영역을 y축을 중심으로 돌려서 만든 회전 입체의 부피 V_y는

$$V_y=2\pi\int_1^2 xy\,dx$$
$$=2\pi\int_1^2 x(-x^2+3x-2)dx$$
$$=2\pi\int_1^2 (-x^3+3x^2-2x)dx$$
$$=2\pi\left[-\frac{1}{4}x^4+x^3-x^2\right]_1^2$$
$$=2\pi\left\{(-4+8-4)-\left(-\frac{1}{4}+1-1\right)\right\}$$
$$=2\pi\left(\frac{1}{4}\right)=\frac{\pi}{2}$$ 이다.

정답 ②

07

$x=2$에서 $x=\pi+2$까지의 곡선 $y=\sin(x-2)$와 x축으로 둘러싸인 영역을 y축 중심으로 회전하여 얻은 입체의 부피는?

① $2\pi(2\pi+1)$ ② $2\pi(\pi+2)$ ③ $2\pi(2\pi+3)$ ④ $2\pi(\pi+4)$

공략 포인트

원주각법에 의한 회전체의 부피
연속인곡선 $y=f(x)(\geq 0)$, 직선 $x=a$, $x=b$ 및 x축$(y=0)$으로 둘러싸인 도형을 y축을 축으로 하여 회전시킨 회전체의 부피는 다음과 같다.

$V_y=2\pi\int_a^b xy\,dx$

풀이

$x=2$에서 $x=\pi+2$까지의 곡선 $y=\sin(x-2)$와 x축으로 둘러싸인 영역을 y축 중심으로 회전하여 얻은 입체의 부피 V_y는

$$V_y=2\pi\int_2^{\pi+2}xy\,dx$$
$$=2\pi\int_2^{\pi+2}x\sin(x-2)dx$$
$$=2\pi[x\{-\cos(x-2)\}-(-\sin(x-2))]_2^{\pi+2}\ (\because f'=\sin(x-2), g=x \text{ 부분적분})$$
$$=2\pi[-x\cos(x-2)+\sin(x-2)]_2^{\pi+2}$$
$$=2\pi\{-(\pi+2)\cos\pi-(-2\cos 0)\}$$
$$=2\pi\{(\pi+2)+2\}=2\pi(\pi+4)\text{이다.}$$

정답 ④

08

$y=0$과 $y=10x^2-5x^3$으로 둘러싸인 영역을 y축 중심으로 회전하여 생기는 입체의 부피는?

① 10π ② 12π ③ 14π ④ 16π

원주각법에 의한 회전체의 부피
연속인곡선 $y=f(x)(\geq 0)$, 직선 $x=a$, $x=b$ 및 x축$(y=0)$으로 둘러싸인 도형을 y축을 축으로 하여 회전시킨 회전체의 부피는 다음과 같다.

$V_y=2\pi\int_a^b xy\,dx$

풀이

$y=0$과 $y=10x^2-5x^3$를 연립하면
$0=10x^2-5x^3 \Leftrightarrow 0=5x^2(2-x)$에서 $x=0$, 2다.
따라서 구하고자 하는 입체의 부피 V_y는

$$V_y=2\pi\int_0^2 xy\,dx$$
$$=2\pi\int_0^2 x(10x^2-5x^3)dx$$
$$=2\pi\int_0^2(10x^3-5x^4)dx$$
$$=2\pi\left[\frac{5}{2}x^4-x^5\right]_0^2=16\pi\text{이다.}$$

정답 ④

09

좌표평면에서 $y=x^4-x^5$과 $y=0$으로 둘러싸인 영역을 y축을 중심으로 회전시킬 때 생기는 입체의 부피는?

① $\frac{\pi}{23}$　② $\frac{\pi}{22}$　③ $\frac{\pi}{21}$　④ $\frac{\pi}{20}$

공략 포인트

원주각법에 의한 회전체의 부피
연속인곡선 $y=f(x)(\geq 0)$, 직선 $x=a$, $x=b$ 및 x축$(y=0)$으로 둘러싸인 도형을 y축을 축으로 하여 회전시킨 회전체의 부피는 다음과 같다.

$V_y=2\pi\int_a^b xy\,dx$

풀이

$y=x^4-x^5$과 $y=0$을 연립하면
$x^4-x^5=0 \Leftrightarrow x^4(x-1)=0$에서 $x=0$, $x=1$이다.
따라서 구하고자 하는 입체의 부피 V_y는

$$V_y=2\pi\int_0^1 xy\,dx$$
$$=2\pi\int_0^1 x(x^4-x^5)dx$$
$$=2\pi\left(\frac{1}{6}-\frac{1}{7}\right)$$
$$=2\pi\times\frac{1}{42}=\frac{\pi}{21}$$ 이다.

정답 ③

10

곡선 $y=\cos x\ \left(0\leq x\leq \frac{\pi}{2}\right)$와 두 직선 $x=0$, $y=0$으로 둘러싸인 영역을 y축을 중심으로 회전시킬 때 생기는 입체의 부피는?

① π^2　② $\pi^2-\pi$　③ $\pi^2-2\pi$　④ $\pi^2-3\pi$

공략 포인트

원주각법에 의한 회전체의 부피
연속인곡선 $y=f(x)(\geq 0)$, 직선 $x=a$, $x=b$ 및 x축$(y=0)$으로 둘러싸인 도형을 y축을 축으로 하여 회전시킨 회전체의 부피는 다음과 같다.

$V_y=2\pi\int_a^b xy\,dx$

풀이

$$V_y=2\pi\int_0^{\pi/2} xy\,dx$$
$$=2\pi\int_0^{\pi/2} x\cos x\,dx$$
$$=2\pi\left(\left[x\sin x\right]_0^{\pi/2}-\int_0^{\pi/2}\sin x\,dx\right)\ (\because f'=\cos x, g=x \text{ 부분적분})$$
$$=2\pi\left(\left[x\sin x\right]_0^{\pi/2}+\left[\cos x\right]_0^{\pi/2}\right)$$
$$=\pi^2-2\pi$$

정답 ③

11

곡선 $y=3\sqrt{x}$와 $x=1$, $x=4$, $y=0$으로 둘러싸인 영역을 y축을 중심으로 회전시킨 회전체의 부피는?

① $\dfrac{372\pi}{5}$　② $\dfrac{186\pi}{5}$　③ $\dfrac{93\pi}{5}$　④ $\dfrac{72\pi}{5}$

공략 포인트 

원주각법에 의한 회전체의 부피
연속인곡선 $y=f(x)(\geq 0)$, 직선 $x=a$, $x=b$ 및 x축$(y=0)$으로 둘러싸인 도형을 y축을 축으로 하여 회전시킨 회전체의 부피는 다음과 같다.

$$V_y=2\pi\int_a^b xy\,dx$$

풀이

원주각법에 의하여 회전체의 부피는 다음과 같다.

$$\begin{aligned}V_y&=2\pi\int_1^4 xy\,dx\\&=2\pi\int_1^4 x\cdot 3\sqrt{x}\,dx\\&=6\pi\int_1^4 x^{\frac{3}{2}}dx\\&=6\pi\cdot\left[\frac{2}{5}x^{\frac{5}{2}}\right]_1^4\\&=\frac{12}{5}\pi(4^{\frac{5}{2}}-1)=\frac{372}{5}\pi\end{aligned}$$

정답 ①

12

곡선 $y=e^{-x^2}$과 세 직선 $y=0$, $x=0$, $x=1$로 둘러싸인 영역을 y축을 중심으로 회전시켜 얻은 입체의 부피를 구하면?

① $\left(1-\dfrac{1}{e}\right)\pi$　② $\left(1-\dfrac{2}{e}\right)\pi$　③ $\left(2-\dfrac{4}{e}\right)\pi$　④ $\left(2-\dfrac{3}{e}\right)\pi$

공략 포인트

원주각법에 의한 회전체의 부피
연속인곡선 $y=f(x)(\geq 0)$, 직선 $x=a$, $x=b$ 및 x축$(y=0)$으로 둘러싸인 도형을 y축을 축으로 하여 회전시킨 회전체의 부피는 다음과 같다.

$$V_y=2\pi\int_a^b xy\,dx$$

풀이

원주각법에 의하여 회전체의 부피는 다음과 같다.

$$\begin{aligned}V_y&=2\pi\int_0^1 xy\,dx\\&=2\pi\int_0^1 xe^{-x^2}dx\\&=\pi\left[-e^{-x^2}\right]_0^1\\&=\pi(-e^{-1}+1)=\left(1-\frac{1}{e}\right)\pi\end{aligned}$$

정답 ①

13

두 곡선 $y=x^3$, $y=3x-2x^2$으로 둘러싸인 제 1사분면에 있는 영역을 y축을 중심으로 회전시킬 때, 생기는 입체의 부피는?

① $\frac{5}{6}\pi$ ② $\frac{3}{5}\pi$ ③ $\frac{7}{6}\pi$ ④ $\frac{2}{3}\pi$

공략 포인트

원주각법에 의한 회전체의 부피
연속인곡선 $y=f(x)(\geq 0)$, 직선 $x=a$, $x=b$ 및 x축$(y=0)$으로 둘러싸인 도형을 y축을 축으로 하여 회전시킨 회전체의 부피는 다음과 같다.

$V_y = 2\pi\int_a^b xy\,dx$

이때 1사분면에 있는 영역을 회전시키므로 적분 구간은 $[0, 1]$로 하여 구한다.

풀이

두 곡선 $y=x^3$과 $y=3x-2x^2$을 연립하면

$x^3=3x-2x^2 \Leftrightarrow x^3+2x^2-3x=0 \Leftrightarrow x(x^2+2x-3)=0 \Leftrightarrow x(x+3)(x-1)=0$에서

$x=0$, $x=1$, $x=-3$이다.

1사분면에 있는 영역을 y축으로 회전시킨 입체의 부피 V_y는

$$\begin{aligned}V_y &= 2\pi\int_0^1 xy\,dx\\ &= 2\pi\int_0^1 x\{(3x-2x^2)-x^3\}dx\\ &= 2\pi\int_0^1 3x^2-2x^3-x^4\,dx\\ &= 2\pi\left(1-\frac{1}{2}-\frac{1}{5}\right)\\ &= 2\pi\cdot\frac{10-5-2}{10}=\frac{3}{5}\pi\text{이다.}\end{aligned}$$

정답 ②

14

곡선 $y=\frac{\ln x}{x}(x>0)$와 직선 $x=e$, 직선 $y=0$으로 둘러싸인 영역을 직선 $x=-3$을 축으로 회전하여 만들어진 입체의 부피는?

① $4\pi-e$ ② 4π ③ $4\pi+e$ ④ 5π

공략 포인트

원주각법에 의한 회전체의 부피
연속인곡선 $y=f(x)(\geq 0)$, 직선 $x=a$, $x=b$ 및 x축$(y=0)$으로 둘러싸인 도형을 y축을 축으로 하여 회전시킨 회전체의 부피는 다음과 같다.

$V_y = 2\pi\int_a^b xy\,dx$

이때 직선 $x=-3$을 축으로 회전하므로 y축으로 축을 이동하면 회전체의 부피는 다음과 같다.

$V_{x=-3} = 2\pi\int_a^b (x+3)y\,dx$

풀이

곡선 $y=\frac{\ln x}{x}$와 $y=0$은 $x=1$에서 교점을 가진다.

곡선 $y=\frac{\ln x}{x}(x>0)$와 직선 $x=e$, 직선 $y=0$으로 둘러싸인 영역을 직선 $x=-3$을 축으로 회전하여 만들어진 입체의 부피 $V_{x=-3}$는

$$\begin{aligned}V_{x=-3} &= 2\pi\int_1^e (x+3)y\,dx\\ &= 2\pi\int_1^e (x+3)\frac{\ln x}{x}dx\\ &= 2\pi\int_1^e\left(\ln x+3\frac{\ln x}{x}\right)dx\\ &= 2\pi\left(\int_1^e \ln dx+3\int_1^e\frac{\ln x}{x}dx\right)\\ &= 2\pi\left[x\ln x-x+\frac{3}{2}(\ln x)^2\right]_1^e \quad (\because \text{ 부분적분, 치환적분})\\ &= 2\pi\left\{e-e+\frac{3}{2}-(-1)\right\}=5\pi\text{이다.}\end{aligned}$$

정답 ④

3 면적과 부피

출제경향 분석

적분법 문제 중 가장 출제율이 높은 단원 중 하나인 면적과 부피에서는 특히 원주각법에 의한 회전체의 부피, 극좌표에서의 면적에 관한 문제의 출제 비중이 높습니다.

문제의 출제포인트를 이해하고, 올바른 공식을 통해 문제를 해결해야 합니다.

적분 계산뿐만 아니라 함수의 그래프나 도형의 성질을 이해해야 문제를 풀 수 있기 때문에 다양한 문제를 통해 응용력을 길러야 합니다.

01 직교방정식에서 두 곡선 사이의 넓이 구하기

개념 1. 면적

y축과 $y=\frac{1}{3}x^3+1$, $y=2x+4$로 둘러싸인 도형의 넓이는?

① 8 ② $\frac{35}{4}$ ③ 10 ④ $\frac{45}{4}$

풀이

STEP A 두 곡선을 연립하여 교점 구하기

$y=\frac{1}{3}x^3+1$과 $y=2x+4$을 연립하면

$\frac{1}{3}x^3+1=2x+4 \Leftrightarrow x^3-6x-9=0 \Leftrightarrow (x-3)(x^2+3x+3)=0$이므로 $x=3$에서 교점을 갖는다.

STEP B 두 곡선 그래프에서 영역 확인하기

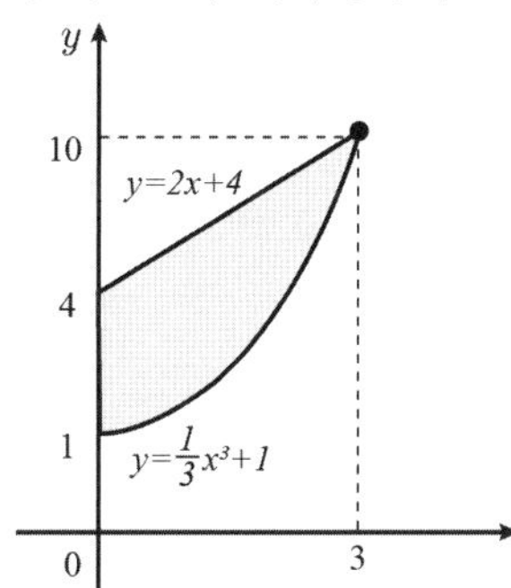

구간 $[0, 3]$에서 $2x+4 \geq \frac{1}{3}x^3+1$이다.

STEP C 직교방정식에서 두 곡선 사이의 면적 구하기

따라서 y축과 $y=\frac{1}{3}x^3+1$, $y=2x+4$로 둘러싸인 도형의 넓이를 A라고 할 때,

$$A=\int_0^3\left\{(2x+4)-\left(\frac{1}{3}x^3+1\right)\right\}dx$$
$$=\int_0^3\left(-\frac{1}{3}x^3+2x+3\right)dx$$
$$=\left[-\frac{1}{12}x^4+x^2+3x\right]_0^3$$
$$=-\frac{81}{12}+9+9=\frac{45}{4}$$이다.

정답 ④

02 극좌표에서 두 곡선 사이의 면적 구하기

개념 1. 면적

극곡선 $r=3\cos\theta$의 내부와 $r=1+\cos\theta$의 외부로 둘러싸인 영역의 넓이는?

① π ② 2π ③ 3π ④ 4π

풀이

STEP A 두 극곡선을 연립하여 교점 구하기

두 곡선의 교점을 구하면

$3\cos\theta = 1+\cos\theta$ 에서 $\theta = -\frac{\pi}{3}, \frac{\pi}{3}$ 이다.

STEP B 두 극곡선 그래프에서 영역 확인하기

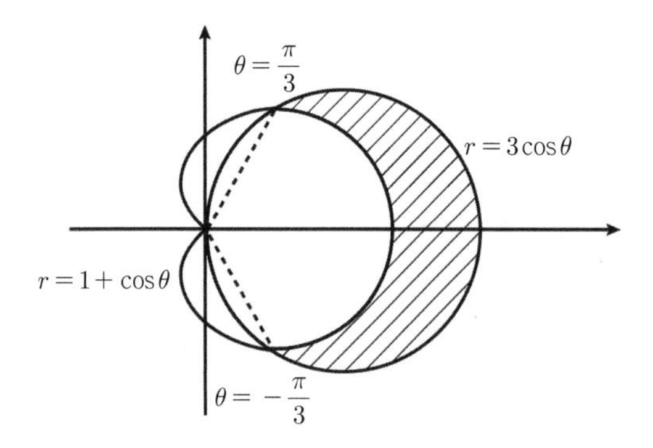

STEP C 극좌표에서 두 곡선 사이의 면적 구하기

구하고자 하는 영역의 넓이 A는 다음과 같다.

$$A = \frac{1}{2}\int_{-\frac{\pi}{3}}^{\frac{\pi}{3}}(3\cos\theta)^2 d\theta - \frac{1}{2}\int_{-\frac{\pi}{3}}^{\frac{\pi}{3}}(1+\cos\theta)^2 d\theta$$

$$= \int_0^{\frac{\pi}{3}}(8\cos^2\theta - 1 - 2\cos\theta)d\theta$$

$$= \int_0^{\frac{\pi}{3}}(3+4\cos2\theta - 2\cos\theta)d\theta$$

$$= [3\theta + 2\sin2\theta - 2\sin\theta]_0^{\frac{\pi}{3}}$$

$$= \pi$$

TIP ▸ 삼각함수 반각공식

$$\cos^2\theta = \frac{1+\cos2\theta}{2}$$

정답 ①

03 직교좌표계에서 x축 둘레로 회전시킨 입체의 부피

개념 2. 부피

x가 $[-1, 2]$의 구간에서 $y=x^2+2$에 대해 $y=-1$을 축으로 회전한 회전체의 부피는?

① 12π ② $\frac{153}{5}\pi$ ③ $\frac{258}{5}\pi$ ④ 51π

풀이

STEP A 회전체의 부피를 구하는 문제에서 회전축 확인하기

x가 $[-1, 2]$의 구간에서 $y=x^2+2$에 대해 직선 $y=-1$을 축으로 회전하는 회전체의 부피를 구할 때, 회전축을 x축으로 이동하면 $V=\pi\int_{-1}^{2} y^2dx$ 공식에서 y대신 $y+1$을 대입하여 구하면 된다.

STEP B 직교좌표계에서 회전체의 부피 구하기

$$\begin{aligned}
V_{y=-1} &= \pi\int_{-1}^{2} (y+1)^2dx \\
&= \pi\int_{-1}^{2} \{(x^2+2)+1\}^2dx \\
&= \pi\int_{-1}^{2} (x^4+6x^2+9)dx \\
&= \pi\left[\frac{1}{5}x^5+2x^3+9x\right]_{-1}^{2} \\
&= \pi\left\{\left(\frac{32}{5}+16+18\right)-\left(-\frac{1}{5}-2-9\right)\right\} \\
&= \pi\left(\frac{33}{5}+45\right)=\frac{258}{5}\pi
\end{aligned}$$

정답 ③

04 원주각법에 의한 회전체의 부피

개념 2. 부피

곡선 $y=\dfrac{2}{x^3-x^2-x+1}$와 세 직선 $y=0$, $x=0$, $x=\dfrac{1}{2}$로 둘러싸인 영역을 y축을 중심으로 회전하여 얻은 회전체의 부피는?

① $\pi(2-\ln 2)$ ② $\pi(2-\ln 3)$ ③ $\pi(3-\ln 2)$ ④ $\pi(3-\ln 3)$

풀이

STEP A 회전체의 부피를 구하는 문제에서 영역과 회전축을 확인하기

곡선이 직선 $x=0$, $x=\dfrac{1}{2}$ 및 $y=0$으로 둘러싸인 영역을 y축을 축으로 하여 회전시켜 얻은 회전체의 부피를 구하는 문제이므로, 원주각법에 의하여 부피를 구한다.

STEP B 원주각법에 의한 회전체의 부피 구하기

$$\begin{aligned}
V &= 2\pi\int_0^{\frac{1}{2}} xy\,dx \\
&= 2\pi\int_0^{\frac{1}{2}} x\cdot\frac{2}{x^3-x^2-x+1}dx \\
&= 4\pi\int_0^{\frac{1}{2}} \frac{x}{(x-1)^2(x+1)}dx \\
&= 4\pi\int_0^{\frac{1}{2}} \left(\frac{-\frac{1}{4}}{x+1}+\frac{\frac{1}{4}}{x-1}+\frac{\frac{1}{2}}{(x-1)^2}\right)dx \\
&= 4\pi\left[-\frac{1}{4}\ln|x+1|+\frac{1}{4}\ln|x-1|-\frac{1}{2(x-1)}\right]_0^{\frac{1}{2}} \\
&= 4\pi\left(-\frac{1}{4}\ln\frac{3}{2}+\frac{1}{4}\ln\frac{1}{2}+\frac{1}{2}\right) \\
&= \pi(2-\ln 3)
\end{aligned}$$

정답 ②

05 회전축에 따른 입체의 부피

개념 2. 부피

곡선 $y = x^2 - x^3$ 과 x축으로 둘러싸인 영역을 R이라 하자. 영역 R을 x축 둘레로 회전시켜 생기는 입체의 부피를 V_1, y축 둘레로 회전시켜 생기는 입체의 부피를 V_2 라 할 때, $\frac{V_2}{V_1}$ 의 값은?

① $\frac{17}{2}$ ② $\frac{19}{2}$ ③ $\frac{21}{2}$ ④ $\frac{23}{2}$

풀이

STEP A 곡선과 x축으로 둘러싸인 영역을 x축으로 회전시킨 입체의 부피 구하기

$$\begin{aligned} V_1 &= \pi\int_0^1 y^2\,dx \\ &= \pi\int_0^1 (x^2 - x^3)^2\,dx \\ &= \pi\int_0^1 (x^4 - 2x^5 + x^6)\,dx \\ &= \pi\left[\frac{1}{5}x^5 - \frac{1}{3}x^6 + \frac{1}{7}x^7\right]_0^1 \\ &= \pi\left(\frac{1}{5} - \frac{1}{3} + \frac{1}{7}\right) = \frac{\pi}{105} \end{aligned}$$

STEP B 곡선과 x축으로 둘러싸인 영역을 y축으로 회전시킨 입체의 부피 구하기

곡선과 x축으로 둘러싸인 영역을 y축 둘레로 회전시켜 생기는 입체의 부피를 구하기 위해서는 원주각법을 이용한다.

$$\begin{aligned} V_2 &= 2\pi\int_0^1 xy\,dx \\ &= 2\pi\int_0^1 x(x^2 - x^3)\,dx \\ &= 2\pi\int_0^1 (x^3 - x^4)\,dx \\ &= 2\pi\left(\frac{1}{4} - \frac{1}{5}\right) = \frac{\pi}{10} \end{aligned}$$

STEP C 구하고자 하는 값 $\frac{V_2}{V_1}$ 구하기

$$\therefore\ \frac{V_2}{V_1} = \frac{\frac{\pi}{10}}{\frac{\pi}{105}} = \frac{21}{2}$$

정답 ③

4 면적과 부피

정답 및 풀이 p.198

01 다음 곡선으로 둘러싸인 영역의 넓이는?

$$y = \frac{1}{x^2+9},\ x=0,\ x=\sqrt{3},\ y=0$$

① $\frac{\pi}{3}$ ② $\frac{\pi}{6}$ ③ $\frac{\pi}{12}$ ④ $\frac{\pi}{18}$

02 함수 $f(x) = x^2 - 3$과 $g(x) = x - 1$로 둘러싸인 영역의 넓이는?

① $\frac{9}{2}$ ② 5 ③ $\frac{11}{2}$ ④ 6

03 두 곡선 $y = x - 2$, $y^2 = x$로 둘러싸인 영역의 넓이는?

① $\frac{7}{2}$ ② 4 ③ $\frac{9}{2}$ ④ 5

04 한 점에서 접하는 두 곡선 $y = 2e\ln x$, $y = x^2$ 과 x축으로 둘러싸인 영역의 넓이는?

① $\frac{2}{3}e\sqrt{e} - e$ ② $e\sqrt{e} - e$ ③ $e\sqrt{e} - 2e$ ④ $\frac{4}{3}e\sqrt{e} - 2e$

05 포물선 $y = x^2 - a^2$와 $y = a^2 - x^2$으로 둘러싸인 영역의 넓이가 576일 때, a의 값은? (단, a는 양수이다.)

① 6 ② 8 ③ 10 ④ 12

06 $y = -x$, $y = x + 6$과 곡선 $y = x^3$으로 둘러싸인 영역의 넓이는?

① 17 ② 18 ③ 19 ④ 20

07 두 곡선 $y=e^{2x}$ 와 $y=m\sqrt{x}$ (단, $m>0$인 상수)가 한 점에서 접할 때, 이 두 곡선과 y축으로 둘러싸인 영역의 넓이는?

① $\dfrac{\sqrt{e}}{3}-\dfrac{1}{2}$ ② $\dfrac{\sqrt{e}}{3}$ ③ $\dfrac{\sqrt{e}}{3}+\dfrac{1}{2}$ ④ $\dfrac{2\sqrt{e}}{3}$

08 두 직선 $x=2$, $y=0$과 다음 매개방정식으로 주어진 곡선 $\begin{cases} x=1-\cos t \\ y=t-\sin t \end{cases}$ $(0\le t\le\pi)$로 둘러싸인 영역의 넓이는?

① $\dfrac{\pi}{4}$ ② $\dfrac{\pi}{2}$ ③ $\dfrac{3\pi}{4}$ ④ π

09 극방정식 $r=2+\cos\theta$ 로 주어진 곡선으로 둘러싸인 영역의 넓이는?

① $\dfrac{\pi}{2}$ ② $\dfrac{3}{2}\pi$ ③ $\dfrac{5}{2}\pi$ ④ $\dfrac{9}{2}\pi$

10 극방정식으로 표현된 곡선 $r = 2\cos^2\theta - 1$ $(0 \le \theta \le 2\pi)$의 내부에 놓인 영역의 넓이는?

① $\dfrac{\pi - 2}{2}$ ② $\dfrac{\pi - 1}{4}$ ③ $\dfrac{\pi}{2}$ ④ $\dfrac{\pi + 1}{4}$

11 극곡선 $r = 1 + \sin\theta$로 둘러싸인 영역의 넓이는?

① $\dfrac{\pi}{2}$ ② $\dfrac{3}{2}\pi$ ③ π ④ $\dfrac{5}{4}\pi$

12 극방정식 $r = 2 + \sin\theta + \cos\theta$로 주어진 곡선으로 둘러싸인 영역의 넓이는?

① π ② 2π ③ 3π ④ 5π

13 극곡선 $r = \sin 2\theta$의 한 고리로 둘러싸인 영역의 넓이는?

① $\frac{\pi}{32}$ ② $\frac{\pi}{16}$ ③ $\frac{3\pi}{32}$ ④ $\frac{\pi}{8}$

14 극방정식 $r = 2 + 2\sin\theta\cos\theta$ 로 주어진 곡선으로 둘러싸인 영역의 넓이는?

① $\frac{5}{2}\pi$ ② 3π ③ $\frac{7}{2}\pi$ ④ $\frac{9}{2}\pi$

15 극좌표로 표현된 곡선 $r = 1 + \cos\theta$의 내부와 단위원 $x^2 + y^2 = 1$ 내부의 공통부분의 넓이는?

① $\frac{3}{4}\pi - 2$ ② $\frac{5}{4}\pi - 2$ ③ $\frac{7}{4}\pi - 2$ ④ $\frac{9}{4}\pi - 2$

16 곡선 $r^2 = 6\cos 2\theta$의 내부와 원 $r = \sqrt{3}$의 외부에 놓인 영역의 넓이는?

① $3\sqrt{3} - \pi$　　② $6\sqrt{3} - 2\pi$　　③ $6\sqrt{3} - \pi$　　④ $3\sqrt{3} + \pi$

17 영역 $\{(r\cos\theta,\ r\sin\theta)\ |\ 1 + 2\cos\theta \le r \le 4\cos\theta\}$의 넓이는?

① $\dfrac{8\pi - \sqrt{3}}{6}$　　② $\dfrac{9\pi - 2\sqrt{3}}{6}$　　③ $\dfrac{10\pi - 3\sqrt{3}}{6}$　　④ $\dfrac{11\pi - 4\sqrt{3}}{6}$

18 심장선 $r = 2 + 2\sin\theta$의 내부와 원 $r = 4\sin\theta$의 외부에 놓인 영역의 넓이는?

① π　　② 2π　　③ $\dfrac{2}{5}\pi$　　④ $\dfrac{7}{5}\pi$

19 좌표평면에서 두 극곡선 $r=\dfrac{1}{1+\cos\theta}$과 $\theta=\dfrac{\pi}{2}$로 둘러싸인 영역의 넓이는?

① $\dfrac{1}{3}$ ② $\dfrac{1}{2}$ ③ $\dfrac{2}{3}$ ④ $\dfrac{5}{6}$

20 극좌표에서 곡선 $r^2=\cos 2\theta$의 외부이면서 곡선 $r=2\cos\theta$의 내부인 영역의 면적을 구하시오.

① π ② $\pi-\dfrac{1}{2}$ ③ $\pi+\dfrac{1}{2}$ ④ $\dfrac{\pi}{2}+\dfrac{1}{2}$

21 좌표평면에서 극곡선 $r=1+\sin\theta$의 내부와 극곡선 $r=3\sin\theta$의 외부에 놓여 있는 영역 중에서 제 1사분면에 놓여 있는 영역의 넓이는?

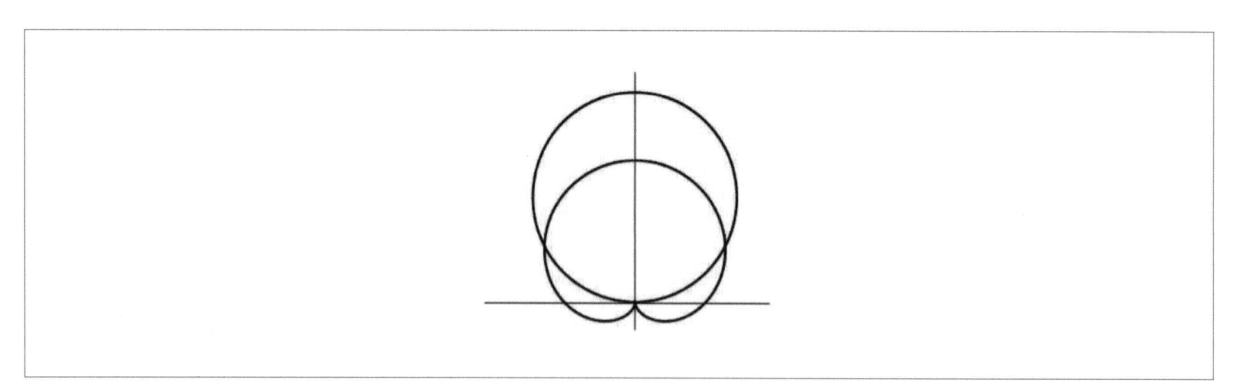

① $1-\dfrac{\pi}{4}$ ② $1-\dfrac{\pi}{5}$ ③ $1-\dfrac{\pi}{6}$ ④ $1-\dfrac{\pi}{8}$

22 좌표평면에서 x축, y축, $y=\cos 2x-\sin x$의 그래프로 둘러싸인 부분 중 1사분면에 있는 영역을 x축 중심으로 회전하여 생기는 입체의 부피가 $\pi(a\pi+b\sqrt{3}+c)$일 때, $96(a+b+c)$의 값은? (단, a, b, c는 유리수이다.)

① 22 ② 24 ③ 26 ④ 28

23 직선 $x=0$, $y=\frac{1}{2}$과 $y=\cos x$로 둘러싸인 영역을 직선 $y=-\frac{1}{2}$을 중심으로 회전하여 얻은 입체의 부피는?

(단, $0 \le x \le \frac{\pi}{3}$이다.)

① $\frac{(8\sqrt{3}-\pi)}{24}\pi$ ② $\frac{(9\sqrt{3}-2\pi)}{24}\pi$ ③ $\frac{(12\sqrt{3}-\pi)}{24}\pi$ ④ $\frac{(15\sqrt{3}-2\pi)}{24}\pi$

24 곡선 $y^2=x$와 직선 $x=2y$로 둘러싸인 영역을 y축을 중심으로 회전시켜 얻은 입체의 부피는?

① $\frac{11}{3}\pi$ ② $\frac{58}{15}\pi$ ③ $\frac{61}{15}\pi$ ④ $\frac{64}{15}\pi$

25 $-\frac{\pi}{4} \le x \le \frac{\pi}{4}$ 에 대하여 두 곡선 $y = 2\cos x$와 $y = \sec x$로 둘러싸인 영역을 S 라고 할 때, 영역 S 를 x축을 중심으로 회전시켜 얻은 회전체의 부피를 구하시오.

① π^2　　② π^3　　③ 3π　　④ 0

26 두 곡선 $y = e^{-2x}$, $y = e^{-2}x$와 y축으로 둘러싸인 영역을 x축으로 회전하여 얻은 입체의 부피는?

① $\frac{\pi}{2} - \frac{\pi e^{-4}}{2}$　　② $\frac{\pi}{4} - \frac{7\pi e^{-4}}{12}$　　③ $\frac{\pi}{6} - \frac{\pi e^{-4}}{2}$　　④ $\frac{\pi}{3} + \frac{\pi e^{-4}}{2}$

27 곡선 $y = \frac{\sqrt{4-x^2}}{x^3}$ $(1 \le x \le 2)$, $x = 1$, $x = 2$와 x축으로 둘러싸인 영역을 y축 주위로 회전하여 얻어진 입체의 부피를 구하시오.

① $2\pi\left(\sqrt{3} + \frac{\pi}{3}\right)$　　② $2\pi\left(\sqrt{3} - \frac{\pi}{3}\right)$　　③ $2\pi\left(1 + \frac{\pi}{3}\right)$　　④ $2\pi\left(1 + \frac{\pi}{6}\right)$

28 곡선 $y = \sqrt{x}$ 와 $y = \frac{x}{2}$ 로 둘러싸인 영역을 직선 $x = -1$을 축으로 회전하여 얻어진 입체의 부피를 구하시오.

① $\frac{16}{5}\pi$ ② $\frac{64}{15}\pi$ ③ $\frac{104}{15}\pi$ ④ $\frac{128}{15}\pi$

29 곡선 $x = (y-1)^2$과 직선 $x = 9$로 둘러싸인 영역을 직선 $y = 5$를 축으로 하여 회전시켰을 때, 얻어지는 회전체의 부피는?

① 120π ② 144π ③ 240π ④ 288π

30 곡선 $y = 2x - x^2$과 x축으로 둘러싸인 영역을 x축과 y축 둘레로 각각 회전시킬 때 생기는 입체의 부피를 V_x, V_y라 하자. $\frac{V_x}{V_y}$의 값은?

① $\frac{1}{5}$ ② $\frac{2}{5}$ ③ $\frac{3}{5}$ ④ $\frac{4}{5}$

길이와 겉넓이, 속도와 가속도

출제 비중 & 빈출 키워드 리포트

단원	출제 비중 (합계 17%)	빈출 키워드
1. 길이	8%	· 극방정식에서 곡선의 길이
2. 겉넓이	7%	· 파푸스 정리
3. 속도와 가속도	2%	
4. 공식 정리		

1 길이

1. 직교좌표계에서 곡선의 길이

(1) 곡선 $y=f(x)$의 길이

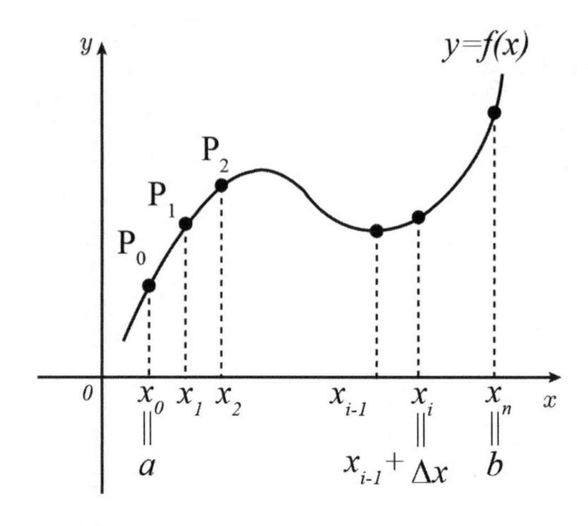

그림과 같이 구간 $[a,b]$에서 곡선 $y=f(x)$를 n개의 부분구간으로 나누면 원래의 곡선에 내접하는 선분들로 이루어진 다각형을 얻는다. 각각의 선분의 길이는 피타고라스 정리에 의하여

$\overline{\mathrm{P}_{i-1}-\mathrm{P}_i}=\sqrt{(\Delta x_i)^2+(\Delta y_i)^2}\ (\Delta x_i=x_i-x_{i-1},\ \Delta y_i=y_i-y_{i-1})$이고 $n\to\infty$일 때, $\widehat{\mathrm{P}_{i-1}P_i}\approx\overline{\mathrm{P}_{i-1}P_i}$이므로

정적분의 정의에 의해 곡선의 길이는 $L=\lim_{n\to\infty}\sum_{i=1}^{n}\sqrt{(\triangle x_i)^2+(\triangle y_i)^2}$이다.

(2) 공식

① $a\le x\le b$

$$L=\int_a^b\sqrt{1+\left(\frac{dy}{dx}\right)^2}\,dx$$

② $c\le y\le d$

$$L=\int_c^d\sqrt{1+\left(\frac{dx}{dy}\right)^2}\,dy$$

2. 매개변수 방정식에서 곡선의 길이

곡선 $x=f(t),\ y=g(t)\ (\alpha\le t\le\beta)$로 주어지고, $x_i=f(t_i),\ y_i=g(t_i)$, 곡선의 길이를 L이라 할 때,

$$L=\int_\alpha^\beta\sqrt{(f'(t))^2+(g'(t))^2}\,dt$$

3. 극방정식에서 곡선의 길이

(1) 배경

θ를 매개변수로 놓으면 극방정식을 매개변수 방정식으로 바꿀 수 있다.

즉, 극곡선 $r=f(\theta)$, $\alpha \le \theta \le \beta$에 대하여

$x=r\cos\theta=f(\theta)\cos\theta$, $y=r\sin\theta=f(\theta)\sin\theta$이므로

$\left(\frac{dx}{d\theta}\right)^2+\left(\frac{dy}{d\theta}\right)^2=\left(\frac{dr}{d\theta}\cos\theta-r\sin\theta\right)^2+\left(\frac{dr}{d\theta}\sin\theta+r\cos\theta\right)^2=\left(\frac{dr}{d\theta}\right)^2+r^2$이다.

(2) 공식

극방정식에서의 곡선의 길이

$$L=\int_{\alpha}^{\beta}\sqrt{r^2+\left(\frac{dr}{d\theta}\right)^2}\,d\theta$$

개념적용

01

곡선 $y=\frac{1}{3}(x^2+2)^{\frac{3}{2}}\,(0 \le x \le 3)$의 길이를 구하면?

① 16　　② 15　　③ 14　　④ 12

공략 포인트

직교좌표계에서 곡선의 길이
$L=\int_a^b \sqrt{1+\left(\frac{dy}{dx}\right)^2}\,dx$

풀이

곡선 $y=\frac{1}{3}(x^2+2)^{\frac{3}{2}}\,(0 \le x \le 3)$의 길이를 L이라 하면

$$\begin{aligned}
L &= \int_0^3 \sqrt{1+\left(\frac{dy}{dx}\right)^2}\,dx \\
&= \int_0^3 \sqrt{1+\left\{\frac{1}{3}\cdot\frac{3}{2}(x^2+2)^{\frac{1}{2}}\cdot 2x\right\}^2}\,dx \\
&= \int_0^3 \sqrt{1+\left\{x(x^2+2)^{\frac{1}{2}}\right\}^2}\,dx \\
&= \int_0^3 \sqrt{1+x^2(x^2+2)}\,dx \\
&= \int_0^3 \sqrt{x^4+2x^2+1}\,dx \\
&= \int_0^3 \sqrt{(x^2+1)^2}\,dx \\
&= \int_0^3 |x^2+1|\,dx \\
&= \int_0^3 (x^2+1)\,dx \quad (\because x^2+1 \ge 0) \\
&= \left[\frac{1}{3}x^3+x\right]_0^3 = 9+3 = 12
\end{aligned}$$

이다.

정답 ④

02

곡선 $y = \frac{1}{2}\left(x^2 - \frac{1}{2}\ln x\right)$, $1 \le x \le 2$의 길이는?

① $\frac{1}{2} + \frac{1}{2}\ln 2$ ② $1 + \frac{1}{2}\ln 2$ ③ $\frac{3}{2} + \frac{1}{2}\ln 2$ ④ $\frac{3}{2} + \frac{1}{4}\ln 2$

공략 포인트

직교좌표계에서 곡선의 길이

$L = \int_a^b \sqrt{1+\left(\frac{dy}{dx}\right)^2}\,dx = \int_a^b \sqrt{1+(y')^2}\,dx$

풀이

$y' = x - \frac{1}{4x}$

$(y')^2 = x^2 - \frac{1}{2} + \frac{1}{16x^2}$

$1 + (y')^2 = x^2 + \frac{1}{2} + \frac{1}{16x^2} = \left(x + \frac{1}{4x}\right)^2$

$\therefore\ L = \int_1^2 \sqrt{1+(y')^2}\,dx = \int_1^2 \left(x + \frac{1}{4x}\right)dx\ \left(\because 1 \le x \le 2,\ x + \frac{1}{4x} \ge 0\right)$

$= \left[\frac{1}{2}x^2 + \frac{1}{4}\ln x\right]_1^2 = \frac{3}{2} + \frac{1}{4}\ln 2$

정답 ④

03

함수 $y = \cosh x\,(0 \le x \le 1)$의 그래프로 주어지는 곡선의 길이는?

① 1 ② $\frac{1}{2}\left(e - \frac{1}{e}\right)$ ③ $\frac{1}{2}\left(e + \frac{1}{e}\right)$ ④ $\frac{1}{4}\left(e^2 - \frac{1}{e^2}\right)$

공략 포인트

직교좌표계에서 곡선의 길이

$L = \int_a^b \sqrt{1+\left(\frac{dy}{dx}\right)^2}\,dx = \int_a^b \sqrt{1+(f'(x))^2}\,dx$

쌍곡선함수의 주요 성질

$1 + \sinh^2 x = \cosh^2 x$

쌍곡선함수의 정의

$\sinh x = \frac{e^x - e^{-x}}{2}$

풀이

구간 $a \le x \le b$에서 함수 $y = f(x)$의 곡선 길이를 L이라 할 때,

$L = \int_a^b \sqrt{1+\{f'(x)\}^2}\,dx$

$= \int_0^1 \sqrt{1+(\sinh x)^2}\,dx$

$= \int_0^1 \sqrt{\cosh^2 x}\,dx$

$= \int_0^1 |\cosh x|\,dx$

$= \int_0^1 \cosh x\,dx\ (\because \cosh x \ge 1)$

$= [\sinh x]_0^1$

$= \sinh 1 = \frac{1}{2}\left(e - \frac{1}{e}\right)$

정답 ②

04

곡선 $y^2 = x^3$ $(0 \le y \le 1)$의 길이는?

① $\dfrac{19}{27}$　② $\dfrac{10\sqrt{10}-8}{27}$　③ $\dfrac{11\sqrt{11}-8}{27}$　④ $\dfrac{13\sqrt{13}-8}{27}$

공략 포인트

직교좌표계에서 곡선의 길이

$L = \int_a^b \sqrt{1+\left(\dfrac{dy}{dx}\right)^2}\,dx$

풀이

$y^2 = x^3$ 의 양변을 x에 대해 미분하면

$2y\dfrac{dy}{dx} = 3x^2$ 이므로 $\dfrac{dy}{dx} = \dfrac{3x^2}{2y}$ 이다.

또, $0 \le y \le 1 \Rightarrow 0 \le x \le 1$이므로

$$\begin{aligned} L &= \int_0^1 \sqrt{1+\left(\frac{dy}{dx}\right)^2}\,dx \\ &= \int_0^1 \sqrt{1+\left(\frac{3x^2}{2y}\right)^2}\,dx \\ &= \int_0^1 \sqrt{1+\frac{9x^4}{4y^2}}\,dx \\ &= \int_0^1 \sqrt{1+\frac{9x^4}{4x^3}}\,dx \\ &= \int_0^1 \sqrt{1+\frac{9}{4}x}\,dx \\ &= \left[\frac{2}{3}\cdot\frac{4}{9}\left(1+\frac{9}{4}x\right)^{\frac{3}{2}}\right]_0^1 = \frac{13\sqrt{13}-8}{27} \end{aligned}$$

정답 ④

05

함수 $f(x)=x^2-\frac{1}{8}\ln x$ 의 그래프 위의 두 점 $(1,f(1))$과 $(e^4,f(e^4))$ 사이의 곡선의 길이는?

① $e^4-\frac{1}{2}$ ② $e^4+\frac{1}{2}$ ③ $e^8-\frac{1}{2}$ ④ $e^8+\frac{1}{2}$

공략 포인트

직교좌표계에서 곡선의 길이
$L=\int_a^b\sqrt{1+\left(\frac{dy}{dx}\right)^2}dx$
$=\int_a^b\sqrt{1+(f'(x))^2}dx$
적분 구간은 $[1,e^4]$이다.

풀이

$f'(x)=2x-\frac{1}{8x}$ 이고 곡선의 길이를 L이라 할 때,

$$L=\int_1^{e^4}\sqrt{1+(f'(x))^2}dx$$
$$=\int_1^{e^4}\sqrt{1+\left(2x-\frac{1}{8x}\right)^2}dx$$
$$=\int_1^{e^4}\sqrt{1+\left(4x^2-\frac{1}{2}+\frac{1}{64x^2}\right)}dx$$
$$=\int_1^{e^4}\sqrt{4x^2+\frac{1}{2}+\frac{1}{64x^2}}dx$$
$$=\int_1^{e^4}\sqrt{\left(2x+\frac{1}{8x}\right)^2}dx$$
$$=\int_1^{e^4}|2x+\frac{1}{8x}|dx$$
$$=\int_1^{e^4}\left(2x+\frac{1}{8x}\right)dx\ (\because 1\le x\le e^4\Rightarrow 2x+\frac{1}{8x}\ge 0)$$
$$=\left[x^2+\frac{1}{8}\ln x\right]_1^{e^4}$$
$$=e^8+\frac{1}{8}\ln e^4-1=e^8-\frac{1}{2}$$

정답 ③

06

매개변수 방정식 $x(t) = \sin^3 t,\ y(t) = \cos^3 t - 3\cos t\ (0 \le t \le \pi)$로 주어진 평면곡선의 길이는?

① 3π ② $\dfrac{3\pi}{2}$ ③ 5π ④ $\dfrac{5\pi}{2}$

공략 포인트

매개변수에서 곡선의 길이

$L = \int_a^b \sqrt{(x'(t))^2 + (y'(t))^2}\, dt$

풀이

$$
\begin{aligned}
L &= \int_0^\pi \sqrt{\{x'(t)\}^2 + \{y'(t)\}^2}\, dt \\
&= \int_0^\pi \sqrt{(3\sin^2 t\cos t)^2 + (3\cos^2 t(-\sin t) + 3\sin t)^2}\, dt \\
&= \int_0^\pi \sqrt{9\sin^4 t\cos^2 t + 9\cos^4 t\sin^2 t - 18\sin^2 t\cos^2 t + 9\sin^2 t}\, dt \\
&= \int_0^\pi \sqrt{9\sin^2 t\cos^2 t(\sin^2 t + \cos^2 t) - 18\sin^2 t\cos^2 t + 9\sin^2 t}\, dt \\
&= \int_0^\pi \sqrt{9\sin^2 t\cos^2 t - 18\sin^2 t\cos^2 t + 9\sin^2 t}\, dt \\
&= \int_0^\pi \sqrt{9\sin^2 t - 9\sin^2 t\cos^2 t}\, dt \\
&= \int_0^\pi \sqrt{9\sin^2 t(1 - \cos^2 t)}\, dt \\
&= \int_0^\pi \sqrt{9\sin^4 t}\, dt \\
&= \int_0^\pi 3\sin^2 t\, dt \\
&= 2 \times 3 \times \frac{1}{2} \times \frac{\pi}{2} = \frac{3}{2}\pi \quad (\because \text{ 왈리스 공식})
\end{aligned}
$$

정답 ②

07

다음 곡선의 길이는?

$$x = 2\cos^3\theta,\ y = 2\sin^3\theta,\ 0 \le \theta \le \frac{\pi}{2}$$

① $\sqrt{2}$　② $\sqrt{3}$　③ 2　④ 3

공략 포인트

매개변수에서 곡선의 길이

L

$= \int_a^b \sqrt{(x'(t))^2 + (y'(t))^2}\,dt$

$= \int_a^b \sqrt{\left(\frac{dx}{dt}\right)^2 + \left(\frac{dy}{dt}\right)^2}\,dt$

풀이

$\frac{dx}{d\theta} = 6\cos^2\theta(-\sin\theta)$, $\frac{dy}{d\theta} = 6\sin^2\theta\cos\theta$이므로

$$L = \int_0^{\frac{\pi}{2}} \sqrt{\left(\frac{dx}{d\theta}\right)^2 + \left(\frac{dy}{d\theta}\right)^2}\,d\theta$$

$$= \int_0^{\frac{\pi}{2}} \sqrt{(-6\cos^2\theta\sin\theta)^2 + (6\sin^2\theta\cos\theta)^2}\,d\theta$$

$$= 6\int_0^{\frac{\pi}{2}} \sin\theta\cos\theta\sqrt{\cos^2\theta + \sin^2\theta}\,d\theta \ \left(\because 0 \le \theta \le \frac{\pi}{2} \Rightarrow |\sin\theta\cos\theta| \ge 0\right)$$

$$= 6\left[\frac{1}{2}\sin^2\theta\right]_0^{\frac{\pi}{2}} = 3$$

정답 ④

08

매개방정식으로 나타낸 곡선 $x = \cos^3 t$, $y = \sin^3 t$ $(0 \le t \le \pi)$의 길이는?

① $\sqrt{7}$　② $2\sqrt{2}$　③ 3　④ $\sqrt{10}$

공략 포인트

매개변수에서 곡선의 길이

$L = \int_a^b \sqrt{(x'(t))^2 + (y'(t))^2}\,dt$

삼각함수 배각 공식

$2\sin t\cos t = \sin 2t$

풀이

곡선 $x = \cos^3 t$, $y = \sin^3 t (0 \le t \le \pi)$의 길이를 L이라 할 때,

$$L = \int_0^{\pi} \sqrt{(-3\cos^2 t\sin t)^2 + (3\sin^2 t\cos t)^2}\,dt$$

$$= \int_0^{\pi} \sqrt{9\cos^4 t\sin^2 t + 9\sin^4 t\cos^2 t}\,dt$$

$$= \int_0^{\pi} \sqrt{9\cos^2 t\sin^2 t(\cos^2 t + \sin^2 t)}\,dt$$

$$= \int_0^{\pi} |3\cos t\sin t|\,dt$$

$$= 2\int_0^{\frac{\pi}{2}} 3\cos t\sin t\,dt$$

$$= 3\int_0^{\frac{\pi}{2}} \sin 2t\,dt$$

$$= 3\left[-\frac{1}{2}\cos 2t\right]_0^{\frac{\pi}{2}} = 3$$

정답 ③

09

극곡선 $r=\sin\theta+2\cos\theta$ $(0\le\theta\le\frac{\pi}{2})$의 길이는?

① $\frac{\sqrt{5}}{2}\pi$　　② $\frac{\sqrt{6}}{2}\pi$　　③ $\frac{\sqrt{7}}{2}\pi$　　④ $\sqrt{2}\pi$

공략 포인트

극곡선의 길이

$L=\int_a^b\sqrt{r^2+\left(\frac{dr}{d\theta}\right)^2}\,d\theta$

풀이

$0\le\theta\le\frac{\pi}{2}$에서 극곡선 $r=\sin\theta+2\cos\theta$의 곡선길이를 L이라 할 때,

$$\begin{aligned}L&=\int_0^{\frac{\pi}{2}}\sqrt{r^2+\left(\frac{dr}{d\theta}\right)^2}\,d\theta\\&=\int_0^{\frac{\pi}{2}}\sqrt{(\sin\theta+2\cos\theta)^2+(\cos\theta-2\sin\theta)^2}\,d\theta\\&=\int_0^{\frac{\pi}{2}}\sqrt{5}\,d\theta\\&=\frac{\sqrt{5}}{2}\pi\end{aligned}$$

정답 ①

10

곡선 $r=1+\cos\theta$의 길이는? (단, $0\le\theta\le\frac{\pi}{2}$이다.)

① 2　　② $2\sqrt{2}$　　③ 4　　④ $4\sqrt{2}$

공략 포인트

극곡선의 길이

$L=\int_a^b\sqrt{r^2+\left(\frac{dr}{d\theta}\right)^2}\,d\theta$

삼각함수 반각공식

$\cos^2\frac{\theta}{2}=\frac{1+\cos\theta}{2}$

풀이

극곡선 $r=1+\cos\theta$의 길이를 L이라 할 때,

$$\begin{aligned}L&=\int_0^{\frac{\pi}{2}}\sqrt{r^2+\left(\frac{dr}{d\theta}\right)^2}\,d\theta\\&=\int_0^{\frac{\pi}{2}}\sqrt{(1+\cos\theta)^2+(-\sin\theta)^2}\,d\theta\\&=\int_0^{\frac{\pi}{2}}\sqrt{2+2\cos\theta}\,d\theta\\&=2\int_0^{\frac{\pi}{2}}\sqrt{\frac{1+\cos\theta}{2}}\,d\theta\\&=2\int_0^{\frac{\pi}{2}}\cos\frac{\theta}{2}\,d\theta\\&=4\left[\sin\frac{\theta}{2}\right]_0^{\frac{\pi}{2}}\\&=2\sqrt{2}\end{aligned}$$

정답 ②

11

$\frac{3}{2}\pi \le \theta \le 2\pi$ 일 때, 극곡선 $r = 1 + \sin\theta$ 의 길이는?

① 2 ② $4-2\sqrt{2}$ ③ 8 ④ $8-2\sqrt{2}$

공략 포인트

극곡선의 길이

$L = \int_a^b \sqrt{r^2 + \left(\frac{dr}{d\theta}\right)^2}\, d\theta$

적분 구간

$1-\sin\theta = x$로 치환했을 때

$\theta \to \frac{3}{2}\pi,\ x \to 2$

$\theta \to 2\pi,\ x \to 1$

풀이

$$L = \int_{\frac{3}{2}\pi}^{2\pi} \sqrt{r^2 + \left(\frac{dr}{d\theta}\right)^2}\, d\theta$$

$$= \int_{\frac{3}{2}\pi}^{2\pi} \sqrt{(1+\sin\theta)^2 + \cos^2\theta}\, d\theta$$

$$= \int_{\frac{3}{2}\pi}^{2\pi} \sqrt{2+2\sin\theta}\, d\theta$$

$$= \int_{\frac{3}{2}\pi}^{2\pi} \frac{\sqrt{2+2\sin\theta}\sqrt{2-2\sin\theta}}{\sqrt{2-2\sin\theta}}\, d\theta$$

$$= \int_{\frac{3}{2}\pi}^{2\pi} \frac{\sqrt{4\cos^2\theta}}{\sqrt{2-2\sin\theta}}\, d\theta$$

$$= \int_{\frac{3}{2}\pi}^{2\pi} \frac{2|\cos\theta|}{\sqrt{2-2\sin\theta}}\, d\theta$$

$$= \int_{\frac{3}{2}\pi}^{2\pi} \frac{2\cos\theta}{\sqrt{2-2\sin\theta}}\, d\theta \ \left(\because \frac{3\pi}{2} \le \theta \le 2\pi \Rightarrow \cos\theta \ge 0\right)$$

$$= \sqrt{2}\int_2^1 \frac{-dx}{\sqrt{x}} \ (\because 1-\sin\theta = x,\ -\cos\theta d\theta = dx\text{로 치환})$$

$$= \sqrt{2}(2\sqrt{2}-2) = 4-2\sqrt{2}$$

정답 ②

12

극곡선 $r = \theta^2 (0 \le \theta \le \sqrt{5})$의 길이를 구하면?

① $\frac{13}{3}$ ② $\frac{16}{3}$ ③ $\frac{19}{3}$ ④ $\frac{22}{3}$

공략 포인트

극곡선의 길이

$L = \int_a^b \sqrt{r^2 + \left(\frac{dr}{d\theta}\right)^2}\, d\theta$

적분 구간

$\theta^2 + 4 = t$로 치환했을 때

$\theta \to 0,\ t \to 4$

$\theta \to \sqrt{5},\ t \to 9$

풀이

극곡선 $r = \theta^2\ (0 \le \theta \le \sqrt{5})$의 길이를 L이라 할 때,

$$L = \int_0^{\sqrt{5}} \sqrt{(\theta^2)^2 + (2\theta)^2}\, d\theta$$

$$= \int_0^{\sqrt{5}} \sqrt{\theta^4 + 4\theta^2}\, d\theta$$

$$= \int_0^{\sqrt{5}} |\theta|\sqrt{\theta^2+4}\, d\theta$$

$$= \int_0^{\sqrt{5}} \theta\sqrt{\theta^2+4}\, d\theta \ (\because 0 \le \theta \le \sqrt{5} \Rightarrow \theta \ge 0)$$

$$= \int_4^9 \frac{1}{2}\sqrt{t}\, dt \ (\because \theta^2+4 = t,\ 2\theta d\theta = dt\text{로 치환})$$

$$= \frac{1}{2}\left[\frac{2}{3}t^{\frac{3}{2}}\right]_4^9 = \frac{19}{3}$$

정답 ③

13

극곡선 $r=e^{3\theta}$의 길이는? (단, $0 \le \theta \le \pi$이다.)

① $\dfrac{2\sqrt{2}}{3}(e^{3\pi}-1)$　　② $3(e^{3\pi}-1)$

③ $\dfrac{\sqrt{10}}{3}(e^{3\pi}-1)$　　④ $\dfrac{\sqrt{11}}{3}(e^{3\pi}-1)$

공략 포인트

극곡선의 길이

$L=\int_a^b \sqrt{r^2+\left(\frac{dr}{d\theta}\right)^2}\,d\theta$

풀이

$$L=\int_0^{\pi}\sqrt{r^2+\left(\frac{dr}{d\theta}\right)^2}\,d\theta$$
$$=\int_0^{\pi}\sqrt{e^{6\theta}+(3e^{3\theta})^2}\,d\theta$$
$$=\sqrt{10}\int_0^{\pi}e^{3\theta}\,d\theta$$
$$=\sqrt{10}\left[\frac{1}{3}e^{3\theta}\right]_0^{\pi}$$
$$=\frac{\sqrt{10}}{3}(e^{3\pi}-1)$$

정답 ③

14

극방정식 $r=\cos^3\dfrac{\theta}{3}$ 로 주어진 길이는?

① $\dfrac{\pi}{2}$　　② π　　③ $\dfrac{3}{2}\pi$　　④ 2π

공략 포인트

극곡선의 길이

$L=\int_a^b \sqrt{r^2+\left(\frac{dr}{d\theta}\right)^2}\,d\theta$

삼각함수 반각공식

$\cos^2\frac{\theta}{2}=\frac{1+\cos\theta}{2}$

$\cos^4\frac{\theta}{3}=\left(\cos^2\frac{\theta}{3}\right)^2=\left(\frac{1+\cos\frac{2\theta}{3}}{2}\right)^2$

풀이

$$L=2\times\int_0^{\frac{3}{2}\pi}\sqrt{\cos^6\frac{\theta}{3}+\left(-\cos^2\frac{\theta}{3}\sin\frac{\theta}{3}\right)^2}\,d\theta$$
$$=2\int_0^{\frac{3}{2}\pi}\sqrt{\cos^6\frac{\theta}{3}+\cos^4\frac{\theta}{3}\sin^2\frac{\theta}{3}}\,d\theta$$
$$=2\int_0^{\frac{3}{2}\pi}\sqrt{\cos^4\frac{\theta}{3}\left(\cos^2\frac{\theta}{3}+\sin^2\frac{\theta}{3}\right)}\,d\theta$$
$$=2\int_0^{\frac{3}{2}\pi}\sqrt{\cos^4\frac{\theta}{3}}\,d\theta$$
$$=\int_0^{\frac{3}{2}\pi}\left(1+\cos\frac{2\theta}{3}\right)d\theta=\frac{3}{2}\pi\ (\because\ \text{반각공식})$$

정답 ③

2 겉넓이

1. 회전체의 겉넓이(표면적)

(1) 배경

회전체의 겉넓이는 원주각법과 유사한 방법으로 구할 수 있다.

$[a\,,\ b]$를 n개의 구간 $a=x_0<x_1<x_2<\ \cdots\ <x_n=b$로 나누고 $x_i-x_{i-1}=\Delta x_i$라 하면

평균값 정리에 의해 $f(x_i)-f(x_{i-1})=f(x^*)(x_i-x_{i-1})$을 만족하는 x^*가 x_{i-1}과 x_i 사이에 존재한다.

이때, $\overline{\mathrm{P}_{i-1}\mathrm{P}_i}=\sqrt{(x_i-x_{i-1})^2+(f(x_i)-f(x_{i-1}))^2}=\sqrt{1+\{f'(x_i^*)\}^2}\,\Delta x_i$ 이므로

회전체의 겉넓이의 근삿값은

$\sum_{i=1}^{n} 2\pi f(x_i^*)\sqrt{1+\{f'(x_i^*)\}^2}\,\Delta x_i$이고, 이 값에 $n\to\infty$인 극한을 취하면

$\lim_{n\to\infty}\sum_{i=1}^{n} 2\pi f(x_i^*)\sqrt{1+\{f'(x_i^*)\}^2}\,\Delta x_i=\int_a^b 2\pi f(x)\sqrt{1+\{f'(x)\}^2}\,dx$이다.

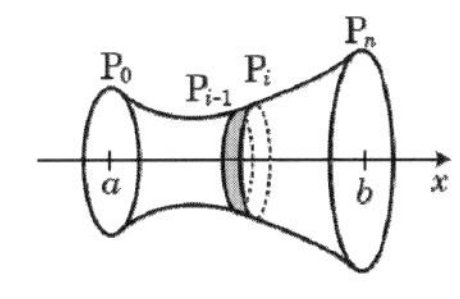

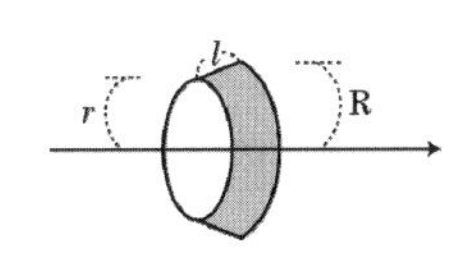

(2) 공식

① 직교좌표에서 회전체의 겉넓이

• x축 둘레로 회전 $(y\ge 0)$

$$S=\int_a^b 2\pi y\sqrt{1+\left(\frac{dy}{dx}\right)^2}\,dx=\int_a^b 2\pi f(x)\sqrt{1+\{f'(x)\}^2}\,dx$$

• y축 둘레로 회전 $(x\ge 0)$

$$S=\int_a^b 2\pi x\sqrt{1+\left(\frac{dx}{dy}\right)^2}\,dy=\int_a^b 2\pi g(y)\sqrt{1+\{g'(y)\}^2}\,dy$$

② 매개변수함수에서 회전체의 겉넓이

$x=f(t),\ y=g(t),\ \alpha\le t\le\beta$로 주어진 곡선에 대한 겉넓이는 다음과 같다.

• x축 둘레로 회전 $(y\ge 0)$

$$S=\int_\alpha^\beta 2\pi g(t)\sqrt{\left(\frac{dx}{dt}\right)^2+\left(\frac{dy}{dt}\right)^2}\,dt$$

• y축 둘레로 회전 $(x\ge 0)$

$$S=\int_\alpha^\beta 2\pi f(t)\sqrt{\left(\frac{dx}{dt}\right)^2+\left(\frac{dy}{dt}\right)^2}\,dt$$

③ 극곡선에서 회전체의 겉넓이

극곡선 $r=f(\theta)$, $\alpha \le \theta \le \beta$ 로 표현되는 곡선에 대한 겉넓이는 다음과 같다.

- 극축으로 회전 $(y \ge 0)$

$$S=\int_{\alpha}^{\beta} 2\pi r\sin\theta\sqrt{r^2+\left(\frac{dr}{d\theta}\right)^2}\,d\theta$$

- $\theta=\frac{\pi}{2}$를 축으로 회전 $(x \ge 0)$

$$S=\int_{\alpha}^{\beta} 2\pi r\cos\theta\sqrt{r^2+\left(\frac{dr}{d\theta}\right)^2}\,d\theta$$

2. 파푸스 정리

(1) 제1 파푸스 정리

평면 내에서 지정된 한 직선의 한 쪽에 놓여있는 영역 R을 이 직선을 회전축으로 하여 회전시켜 얻은 회전체의 부피 V

$V=2\pi\times$(영역 R의 넓이)$\times$(축과 영역 R의 중심사이의 거리)

(2) 제2 파푸스 정리

평면 내에서 지정된 한 직선의 한 쪽에 놓여있는 영역 R을 이 직선을 회전축으로 하여 회전시켜 얻은 회전체의 겉넓이 S

$S=2\pi\times$(영역 R의 둘레의 길이)$\times$(축과 영역 R의 중심사이의 거리)

TIP ▸ 원, 타원, 정사각형, 정삼각형, 직사각형, 성망형 등 중심을 쉽게 구할 수 있는 도형인 경우에 파푸스 정리를 활용하기 좋다.

개념적용

01

곡선 $y = 2x^3\ (0 \le x \le 1)$를 x축에 대해 회전한 곡면의 면적은?

① $\dfrac{\pi}{27}(37^{\frac{3}{2}} - 1)$ ② $\dfrac{\pi}{54}(37^{\frac{3}{2}} - 1)$ ③ $\dfrac{\pi}{81}(37^{\frac{3}{2}} - 1)$ ④ $\dfrac{\pi}{54}(39^{\frac{3}{2}} - 1)$

공략 포인트

직교좌표에서 x축 둘레로 회전한 회전체의 겉넓이

$S = \int_a^b 2\pi y \sqrt{1 + \left(\dfrac{dy}{dx}\right)^2}\, dx$

(여기서 $\dfrac{dy}{dx} = y'$)

풀이

$$\begin{aligned} S &= 2\pi \int_0^1 y\sqrt{1+(y')^2}\, dx \\ &= 2\pi \int_0^1 2x^3\sqrt{1+(6x^2)^2}\, dx \\ &= \frac{\pi}{36}\int_0^1 144x^3\sqrt{1+36x^4}\, dx \\ &= \frac{\pi}{36} \cdot \frac{2}{3}\left[(1+36x^4)^{\frac{3}{2}}\right]_0^1 \\ &= \frac{\pi}{54}\left(37^{\frac{3}{2}} - 1\right) \end{aligned}$$

정답 ②

02

곡선 $y = 2\sqrt{x}\ (3 \le x \le 8)$를 x축 주위로 회전하여 얻어진 곡면의 넓이를 구하시오.

① $\dfrac{76\pi}{5}$ ② $\dfrac{152\pi}{5}$ ③ $\dfrac{76\pi}{3}$ ④ $\dfrac{152\pi}{3}$

공략 포인트

직교좌표에서 x축 둘레로 회전한 회전체의 겉넓이

$S = \int_a^b 2\pi y \sqrt{1 + \left(\dfrac{dy}{dx}\right)^2}\, dx$

풀이

$$\begin{aligned} S &= 2\pi \int_3^8 y\sqrt{1+(y')^2}\, dx \\ &= 2\pi \int_3^8 2\sqrt{x}\sqrt{1+\frac{1}{x}}\, dx \\ &= 2\pi \int_3^8 2\sqrt{x+1}\, dx \\ &= 4\pi \cdot \left[\frac{2}{3}(x+1)^{\frac{3}{2}}\right]_3^8 \\ &= \frac{152}{3}\pi \end{aligned}$$

정답 ④

03

좌표평면의 두 점 $(1,\ 3)$과 $(3,\ 1)$을 잇는 선분을 y축을 중심으로 한 바퀴 회전하여 얻은 곡면의 넓이는?

① $6\sqrt{2}\pi$　② $7\sqrt{2}\pi$　③ $8\sqrt{2}\pi$　④ $9\sqrt{2}\pi$

공략 포인트

두 점을 지나는 직선의 방정식

$y=\dfrac{y_2-y_1}{x_2-x_1}(x-x_1)+y_1$

직교좌표에서 y축 둘레로 회전한 회전체의 겉넓이

$S=\displaystyle\int_a^b 2\pi x\sqrt{1+\left(\frac{dx}{dy}\right)^2}\,dy$

풀이

두 점 $(1,3)$ 과 $(3,1)$ 을 지나는 직선은

$y=\dfrac{1-3}{3-1}(x-1)+3=-x+4$이다.

즉, $x=4-y$의 $1\le x\le 3$ 인 부분을 y축 둘레로 회전시켜 얻은 곡면의 넓이는 다음과 같다.

$$\begin{aligned} S&=2\pi\int_1^3 x\sqrt{1+(x')^2}\,dy \\ &=2\pi\int_1^3(4-y)\sqrt{1+\{(-1)\}^2}\,dy \\ &=2\pi\int_1^3(4-y)\sqrt{2}\,dy \\ &=2\sqrt{2}\pi\left[4y-\frac{1}{2}y^2\right]_1^3 \\ &=8\sqrt{2}\pi \end{aligned}$$

정답 ③

04

곡선 $y=\dfrac{1}{2}x^2+\dfrac{1}{2}$을 $0\le x\le 1$에서 y축을 중심으로 돌려서 만든 회전곡면의 넓이는?

① $\dfrac{\pi}{3}(\sqrt{2}-1)$　② $\dfrac{\pi}{3}(2\sqrt{2}-1)$　③ $\dfrac{2}{3}\pi(\sqrt{2}-1)$　④ $\dfrac{2}{3}\pi(2\sqrt{2}-1)$

공략 포인트

직교좌표에서 y축 둘레로 회전한 회전체의 겉넓이

$S=\displaystyle\int_a^b 2\pi x\sqrt{1+\left(\frac{dx}{dy}\right)^2}\,dy$

y축 둘레로 회전하기 때문에 적분 범위는 $\dfrac{1}{2}\le y\le 1$로 하여 적분한다.

풀이

$y=\dfrac{1}{2}x^2+\dfrac{1}{2}$에서 $x=\sqrt{2y-1}$ $\left(0\le x\le 1,\ \dfrac{1}{2}\le y\le 1\right)$이므로

y축을 중심으로 돌려서 만든 회전곡면의 넓이 S는

$$\begin{aligned} S&=2\pi\int_{\frac{1}{2}}^1 x\sqrt{1+(x')^2}\,dy \\ &=2\pi\int_{\frac{1}{2}}^1\sqrt{2y-1}\cdot\sqrt{1+\left(\frac{1}{2y-1}\right)}\,dy \\ &=2\pi\int_{\frac{1}{2}}^1\sqrt{2y}\,dy \\ &=2\sqrt{2}\pi\int_{\frac{1}{2}}^1\sqrt{y}\,dy \\ &=\frac{2}{3}\pi(2\sqrt{2}-1) \end{aligned}$$

정답 ④

05

곡선 $x=5\cos^3 t,\ y=5\sin^3 t\left(0\le t\le\frac{\pi}{2}\right)$을 x축을 중심으로 회전해서 생기는 회전곡면의 넓이는?

① 15π ② 20π ③ 25π ④ 30π

공략 포인트

매개변수함수에서의 겉넓이
(x축 둘레로 회전)
$S=2\pi\int_{t_1}^{t_2} g(t)\sqrt{\left(\frac{dx}{dt}\right)^2+\left(\frac{dy}{dt}\right)^2}\,dt$

풀이

매개변수 곡선 $x=f(t)$, $y=g(t)$를 x축에 대하여 회전시켜서 얻은 도형의 겉넓이를 S라 하면

$S=2\pi\int_{t_1}^{t_2} g(t)\sqrt{\left(\frac{dx}{dt}\right)^2+\left(\frac{dy}{dt}\right)^2}\,dt$ 가 된다.

$$\begin{aligned}\therefore S&=2\pi\int_0^{\frac{\pi}{2}} 5\sin^3 t\sqrt{(-15\cos^2 t\sin t)^2+(15\sin^2 t\cos t)^2}\,dt\\&=2\pi\int_0^{\frac{\pi}{2}}(5\sin^3 t\cdot 15\cos t\sin t)\,dt\\&=2\pi\cdot 5\cdot 15\int_0^{\frac{\pi}{2}}(\sin^4 t\cdot\cos t)\,dt\\&=30\pi\left[\sin^5 t\right]_0^{\frac{\pi}{2}}\\&=30\pi\end{aligned}$$

정답 ④

06

곡선 $x^2+y^2-4x+3=0$으로 둘러싸인 영역을 y축을 중심으로 회전하여 얻은 회전체의 부피는?

① π^2 ② $2\pi^2$ ③ $4\pi^2$ ④ $8\pi^2$

공략 포인트

파푸스 정리(회전체의 부피)
$V=2\pi\times$넓이$\times$축과 중심 사이 거리
원의 넓이$=\pi r^2$
(여기서 r은 반지름)

풀이

$x^2+y^2-4x+3=0 \Leftrightarrow (x-2)^2+y^2=1$이므로

이 곡선은 중심이 $(2, 0)$이고 반지름이 1인 원이다.

이 영역을 y축을 중심으로 회전하여 얻은 회전체의 부피는 파푸스 정리를 이용하여 다음과 같이 구한다.

$$\begin{aligned}V&=2\pi\times(\pi\cdot 1^2)\times 2\\&=4\pi^2\end{aligned}$$

정답 ③

07

극곡선 $r = \sin\theta\ (0 \leq \theta \leq \pi)$를 극축을 회전축으로 하여 회전시켜 얻은 회전체의 겉넓이는?

① $\dfrac{\pi^2}{4}$　　② $\dfrac{\pi^2}{3}$　　③ $\dfrac{\pi^2}{2}$　　④ π^2

공략 포인트

극좌표를 직교좌표로 변환

$r\sin\theta = y$

$r\cos\theta = x$

$r^2 = x^2 + y^2$

파푸스 정리(회전체의 겉넓이)

$S = 2\pi \times$ 둘레 길이 $\times$ 축과 중심 사이 거리

풀이

극곡선 $r = \sin\theta(0 \leq \theta \leq \pi)$를 직교좌표로 변환하면

$r = \sin\theta \Rightarrow r^2 = r\sin\theta \Rightarrow x^2 + y^2 = y \Leftrightarrow x^2 + \left(y - \dfrac{1}{2}\right)^2 = \dfrac{1}{4}$이므로

이 곡선은 중심이 $\left(0, \dfrac{1}{2}\right)$이고 반지름이 $\dfrac{1}{2}$인 원이다.

파푸스 정리에 의해 회전체의 겉넓이 S를 구하면 다음과 같다.

$$S = 2\pi \times \left(2\pi \cdot \frac{1}{2}\right) \times \frac{1}{2}$$
$$= \pi^2$$

정답 ④

3 속도와 가속도

1. 곡선 위의 운동

(1) 위치가 곡선 $x=f(t)$로 주어질 때

평면 위를 움직이는 점 P의 시각 t에서의 시각 $t=a$에서 시각 $t=b$까지의 운동거리 L은 다음과 같다.

$$L=\int_a^b |\vec{v}|dt=\int_a^b |f'(t)|dt$$

(여기서 $v(t)=f'(t)$는 속도, $|f'(t)|$는 속도의 크기인 속력을 나타낸다.)

(2) 위치가 곡선 $x=f(t),\ y=g(t)$로 주어질 때

평면 위를 움직이는 점 P의 시각 t에서의 시각 $t=a$에서 시각 $t=b$까지의 운동거리 L은 다음과 같다.

$$L=\int_a^b |\vec{v}|dt=\int_a^b \sqrt{\left(\frac{dx}{dt}\right)^2+\left(\frac{dy}{dt}\right)^2}\,dt$$

2. 위치와 속도와 가속도의 관계

(1) 위치가 곡선 $x=f(t)$로 주어질 때

(미분) (미분)

위치함수 $x=f(t)$ $\rightleftarrows$ 속도 $v(t)=f'(t)$ $\rightleftarrows$ 가속도 $a(t)=f''(t)$

(적분) (적분)

(2) 위치가 곡선 $x=f(t),\ y=g(t)$로 주어질 때

(미분) (미분)

위치함수 $(x, y)=(f(t), g(t))$ $\rightleftarrows$ 속도 $v(t)=(f'(t), g'(t))$ $\rightleftarrows$ 가속도 $a(t)=(f''(t), g''(t))$

(적분) (적분)

TIP▸ 가속도를 적분하면 속도, 속도를 적분하면 위치를 구할 수 있다.
미분은 적분의 반대 개념이므로 위치를 미분하면 속도, 속도를 미분하면 가속도가 된다.

개념적용

01

정지 상태에서 출발한 자동차의 속력이 출발 t초 후 $v(t) = te^t$ 일 때, 출발 시점으로부터 2초까지의 평균 속력은?

① $\dfrac{e^2+1}{2}$ ② $\dfrac{e^2}{2}+1$ ③ $e^2+\dfrac{1}{2}$ ④ e^2+1

공략 포인트

이동거리는 속력을 적분하여 구한다.
평균속력은 운동한 거리를 이동 시간으로 나누어 구한다.

풀이

정지 상태에서 출발해 t초 후의 속력이 $v(t) = te^t$ 이므로

이동거리 $f(t) = \int_0^t v(x)\,dx = (t-1)e^t + 1$ 이다. ($\because$ 부분적분)

구하고자 하는 출발 시점부터 2초까지의 평균속력은 다음과 같다.

$\bar{v}(2) = \dfrac{f(2)-f(0)}{2-0} = \dfrac{e^2+1}{2}$

정답 ①

02

어떤 물체의 시각 t일 때, 위치가 $f(t) = \cos t + \sqrt{3}\sin t$이다.
이 물체의 가속도가 최소에서 최대로 될 때까지 이동한 거리가 될 수 있는 것은?

① 1 ② 2 ③ 4 ④ 6

공략 포인트

왈리스 공식

$\int_0^{\frac{\pi}{2}} \cos^n x\,dx$

$= \dfrac{n-1}{n}\cdot\dfrac{n-3}{n-2}\cdot\cdots\cdot\dfrac{2}{3}\cdot 1$

(n이 홀수인 경우)

따라서 $\int_0^{\frac{\pi}{2}} \cos t\,dt = 1$이다.

풀이

속도를 $v(t)$, 가속도를 $a(t)$라고 할 때, 위치가 $f(t) = \cos t + \sqrt{3}\sin t$이므로

속도 $v(t) = f'(t) = -\sin t + \sqrt{3}\cos t$이고

가속도 $a(t) = v'(t) = -\cos t - \sqrt{3}\sin t = -2\sin\left(t+\dfrac{\pi}{6}\right)$이다.

따라서 가속도가 최소가 되는 t의 값은 $\dfrac{\pi}{3}+2n\pi$ (단, n: 정수)이고, 최대가 되는 t의 값은 $\dfrac{4}{3}\pi+2n\pi$ (단, n: 정수)이다.

($\because$ $-2\sin\left(t+\dfrac{\pi}{6}\right)$는 $t+\dfrac{\pi}{6}$가 $\dfrac{\pi}{2}+2n\pi$일 때 최솟값, $\dfrac{3\pi}{2}+2n\pi$일 때 최댓값을 갖는다.)

즉, 시간 $\dfrac{\pi}{3} \le t \le \dfrac{4}{3}\pi$에서 이동한 거리를 L이라 할 때,

$$L = \int_{\frac{\pi}{3}}^{\frac{4}{3}\pi} |v(t)|\,dt$$

$$= \int_{\frac{\pi}{3}}^{\frac{4}{3}\pi} |-\sin t + \sqrt{3}\cos t|\,dt$$

$$= 2\int_{\frac{\pi}{3}}^{\frac{4}{3}\pi} \left|\cos\left(t+\frac{\pi}{6}\right)\right|dt$$

$$= 2\int_0^{\frac{\pi}{2}} \cos t\,dt \times 2 = 4 \ (\because \text{왈리스 공식})$$

정답 ③

4 공식 정리

1. 면적, 부피, 길이, 겉넓이

(1) 직교좌표계와 매개변수함수

종류	직교좌표계 $y=f(x)\ (a \le x \le b)$	매개변수함수 $\begin{cases} x=f(t) \\ y=g(t) \end{cases} (t_1 \le t \le t_2)$
면적	$A=\int_a^b \lvert f(x)\rvert dx$	$A=\int_{t_1}^{t_2} \lvert g(t)\rvert f'(t)\,dt$
회전체의 부피(체적) (x축 중심으로 회전)	$V_x=\pi\int_a^b \{f(x)\}^2 dx$	$V_x=\pi\int_{t_1}^{t_2}\{g(t)\}^2 f'(t)\,dt$
곡선의 길이	$L=\int_a^b \sqrt{1+(y')^2}\,dx$	$L=\int_{t_1}^{t_2}\sqrt{\left(\frac{dx}{dt}\right)^2+\left(\frac{dy}{dt}\right)^2}\,dt$
회전체의 겉넓이(표면적) (x축 중심으로 회전)	$S_x=2\pi\int_a^b y\sqrt{1+(y')^2}\,dx$	$S_x=2\pi\int_{t_1}^{t_2} g(t)\sqrt{\left(\frac{dx}{dt}\right)^2+\left(\frac{dy}{dt}\right)^2}\,dt$

(2) 극좌표계

	면적	곡선의 길이
극좌표계 $r=f(\theta)\ (\alpha \le \theta \le \beta)$ $\Leftrightarrow \begin{cases} x=r\cos\theta \\ y=r\sin\theta \end{cases}$	$A=\frac{1}{2}\int_\alpha^\beta r^2\,d\theta$	$L=\int_\alpha^\beta \sqrt{r^2+\left(\frac{dr}{d\theta}\right)^2}\,d\theta$
	회전체의 겉넓이(표면적)	
	$S_x=2\pi\int_\alpha^\beta r\sin\theta\sqrt{r^2+\left(\frac{dr}{d\theta}\right)^2}\,d\theta$	$S_y=2\pi\int_\alpha^\beta r\cos\theta\sqrt{r^2+\left(\frac{dr}{d\theta}\right)^2}\,d\theta$

(3) 곡선의 모양별 공식

곡선	면적	회전체의 부피 (x축 중심으로 회전)	곡선의 길이	회전체의 겉넓이 (x축 중심으로 회전)
파선형 $\begin{cases} x=a(t-\sin t) \\ y=a(1-\cos t) \end{cases}$	$3\pi a^2$	$5\pi^2 a^3$	$8a$	$\frac{64}{3}\pi a^2$
성망형 $\begin{cases} x=a\cos^3 t \\ y=a\sin^3 t \end{cases}$	$\frac{3}{8}\pi a^2$	$\frac{32}{105}\pi a^3$	$6a$	$\frac{12}{5}\pi a^2$

곡선	면적	곡선의 길이
심장형 $r=a(1+\cos\theta)$	$\frac{3}{2}\pi a^2$	$8a$
연주형 $r^2=a^2\cos 2\theta$	a^2	−
4엽장미 $r=a\cos 2\theta$	$\frac{1}{2}\pi a^2$	−
3엽장미 $r=a\cos 3\theta$	$\frac{1}{4}\pi a^2$	−

2. 속도와 가속도

(1) 위치와 속도와의 관계

종류	위치 $x=f(t)\ (a \le t \le b)$	위치 $\begin{cases} x=f(t) \\ y=g(t) \end{cases} (a \le t \le b)$
이동거리 L	$L=\int_a^b \lvert f'(t) \rvert dt$	$L=\int_a^b \sqrt{\left(\frac{dx}{dt}\right)^2+\left(\frac{dy}{dt}\right)^2}\,dt$

(2) 위치와 속도와 가속도의 관계

종류	위치 $x=f(t)\ (a \le t \le b)$	위치 $\begin{cases} x=f(t) \\ y=g(t) \end{cases} (a \le t \le b)$
속도 $v(t)$	$v(t)=f'(t)$	$v(t)=(f'(t), g'(t))$
가속도 $a(t)$	$a(t)=f''(t)=v'(t)$	$a(t)=(f''(t), g''(t))$

5 길이와 겉넓이, 속도와 가속도

출제경향 분석

곡선의 길이는 직교좌표, 매개변수함수, 극좌표에서 각 방식의 특징을 정확히 숙지하고 있어야 합니다.
파푸스 정리를 활용한 부피, 겉넓이 구하는 문제도 빈출되므로 어떤 조건에서 적용해야 하는지를 알아 두도록 합니다.
앞서 소개한 길이, 면적, 체적, 표면적에 관한 공식을 잘 구분하여 숙지해야 합니다.

01 극곡선의 길이

개념 1. 길이

구간 $0 \le \theta \le a$에서 극곡선 $r = \theta^2$의 길이가 $\frac{19}{3}$일 때, 양수 a의 값은?

① $\sqrt{5}$ ② $\sqrt{2}$ ③ $\sqrt{3}$ ④ 2

풀이

STEP A 극곡선의 길이 공식에 대입할 적분 구간 및 $\frac{dr}{d\theta}$ 구하기

극곡선의 길이 $\int_\alpha^\beta \sqrt{r^2 + \left(\frac{dr}{d\theta}\right)^2}\, d\theta$

(i) 구간 $0 \le \theta \le a$

(ii) $\frac{dr}{d\theta} = 2\theta$

STEP B 극곡선의 길이를 구하는 공식에 대입하기

$$\begin{aligned}\int_\alpha^\beta \sqrt{r^2 + \left(\frac{dr}{d\theta}\right)^2}\, d\theta &= \int_0^a \sqrt{\theta^4 + (2\theta)^2}\, d\theta \\ &= \int_0^a \sqrt{\theta^4 + 4\theta^2}\, d\theta \\ &= \int_0^a \sqrt{\theta^2(\theta^2+4)}\, d\theta \\ &= \int_0^a \theta\sqrt{\theta^2+4}\, d\theta \\ &= \left[\frac{1}{3}(\theta^2+4)^{\frac{3}{2}}\right]_0^a \\ &= \frac{1}{3}(a^2+4)^{\frac{3}{2}} - \frac{8}{3}\end{aligned}$$

STEP C 문제의 조건에 주어진 극곡선의 길이값과 비교하여 양수 a 구하기

$\frac{1}{3}(a^2+4)^{\frac{3}{2}} - \frac{8}{3} = \frac{19}{3}$이므로

$a^2 = 5 \Leftrightarrow a = \sqrt{5}$ 이다. ($\because$ a는 양수)

정답 ①

02 회전체의 겉넓이

개념 2. 겉넓이

곡선 $y = \sqrt{1+2e^x}\ (0 \le x \le 1)$를 x축을 중심으로 회전시켜 얻어지는 회전면의 넓이를 구하면?

① $e\pi$ ② $\frac{3e\pi}{2}$ ③ $2e\pi$ ④ $\frac{5e\pi}{2}$

풀이

STEP A 회전시켜 얻은 면적의 겉넓이 공식에 대입할 y' 구하기

곡선 $y=\sqrt{1+2e^x}\ (0 \le x \le 1)$를 x축을 중심으로 회전시켜 얻어지는 회전면의 넓이를 S_x라 할 때,

$S_x = 2\pi\int_0^1 y\sqrt{1+(y')^2}\,dx$이다.

여기서 $y' = \frac{2e^x}{2\sqrt{1+2e^x}} = \frac{e^x}{\sqrt{1+2e^x}}$이다.

STEP B 공식에 값을 대입하여 구하고자 하는 넓이 구하기

$$\begin{aligned}
S_x &= 2\pi\int_0^1 y\sqrt{1+(y')^2}\,dx \\
&= 2\pi\int_0^1 \sqrt{1+2e^x}\sqrt{1+\left(\frac{e^x}{\sqrt{1+2e^x}}\right)^2}\,dx \\
&= 2\pi\int_0^1 \sqrt{1+2e^x}\sqrt{1+\frac{e^{2x}}{1+2e^x}}\,dx \\
&= 2\pi\int_0^1 \sqrt{1+2e^x+e^{2x}}\,dx \\
&= 2\pi\int_0^1 \sqrt{(e^x+1)^2}\,dx \\
&= 2\pi\int_0^1 |e^x+1|\,dx \\
&= 2\pi\int_0^1 (e^x+1)\,dx \ (\because 0 \le x \le 1 \Rightarrow e^x+1 \ge 0) \\
&= 2\pi\left[e^x+x\right]_0^1 \\
&= 2\pi(e+1-1) = 2e\pi
\end{aligned}$$

정답 ③

03 회전체의 겉넓이와 입체의 부피

개념 2. 겉넓이

곡선 $y=2\cosh\frac{x}{2}(-1 \le x \le 1)$를 x축에 대해 회전시켜 얻은 곡면의 넓이를 a라 하고, 이 곡선과 $y=0$, $x=-1$, $x=1$로 둘러싸인 영역을 x축으로 회전시켜 만든 입체의 부피를 b라 하자. $\frac{a}{b}$의 값은?

① 1　　② $\sinh 1$　　③ $\cosh 1$　　④ $\tanh 1$

풀이

STEP A 직교좌표계에서 x축 둘레로 회전한 회전체의 겉넓이 구하기

곡선 $y=2\cosh\frac{x}{2}(-1 \le x \le 1)$를 x축에 대해 회전시켜 얻은 곡면의 넓이

$$a = 2\pi\int_{-1}^{1} y\sqrt{1+(y')^2}\,dx$$
$$= 2\pi\int_{-1}^{1} 2\cosh\frac{x}{2}\sqrt{1+\left(\sinh\frac{x}{2}\right)^2}\,dx$$
$$= 4\pi\int_{-1}^{1} \cosh\frac{x}{2}\sqrt{\cosh^2\frac{x}{2}}\,dx$$
$$= 4\pi\int_{-1}^{1} \cosh^2\frac{x}{2}\,dx$$

STEP B 직교좌표계에서 x축 둘레로 회전시킨 입체의 부피 구하기

곡선 $y=2\cosh\frac{x}{2}(-1 \le x \le 1)$와 $y=0$, $x=-1$, $x=1$로 둘러싸인 영역을 x축으로 회전시켜 만든 입체의 부피

$$b = \pi\int_{-1}^{1} y^2\,dx$$
$$= \pi\int_{-1}^{1}\left(2\cosh\frac{x}{2}\right)^2 dx$$
$$= 4\pi\int_{-1}^{1} \cosh^2\frac{x}{2}\,dx$$

STEP C 두 값의 비$\left(\frac{a}{b}\right)$ 구하기

$$\frac{a}{b} = \frac{4\pi\int_{-1}^{1}\cosh^2\frac{x}{2}\,dx}{4\pi\int_{-1}^{1}\cosh^2\frac{x}{2}\,dx} = 1$$

정답 ①

04 파파스 정리

🔍 개념 2. 겉넓이

곡선 $x^2+(y-1)^2=1$을 x축을 회전축으로 회전하여 생기는 곡면의 넓이는?

① 8π ② $4\pi+2\pi^2$ ③ $4\pi^2$ ④ $8\pi+2\pi^2$

풀이

STEP A 주어진 곡선 파악하기

곡선 $x^2+(y-1)^2=1$은 중심이 $(0, 1)$이고 반지름이 1인 원이다.

즉, 영역의 둘레 길이는 원의 둘레인 $2\pi r=2\pi$이고, 축과 중심 사이의 거리는 1이다.

STEP B 파푸스 정리를 활용하여 곡면의 넓이 구하기

x축을 회전축으로 회전하여 생기는 곡면의 넓이를 S라고 할 때,

파푸스 정리에 의하여

$S=2\pi\times$곡선의 둘레 길이$\times$곡선의 중심과 회전축과의 거리

$=2\pi\times2\pi\times1$

$=4\pi^2$

정답 ③

6 길이와 겉넓이, 속도와 가속도

실전문제

정답 및 풀이 p.204

01 곡선 $y=\dfrac{x^4}{16}+\dfrac{1}{2x^2}\,(1 \le x \le 2)$의 길이는?

① $\dfrac{5}{4}$ ② $\dfrac{21}{16}$ ③ $\dfrac{11}{8}$ ④ $\dfrac{23}{16}$

02 $0 \le x \le 1$에서 정의된 곡선 $y=\sin^{-1}x+\sqrt{1-x^2}$ 의 길이는?

① $\sqrt{2}$ ② $2\sqrt{2}$ ③ $2-\sqrt{2}$ ④ $4-2\sqrt{2}$

03 곡선 $y=\displaystyle\int_1^x \sqrt{\sqrt{t}-1}\,dt\,(1 \le x \le 16)$의 길이를 구하시오.

① $\dfrac{118}{5}$ ② $\dfrac{120}{5}$ ③ $\dfrac{122}{5}$ ④ $\dfrac{124}{5}$

04 $-\frac{1}{2} \le x \le 0$일 때, 곡선 $y = \ln(1-x^2)$의 길이는?

① $\ln 2 - \frac{1}{2}$　② $\frac{1}{2}$　③ $\frac{13}{24}$　④ $\ln 3 - \frac{1}{2}$

05 곡선 $y = \frac{1}{3}(2x-1)^{\frac{3}{2}}$ 위의 두 점 $\left(\frac{1}{2}, 0\right)$과 $\left(1, \frac{1}{3}\right)$ 사이의 곡선의 길이는?

① $\frac{\sqrt{2}-1}{3}$　② $\frac{2\sqrt{2}-1}{3}$　③ $\sqrt{2} - \frac{1}{3}$　④ $\frac{4\sqrt{2}-1}{3}$

06 곡선 $y = \ln(\sin(x))\left(\frac{\pi}{6} \le x \le \frac{\pi}{2}\right)$의 길이를 구하면?

① $\ln(2-\sqrt{3})$　② $\ln(2+\sqrt{3})$　③ $\ln(\sqrt{2}-1)$　④ 1

07 $x=1$과 $x=4$ 사이의 곡선 $y=\int_1^x \sqrt{t^3-1}\,dt$의 길이는?

① $\frac{62}{5}$　② $\frac{14}{3}$　③ $\frac{\pi}{6}$　④ $\frac{2\sqrt{2}}{5}\pi$

08 극곡선 $r=1+\sin\theta$에 의해 둘러싸인 영역의 넓이를 a, 둘레의 길이를 b라 할 때, ab의 값은?

① 16π　② $16\pi^2$　③ 12π　④ $12\pi^2$

09 다음 곡선의 길이는?

$$x(t)=3+t^2,\ y(t)=\cosh(t^2)\,(0 \le t \le 1)$$

① 1　② $\cosh 1$　③ $\sinh 1$　④ $\tanh 1$

10 곡선 $x^{\frac{2}{3}} + y^{\frac{2}{3}} = 1,\ x \geq 0,\ y \geq 0$의 길이는?

① $\frac{2}{3}$ ② $\frac{3}{2}$ ③ $\frac{4}{3}$ ④ $\frac{7}{6}$

11 곡선 $C: x = r(\theta - \sin\theta),\ y = r(1 - \cos\theta)\ (0 \leq \theta \leq 4\pi)$의 길이가 16이 되는 양의 실수 r의 값은?

① 1 ② 2 ③ 3 ④ 4

12 극곡선 $r = \theta^2\ (0 \leq \theta \leq 2\pi)$의 길이는?

① $\frac{8}{3}\left\{(\pi^2+4)^{\frac{3}{2}} - 1\right\}$ ② $\frac{4}{3}\left\{(\pi^2+1)^{\frac{3}{2}} - 1\right\}$

③ $\frac{8}{3}\left\{(\pi^2+1)^{\frac{3}{2}} - 1\right\}$ ④ $\frac{1}{3}\left\{(\pi^2+4)^{\frac{3}{2}} - 1\right\}$

13 극곡선 $r=2+2\sin\theta$의 둘레의 길이는?

① 12 ② 16 ③ 20 ④ 24

14 구간 $[0,\ 2\pi]$에서 극곡선 $r=e^{a\theta}$의 길이가 $3\left(e^{2a\pi}-1\right)$일 때, 양의 실수 a의 값은?

① $\frac{1}{4}$ ② $\frac{\sqrt{2}}{4}$ ③ $\frac{\sqrt{3}}{4}$ ④ $\frac{1}{2}$

15 극좌표로 표현된 곡선 $r=1+\cos\theta$에서 원 $r=\sqrt{3}\sin\theta$ 안에 있는 부분의 길이를 L이라 할 때, $6L$의 값은?

① 12 ② 18 ③ 24 ④ 30

16 곡선 $y=\begin{cases}\sqrt{5-x^2}, & -\sqrt{5}\le x<0\\ \sqrt{5-x}\ , & 0\le x\le 5\end{cases}$를 x축 중심으로 회전시킨 입체의 겉넓이는?

① $\dfrac{21\sqrt{21}+30\sqrt{5}-1}{3}\pi$　② $\dfrac{21\sqrt{21}+59}{3}\pi$

③ $\dfrac{21\sqrt{21}+60\sqrt{5}-1}{6}\pi$　④ $\dfrac{21\sqrt{21}+59}{6}\pi$

17 곡선 $y=1-x^2(0\le x\le 2)$을 y축을 중심으로 회전시켜 얻어지는 회전면의 넓이를 구하면?

① $\dfrac{\pi}{6}(17\sqrt{17}-1)$　② $\dfrac{\pi}{5}(17\sqrt{17}-1)$

③ $\dfrac{\pi}{4}(17\sqrt{17}-1)$　④ $\dfrac{\pi}{3}(17\sqrt{17}-1)$

18 곡선 $x^{2/3}+y^{2/3}=1$을 x축을 회전축으로 회전하여 얻은 곡면의 넓이는?

① $\dfrac{9}{5}\pi$　② $\dfrac{12}{5}\pi$　③ 3π　④ $\dfrac{18}{5}\pi$

19 x축을 중심축으로 곡선 $x=\frac{1}{8}y^4+\frac{1}{4y^2}\,(1\le y\le \sqrt{2})$를 회전시켜 얻어지는 곡면의 넓이는?

① $\frac{\pi}{10}(8-3\sqrt{2})$
② $\frac{\pi}{5}(8-3\sqrt{2})$
③ $\frac{\pi}{5}(4+3\sqrt{2})$
④ $\frac{\pi}{10}(8+3\sqrt{2})$

20 $y=1-|x|$와 x축으로 둘러싸인 도형을 직선 $x=2$ 주위로 회전하여 얻어진 회전체의 부피는?

① π ② 2π ③ 3π ④ 4π

21 원 $x^2+(y-4)^2=4$를 x축으로 회전하여 생기는 입체의 표면적은?

① $16\pi^2$ ② $24\pi^2$ ③ $32\pi^2$ ④ $40\pi^2$

22 xy평면 위를 움직이는 점 P의 시각 t에서의 좌표 (x, y)가 $x=\frac{1}{2}t^2$, $y=\frac{1}{3}t^3$으로 나타내어질 때, $t=0$에서 $t=\sqrt{3}$까지 점 P가 움직인 거리를 구하면?

① $\frac{7}{3}$　　② $\frac{\sqrt{2}-1}{3}$　　③ $\frac{2\sqrt{2}-2}{5}$　　④ $\frac{\sqrt{2}-1}{5}$

23 좌표축을 따라 움직이는 입자의 시간 t에 따른 가속도가 $\frac{d^2s}{dt^2}=2+6t\,(\mathrm{m/sec^2})$이고, $t=0$일 때의 속도가 $5\,(\mathrm{m/sec})$라면 $t=0$일 때부터 $t=1$일 때까지 입자가 움직인 거리는?

① $2\,(\mathrm{m})$　　② $4\,(\mathrm{m})$　　③ $7\,(\mathrm{m})$　　④ $9\,(\mathrm{m})$

정답 및 풀이

01. 부정적분과 여러 가지 적분법

문제 p.39

01 ③	02 ④	03 ④	04 ②	05 ①	06 ②	07 ④	08 ④	09 ③	10 ②
11 ③	12 ①								

01 ③

접선의 기울기는

$$f'(x)=\frac{dy}{dx}=\frac{\tan x}{\sin 2x}=\frac{\frac{\sin x}{\cos x}}{2\sin x\cos x}=\frac{1}{2}\frac{1}{\cos^2 x}=\frac{1}{2}\sec^2 x$$

이므로 $y=\int f'(x)dx=\frac{1}{2}\int \sec^2 x\,dx=\frac{1}{2}\tan x+C$이다.

이 곡선이 점 $\left(\frac{\pi}{4},\frac{3}{2}\right)$을 지나므로

$\frac{3}{2}=\frac{1}{2}\tan\frac{\pi}{4}+C$에서 $C=1$이다.

즉, $y=f(x)=\frac{1}{2}\tan x+1$이다.

∴ 구하고자 하는 값 $f\left(\frac{\pi}{3}\right)=\frac{\sqrt{3}}{2}+1$이다.

02 ④

(ⅰ) $F'(x)=\int F''(x)dx$

$=\int (6x+15x^{\frac{1}{2}})dx$

$=3x^2+10x^{\frac{3}{2}}+C$

$F'(1)=3+10+C=1$이므로 $C=-12$

$\therefore F'(x)=3x^2+10x^{\frac{3}{2}}-12$

(ⅱ) $F(x)=\int F'(x)dx$

$=\int (3x^2+10x^{\frac{3}{2}}-12)dx$

$=x^3+4x^{\frac{5}{2}}-12x+C_1$

$F(1)=1+4-12+C_1=0$이므로 $C_1=7$

$\therefore F(x)=x^3+4x^{\frac{5}{2}}-12x+7$

구하고자 하는 값 $F(4)=64+128-48+7=151$

03 ④

$$f'(x)=\lim_{h\to 0}\frac{f(x+h)-f(x)}{h}$$

$$=\lim_{h\to 0}\frac{(ax+3)h-3h^2}{h}$$

$$=ax+3$$

$f(x)=\int f'(x)dx=\int (ax+3)dx=\frac{a}{2}x^2+3x+C$

$f(0)=C=1$, $f(1)=\frac{a}{2}+3+1=0 \Rightarrow a=-8$

따라서 $f(x)=-4x^2+3x+1$이므로

$f(-1)=-4-3+1=-6$

04 ②

ㄱ. $\int \frac{2x}{x^2-1}dx=\ln|x^2-1|+C$

$=\ln|x+1|+\ln|x-1|+C$

ㄴ. $\int \frac{x^2+1}{x(x+1)^2}dx=\int \frac{1}{x}-\frac{2}{(x+1)^2}dx$

$=\ln|x|+\frac{2}{x+1}+C$

ㄷ. $\int \frac{2}{x(x+1)(x+2)}dx=\int \frac{1}{x}-\frac{2}{x+1}+\frac{1}{x+2}dx$

$=\ln|x|-2\ln|x+1|+\ln|x+2|+C$

즉, 부정적분을 계산하였을 때 $\ln|x+1|$항이 있는 식은 ㄱ, ㄷ이다.

5 ①

$u=\tan^{-1}x$, $dv=dx$로 놓으면

$du=\frac{dx}{1+x^2}$, $v=x$이다. 따라서 부분적분법에 의해

$\int \tan^{-1}x\,dx=uv-\int v\,du$

$=x\tan^{-1}x-\int \frac{x}{x^2+1}dx$

$=x\tan^{-1}x-\frac{1}{2}\ln(x^2+1)+C$

∴ (ㄱ) $x\tan^{-1}x$, (ㄴ) $\frac{1}{2}\ln(x^2+1)$

06 ②

주어진 부정적분 $I=\int (\sin^{-1}x)^2dx$에서 $\sin^{-1}x=t$로 치환하면

$x=\sin t$이므로 $dx=\cos t\,dt$이다.

즉, $I=\int t^2\cos t\,dt$

$=t^2\sin t-2t(-\cos t)+2(-\sin t)+C$

$=(\sin^{-1}x)^2x+2\sqrt{1-x^2}\sin^{-1}x-2x+C\ (\because \cos t=\sqrt{1-x^2})$

$=(\sin^{-1}x)^2x-2(-\sqrt{1-x^2}\sin^{-1}x+x)+C$이므로

$J=-\sqrt{1-x^2}\sin^{-1}x+x$이다.

TIP ▸ $\int t^2\cos t\,dt$ 적분

$f'(t)=\cos t$, $g(t)=t^2$이라 하면 $f(t)=\sin t$, $g'(t)=2t$이므로 부분적분을 하면

$\int t^2 \cos t dt = t^2 \sin t - 2\int t \sin t\, dt$이고

$\int t \sin t\, dt$에서 $u'(t) = \sin t,\ v(t) = t$라 하면

$u(t) = -\cos t,\ v'(t) = 1$이므로

$\int t \sin t\, dt = -t\cos t + \int \cos t\, dt = -t\cos t + \sin t + C$이다.

따라서 구하고자 하는 적분은

$$\int t^2 \cos t dt = t^2 \sin t - 2\int t \sin t\, dt$$
$$= t^2 \sin t - 2(-t\cos t + \sin t) + C$$
$$= t^2 \sin t + 2t\cos t - 2\sin t + C$$이다.

07 ④

$f(x) = \int 56x(2x-1)^{12} dx$

$2x - 1 = t$로 치환하면 $x = \frac{1}{2}(t+1)$이고, $dx = \frac{1}{2}dt$이므로

$$= \int 56 \cdot \frac{1}{2}(t+1)t^{12} \cdot \frac{1}{2}dt = 14\int (t^{13} + t^{12})dt$$
$$= 14\left\{\frac{1}{14}t^{14} + \frac{1}{13}t^{13}\right\} + C$$
$$= (2x-1)^{14} + \frac{14}{13}(2x-1)^{13} + C$$

$f(0) = -\frac{2}{13}$이므로 $C = -\frac{1}{13}$이다.

즉, $f(x) = (2x-1)^{14} + \frac{14}{13}(2x-1)^{13} - \frac{1}{13}$이므로

$f(1) = 1 + \frac{14}{13} - \frac{1}{13} = 2$이다.

08 ④

$\int \left(2x + \frac{1}{x}\right)\ln x\, dx = \int 2x\ln x\, dx + \int \frac{\ln x}{x}dx$

(ⅰ) $\int 2x\ln x\, dx = x^2\ln x - \frac{x^2}{2} + C$

($\because f = \ln x$, $g' = 2x$ 로 부분적분)

(ⅱ) $\int \frac{\ln x}{x}dx = \frac{1}{2}(\ln x)^2 + C$

따라서

$\int \left(2x + \frac{1}{x}\right)\ln x\, dx = x^2\ln x + \frac{1}{2}(\ln x)^2 - \frac{x^2}{2} + C$이다.

주어진 식과 비교하여 $a+b+c$의 값을 구하면 다음과 같다.

$a + b + c = 1 + \frac{1}{2} - \frac{1}{2} = 1$

09 ③

$F'(x) = f(x) + xf'(x) - 2x\ln x - x$

여기서 $F'(x) = f(x)$이므로

$xf'(x) = 2x\ln x + x$

즉, $f'(x) = 2\ln x + 1$이다.

따라서

$f(x) = \int f'(x)dx = \int (2\ln x + 1)dx = 2x\ln x - x + C$

($\because u = \ln x,\ v' = 1 \Rightarrow u' = \frac{1}{x},\ v = x$)

$f(1) = 0$에서 $C = 1$ 이므로 $f(x) = 2x\ln x - x + 1$이다.

그러므로 구하고자 하는 값 $f(e) = e + 1$이다.

10 ②

$$\int \sec x \tan^2 x\, dx$$
$$= \int (\sec x\tan x)\tan x\, dx$$
$$= \sec x\tan x - \int \sec^3 x\, dx$$

$\left(\begin{aligned}\because f'(x) &= \sec x\tan x, & g(x) &= \tan x \\ f(x) &= \sec x, & g'(x) &= \sec^2 x\end{aligned}\right)$

$$= \sec x\tan x - \frac{1}{2}(\sec x\tan x + \ln|\sec x + \tan x|) + C$$
$$= \frac{1}{2}(\sec x\tan x - \ln|\sec x + \tan x|) + C$$

11 ③

$e^x = t$로 놓으면 $x = \ln t$에서 $dx = \frac{dt}{t}$이다.

$$\int \frac{1}{t + \frac{4}{t} + 5}\frac{dt}{t} = \int \frac{1}{t^2 + 5t + 4}dt$$
$$= \frac{1}{3}\int \left(\frac{1}{t+1} - \frac{1}{t+4}\right)dt$$
$$= \frac{1}{3}(\ln|t+1| - \ln|t+4|)$$
$$= \frac{1}{3}\ln\left|\frac{t+1}{t+4}\right|$$
$$= \frac{1}{3}\ln\frac{e^x + 1}{e^x + 4}$$

12 ①

$$\int \cos^n x dx = \int \cos^{n-1}x\cos x dx$$
$$= \cos^{n-1}x(\sin x) - \int (n-1)\cos^{n-2}x(-\sin x)\sin x dx$$
$$= \cos^{n-1}x\sin x + (n-1)\int \cos^{n-2}x(1 - \cos^2 x)dx$$
$$= \cos^{n-1}x\sin x + (n-1)\int \cos^{n-2}x dx - (n-1)\int \cos^n x dx$$

$$\int \cos^n x dx + (n-1)\int \cos^n x dx = \cos^{n-1}x\sin x + (n-1)\int \cos^{n-2}x dx$$

$$\therefore \int \cos^n x dx = \left(\frac{1}{n}\right)\cos^{n-1}x\sin x + \left(\frac{n-1}{n}\right)\int \cos^{n-2}x dx$$
$$= \left(\frac{1}{n}\right)\cos^n x\tan x + \left(\frac{n-1}{n}\right)\int \cos^{n-2}x dx$$

주어진 식과 비교하면

$A(n) = \frac{1}{n}$, $f(x) = \tan x$, $B(n) = \left(\frac{n-1}{n}\right)$ 이므로

$\frac{B(2)}{A(2)} - f\left(\frac{\pi}{4}\right) = 0$

02. 정적분과 그 성질

문제 p.69

01 ④	02 ①	03 ④	04 ③	05 ①	06 ④	07 ④	08 ④	09 ①	10 ③
11 ④	12 ④	13 ②	14 ②	15 ②	16 ④	17 ④	18 ②	19 ①	20 ④
21 ③	22 ②	23 ④							

01 ④

$$\sin x-\sqrt{3}\cos x=2\left(\frac{1}{2}\sin x-\frac{\sqrt{3}}{2}\cos x\right)$$
$$=2\left(\cos\frac{\pi}{3}\sin x-\sin\frac{\pi}{3}\cos x\right)$$
$$=2\sin\left(x-\frac{\pi}{3}\right)\text{이므로}$$

$$\int_0^{\pi}|\sin x-\sqrt{3}\cos x|dx=\int_0^{\pi}\left|2\sin\left(x-\frac{\pi}{3}\right)\right|dx$$
$$=\int_{-\frac{\pi}{3}}^{\frac{2\pi}{3}}|2\sin u|du\ \left(\because x-\frac{\pi}{3}=u,\ dx=du\right)$$
$$=\int_{-\frac{\pi}{3}}^{0}(-2\sin u)du+\int_0^{\frac{2}{3}\pi}2\sin u\,du$$
$$=[2\cos u]_{-\frac{\pi}{3}}^{0}+[-2\cos u]_0^{\frac{2}{3}\pi}=4$$

02 ①

$\ln x=t$로 치환하면 $x=e^t$, $dx=e^t dt$이다.

$$\int_{\frac{1}{e}}^{1}\frac{(\ln x)^2}{x^2}dx=\int_{-1}^{0}\frac{t^2}{e^{2t}}\cdot e^t dt$$
$$=\int_{-1}^{0}t^2e^{-t}dt$$
$$=[-t^2e^{-t}-2te^{-t}-2e^{-t}]_{-1}^{0}$$
$$=-2-(-e+2e-2e)$$
$$=e-2$$

03 ④

정적분 $\int_{-2}^{2}\lim_{n\to\infty}\frac{(1+x^2)(2x+x^n)}{1+x^n}dx$는 구간을 나누어 적분한다.

$$=\int_{-2}^{-1}(1+x^2)dx+\int_{-1}^{1}(1+x^2)2xdx+\int_1^2(1+x^2)dx$$
$$=2\int_1^2(1+x^2)dx\ \left(\because \int_{-1}^{1}(1+x^2)2xdx:\text{ 기함수, }1+x^2:\text{ 우함수}\right)$$
$$=2\left[x+\frac{1}{3}x^3\right]_1^2$$
$$=2\left\{2+\frac{8}{3}-\left(1+\frac{1}{3}\right)\right\}$$
$$=2\times\left(1+\frac{7}{3}\right)=\frac{20}{3}$$

TIP ▸ $\lim_{n\to\infty}x^n$의 극한값 계산은 구간을 나누어 구한다.

04 ③

(i) $\int_a^{e^x}tf'(t)dt=xe^x$에서 $u=t$, $v'=f'(t)$로 부분적분하면 다음과 같다.

$$\Rightarrow [tf(t)]_a^{e^x}-\int_a^{e^x}f(t)dt=xe^x$$
$$\Leftrightarrow e^xf(e^x)-af(a)-\int_a^{e^x}f(t)dt=xe^x$$
$$\Leftrightarrow e^xf(e^x)-a\cdot 1-\int_a^{e^x}f(t)dt=xe^x$$

정적분의 정의$\left(\int_a^a f(x)dx=0\right)$를 활용하기 위해 $x=\ln a$를 대입하면 다음과 같다.

$$\Rightarrow af(a)-a-\int_a^a f(t)dt=a\ln a$$
$$\Leftrightarrow a\ln a=0$$

이므로 $a=1$이고, $f(1)=1$이다.

(ii) $\int_a^{e^x}tf'(t)dt=xe^x$ (양변 미분)

$$\Rightarrow e^xf'(e^x)\times e^x=e^x+xe^x$$
$$\Leftrightarrow e^xf'(e^x)\times e^x=e^x(1+x)$$
$$\Leftrightarrow e^xf'(e^x)=1+x$$
$$\Leftrightarrow f'(e^x)=\frac{1+x}{e^x}\ (x=\ln t\text{를 대입})$$
$$\Rightarrow f'(t)=\frac{1+\ln t}{t}\text{이므로}$$

$f(t)=\ln t+\frac{1}{2}(\ln t)^2+C$이고, $f(1)=1$이므로 $C=1$이다.

그러므로 함수 $f(t)=\ln t+\frac{1}{2}(\ln t)^2+1$이고, 구하고자 하는 값

$$f(e^2)=\ln(e^2)+\frac{1}{2}(\ln(e^2))^2+1$$
$$=2+\frac{1}{2}(2)^2+1=5\text{이다.}$$

05 ①

피적분함수의 분자, 분모에 $\sqrt{x-1}$을 곱하여 정리하면

$\int_1^2 \frac{1}{x^2}\sqrt{\frac{x-1}{x+1}} \times \frac{\sqrt{x-1}}{\sqrt{x-1}}dx = \int_1^2 \frac{x-1}{x^2\sqrt{x^2-1}}dx$이다.

$x=\sec\theta$, $dx=\sec\theta\tan\theta d\theta$로 치환하면

$$\int_0^{\frac{\pi}{3}} \frac{(\sec\theta-1)\sec\theta\tan\theta}{\sec^2\theta\tan\theta}d\theta = \int_0^{\frac{\pi}{3}} \frac{\sec\theta-1}{\sec\theta}d\theta$$
$$= \int_0^{\frac{\pi}{3}} (1-\cos\theta)\,d\theta$$
$$= [\theta-\sin\theta]_0^{\frac{\pi}{3}}$$
$$= \frac{\pi}{3}-\frac{\sqrt{3}}{2}$$

06 ④

$\int_1^4 \frac{e^{\sqrt{x}}}{\sqrt{x}}dx$에서 $\sqrt{x}=t$로 치환하면

$x=t^2$, $dx=2t\,dt$이다. 즉,

$$\int_1^4 \frac{e^{\sqrt{x}}}{\sqrt{x}}dx = \int_1^2 \frac{e^t}{t}\cdot 2t\,dt$$
$$=2\int_1^2 e^t\,dt$$
$$=2(e^2-e) = 2e(e-1)$$

07 ④

유리함수의 적분 $\int_1^2 \frac{3x+1}{x^2+x}dx$에서 분모의 차수가 큰 경우로,

부분분수로 변환 후 적분하면 다음과 같다.

$$\int_1^2 \frac{3x+1}{x^2+x}dx = \int_1^2 \frac{1}{x}+\frac{2}{x+1}dx$$
$$= [\ln x + 2\ln(x+1)]_1^2$$
$$= \ln 2 + 2\ln 3 - \ln 1 - 2\ln 2$$
$$= 2\ln 3 - \ln 2 = \ln\left(\frac{9}{2}\right)$$

08 ④

전체 구간에 대한 f의 평균값을 M이라 할 때, 적분의 평균값 정리에 의하여

$M=\frac{1}{4-(-4)}\int_{-4}^4 f(x)dx = \frac{1}{8}\int_{-4}^4 f(x)dx$이다.

$f(0)=0$, $f(-4)=f(-2)=f(2)=f(4)=2$를 만족하며, 기울기가 -1 또는 1인 일차함수들에 대하여 다음 그래프를 만족한다.

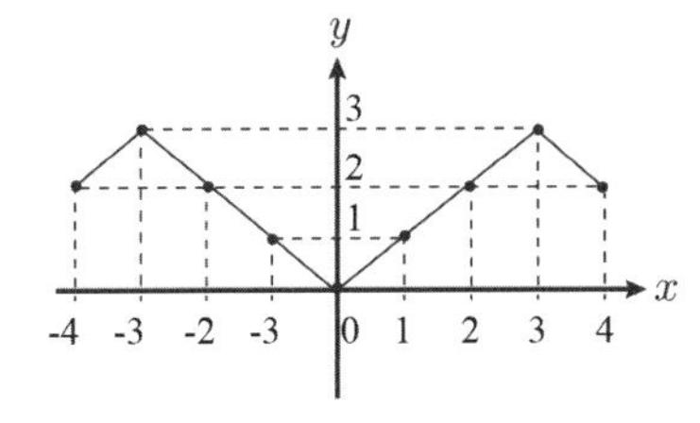

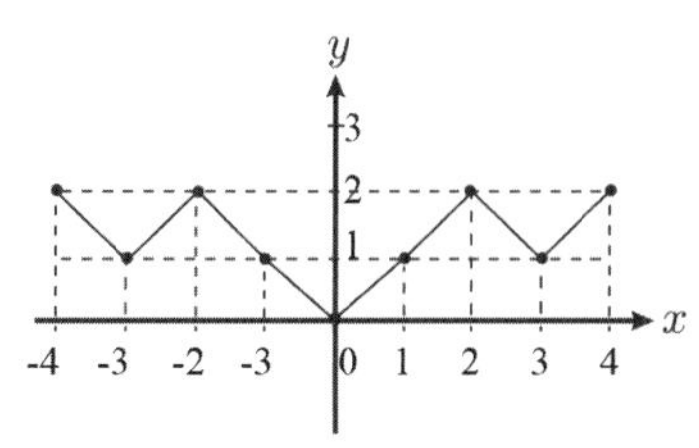

(i) $\max\int_{-4}^4 f(x)dx$

$=2\times\left(\int_0^3 xdx + \int_3^4 (-x+6)dx\right) = 2\times 7 = 14$

(ii) $\min\int_{-4}^4 f(x)dx$

$=2\times\left(\int_0^2 xdx + \int_2^3 (-x+4)dx + \int_3^4 (x-2)dx\right)$

$=2\times 5 = 10$

즉, $10 \le \int_{-4}^4 f(x)dx \le 14$를 만족한다.

따라서 f의 평균값 M에 대하여

$\frac{10}{8} \le M = \frac{1}{8}\int_{-4}^4 f(x)dx \le \frac{14}{8}$이므로

f의 평균값으로 가능하지 않은 것은 보기 중 ④이다.

09 ①

$\int_1^{2\pi-1} f^{-1}(x)dx$에서 $f^{-1}(x)=t$로 치환하면

$x=f(t)dt$, $dx=f'(t)\,dt$이다.

즉, $\int_1^{2\pi-1} f^{-1}(x)dx = \int_0^\pi t f'(t)dt$에서

$u=t$, $v'=f'(t)$로 하여 부분적분하면

$$\int_0^\pi t f'(t)dt = [tf(t)]_0^\pi - \int_0^\pi f(t)dt$$
$$=\pi f(\pi) - \int_0^\pi 2t+\cos t\,dt$$
$$=\pi(2\pi-1) - [t^2+\sin t]_0^\pi$$
$$=\pi(2\pi-1)-\pi^2 = \pi^2-\pi$$

10 ③

$y=\sqrt{\{f(x)\}^2+5}$라고 할 때

$x=\sqrt{\{f(y)\}^2+5} \Leftrightarrow \{f(y)\}^2+5=x^2$

$\Leftrightarrow f(y)=\sqrt{x^2-5}$

$\Leftrightarrow y=f^{-1}\left(\sqrt{x^2-5}\right)=g\left(\sqrt{x^2-5}\right)$이므로

$\sqrt{f(x)^2+5}$와 $g\left(\sqrt{x^2-5}\right)$는 역함수 관계이다.

$\int_3^5 g\left(\sqrt{x^2-5}\right)dx + \int_0^2 \sqrt{f(x)^2+5}\,dx = 10$이므로

$\int_3^5 g\left(\sqrt{x^2-5}\right)dx = 10-7=3$이다.

11 ④

$\int_2^5 g(x)dx = \int_2^5 f^{-1}(x)dx$에서 $f^{-1}(x) = t$로 치환하면

$x = f(t)$, $dx = f'(t)dt$이다.

즉, $\int_2^5 f^{-1}(x)dx = \int_1^2 tf'(t)dt$

$$= \int_1^2 t\left(t^2 + \frac{2}{3}\right)dt$$
$$= \int_1^2 \left(t^3 + \frac{2}{3}t\right)dt$$
$$= \left[\frac{1}{4}t^4 + \frac{1}{3}t^2\right]_1^2$$
$$= 4 + \frac{4}{3} - \left(\frac{1}{4} + \frac{1}{3}\right)$$
$$= 5 - \frac{1}{4} = \frac{19}{4}$$

12 ④

$\dfrac{\int_0^1 (1-x^2)^{2020}dx}{\int_0^1 (1-x^2)^{2019}dx}$에서 $x = \sin\theta$라고 치환하면

$$\frac{\int_0^1 (1-x^2)^{2020}dx}{\int_0^1 (1-x^2)^{2019}dx} = \frac{\int_0^{\frac{\pi}{2}} (1-\sin^2\theta)^{2020}\cos\theta d\theta}{\int_0^{\frac{\pi}{2}} (1-\sin^2\theta)^{2019}\cos\theta d\theta}$$

$$= \frac{\int_0^{\frac{\pi}{2}} \cos^{4041}\theta d\theta}{\int_0^{\frac{\pi}{2}} \cos^{4039}\theta d\theta} \quad (\because \text{왈리스 공식})$$

$$= \frac{\frac{4,040}{4,041}\int_0^{\frac{\pi}{2}} \cos^{4039}\theta d\theta}{\int_0^{\frac{\pi}{2}} \cos^{4039}\theta d\theta} = \frac{4,040}{4,041}$$

13 ②

$x = \pi - u$로 치환하면

$$\int_0^{\pi} \frac{x\sin x}{1+\cos^2 x}dx$$
$$= -\int_{\pi}^{0} \frac{(\pi-u)\sin(\pi-u)}{1+\cos^2(\pi-u)}du$$
$$= \int_0^{\pi} \frac{(\pi-u)\sin u}{1+\cos^2 u}du$$

$= \pi\int_0^{\pi} \frac{\sin u}{1+\cos^2 u}du - \int_0^{\pi} \frac{u\sin u}{1+\cos^2 u}du$이다.

주어진 정적분을 변수 x에 관하여 정리하면

$$\int_0^{\pi} \frac{x\sin x}{1+\cos^2 x}dx = \pi\int_0^{\pi} \frac{\sin x}{1+\cos^2 x}dx - \int_0^{\pi} \frac{x\sin x}{1+\cos^2 x}dx$$
$$\Leftrightarrow 2\int_0^{\pi} \frac{x\sin x}{1+\cos^2 x}dx = \pi\int_0^{\pi} \frac{\sin x}{1+\cos^2 x}dx$$
$$\Leftrightarrow \int_0^{\pi} \frac{x\sin x}{1+\cos^2 x}dx = \frac{\pi}{2}\int_0^{\pi} \frac{\sin x}{1+\cos^2 x}dx$$
$$= \frac{\pi}{2}\int_1^{-1} \frac{-1}{1+t^2}dt$$

$(\because \cos x = t,\ -\sin x dx = dt)$

$$= \frac{\pi}{2}\int_{-1}^{1} \frac{1}{1+t^2}dt$$
$$= \frac{\pi}{2}\left[\tan^{-1}t\right]_{-1}^{1}$$
$$= \frac{\pi}{2}\left\{\frac{\pi}{4} - \left(-\frac{\pi}{4}\right)\right\} = \frac{\pi^2}{4}$$

14 ②

$f(x) = \int_0^x e^{-t^2}dt = \sum_{n=0}^{\infty} \frac{f^{(n)}(0)}{n!}x^n = \sum_{n=0}^{\infty} C_n x^n$이라 할 때,

$f^{(23)}(0) = 23!C_{23}$이다.

$f'(x) = e^{-x^2} = \sum_{n=1}^{\infty} nC_n x^{n-1} \approx 1 - x^2 + \frac{x^4}{2!} - \frac{x^6}{3!} + \cdots - \frac{x^{22}}{11!} + \cdots$

이므로

$C_{23} = -\frac{1}{11!}\cdot\frac{1}{23}$이다.

따라서 $f^{(23)}(0) = -\frac{22!}{11!}$이다.

15 ②

$$\int_0^{x^2} (x^2 - t)f(t)dt = x^6 + x^8$$
$$\Leftrightarrow x^2\int_0^{x^2} f(t)dt - \int_0^{x^2} tf(t)dt = x^6 + x^8$$

x에 관해 양변을 미분하면

$$2x\int_0^{x^2} f(t)dt + x^2 f(x^2)\cdot 2x - x^2 f(x^2)\cdot 2x = 6x^5 + 8x^7$$
$$\Rightarrow \int_0^{x^2} f(t)dt = 3x^4 + 4x^6$$

다시 한번 x에 관해 양변을 미분하면

$f(x^2)\cdot 2x = 12x^3 + 24x^5$

즉, $f(x^2) = 6x^2 + 12x^4$이므로

구하고자 하는 함숫값 $f(1) = 18$ 이다.

16 ④

$$\lim_{x\to 0}\left[\frac{1}{x^2}\int_0^{2x} \ln(1+\tan^{-1}t)dt\right]$$
$$= \lim_{x\to 0}\frac{\int_0^{2x} \ln(1+\tan^{-1}t)dt}{x^2}$$
$$= \lim_{x\to 0}\frac{2\ln(1+\tan^{-1}(2x))}{2x} \quad \left(\because \frac{0}{0}\right)$$
$$= \lim_{x\to 0}\frac{\ln(1+\tan^{-1}(2x))}{x}$$
$$= \lim_{x\to 0}\frac{\frac{1}{1+\tan^{-1}(2x)} \times \frac{2}{1+(2x)^2}}{1} \quad \left(\because \frac{0}{0}\right)$$
$$= 2$$

17 ④

정적분과 무한급수의 관계에서 $x=\frac{k}{n}$로 놓으면 다음과 같다.

$$\lim_{n\to\infty}\sum_{k=1}^{n}\frac{\pi}{4n}\tan^3\frac{k\pi}{4n} = \frac{\pi}{4}\int_0^1 \tan^3\left(\frac{\pi}{4}x\right)dx$$

$\frac{\pi}{4}x=t$, $\frac{\pi}{4}dx=dt$로 치환하면

$$\frac{\pi}{4}\int_0^1 \tan^3\left(\frac{\pi}{4}x\right)dx = \int_0^{\frac{\pi}{4}} \tan^3 t\,dt$$
$$= \int_0^{\frac{\pi}{4}} \tan^2 t(\tan t)\,dt$$
$$= \int_0^{\frac{\pi}{4}} (\sec^2 t-1)(\tan t)\,dt$$
$$= \left[\frac{1}{2}\tan^2 t+\ln(\cos t)\right]_0^{\frac{\pi}{4}}$$
$$= \frac{1}{2}(1-\ln 2)$$

18 ②

$$\lim_{n\to\infty}\frac{(1^2+2^2+\cdots+n^2)(1^5+2^5+\cdots+n^5)}{(1^3+2^3+\cdots+n^3)(1^4+2^4+\cdots+n^4)}$$
$$=\lim_{n\to\infty}\frac{\sum_{k=1}^{n}k^2\cdot\sum_{k=1}^{n}k^5}{\sum_{k=1}^{n}k^3\cdot\sum_{k=1}^{n}k^4}$$

분자 분모에 각각 $\frac{1}{n^9}$을 곱하면

$$\lim_{n\to\infty}\frac{\sum_{k=1}^{n}\left(\frac{k}{n}\right)^2\cdot\frac{1}{n}\times\sum_{k=1}^{n}\left(\frac{k}{n}\right)^5\cdot\frac{1}{n}}{\sum_{k=1}^{n}\left(\frac{k}{n}\right)^3\cdot\frac{1}{n}\times\sum_{k=1}^{n}\left(\frac{k}{n}\right)^4\cdot\frac{1}{n}}$$
$$=\frac{\int_0^1 x^2\,dx\times\int_0^1 x^5\,dx}{\int_0^1 x^3\,dx\times\int_0^1 x^4\,dx}$$
$$=\frac{\left[\frac{1}{3}x^3\right]_0^1\times\left[\frac{1}{6}x^6\right]_0^1}{\left[\frac{1}{4}x^4\right]_0^1\times\left[\frac{1}{5}x^5\right]_0^1}$$
$$=\frac{\frac{1}{3}\cdot\frac{1}{6}}{\frac{1}{4}\cdot\frac{1}{5}}=\frac{10}{9}$$

19 ①

(i) $\lim_{n\to\infty}\sum_{k=1}^{n}\frac{\sqrt{n}}{n^2}\cos\left(\frac{\pi k}{2n}+\frac{\sqrt{2\pi}}{\sqrt{n}}\right)$

$$=\lim_{n\to\infty}\frac{1}{\sqrt{n}}\sum_{k=1}^{n}\frac{1}{n}\cos\left(\frac{\pi k}{2n}+\frac{\sqrt{2\pi}}{\sqrt{n}}\right)$$
$$=\lim_{n\to\infty}\frac{1}{\sqrt{n}}\times\lim_{n\to\infty}\sum_{k=1}^{n}\frac{1}{n}\cos\left(\frac{\pi k}{2n}+\frac{\sqrt{2\pi}}{\sqrt{n}}\right)$$

$\frac{\pi k}{2n}+\frac{\sqrt{2\pi}}{\sqrt{n}}=x$로 치환하면

$$=\lim_{n\to\infty}\frac{1}{\sqrt{n}}\times\int_0^{\frac{\pi}{2}}\frac{2}{\pi}\cos(x)\,dx$$
$$=0\times\frac{2}{\pi}=0$$

(ii) $\lim_{n\to\infty}\sum_{k=1}^{n}\frac{k}{n^2}\cos\left(\frac{\pi k}{2n}+\frac{\sqrt{2\pi}}{\sqrt{n}}\right)$

$\frac{\pi k}{2n}+\frac{\sqrt{2\pi}}{\sqrt{n}}=x$로 치환하면

$$=\frac{4}{\pi^2}\left\{\int_0^{\frac{\pi}{2}}x\cos x\,dx\right\}-\frac{4}{\pi^2}\lim_{n\to\infty}\frac{\sqrt{2\pi}}{\sqrt{n}}\int_0^{\frac{\pi}{2}}\cos x\,dx$$
$$=\frac{4}{\pi^2}\left[x\sin x+\cos x\right]_0^{\frac{\pi}{2}}$$
$$=\frac{4}{\pi^2}\times\left(\frac{\pi}{2}-1\right)=\frac{2\pi-4}{\pi^2}$$

(i), (ii)에 의하여

$\lim_{n\to\infty}\sum_{k=1}^{n}\frac{\sqrt{n}+k}{n^2}\cos\left(\frac{\pi k}{2n}+\frac{\sqrt{2\pi}}{\sqrt{n}}\right)=\frac{2\pi-4}{\pi^2}=\frac{2}{\pi}-\frac{4}{\pi^2}$이다.

20 ④

$P_n=\left\{\frac{(2n)!}{n!n^n}\right\}^{\frac{1}{n}}=\left\{\frac{(n+1)(n+2)\cdots 2n}{n^n}\right\}^{\frac{1}{n}}$의 양변에 자연로그를 취하면

$$\ln P_n=\frac{1}{n}\ln\frac{(n+1)(n+2)\cdots 2n}{n^n}$$
$$=\frac{1}{n}\ln\frac{n+1}{n}\cdot\frac{n+2}{n}\cdot\frac{n+3}{n}\cdot\cdots\cdot\frac{n+n}{n}$$
$$=\frac{1}{n}\left(\ln\frac{n+1}{n}+\ln\frac{n+2}{n}+\ln\frac{n+3}{n}+\cdots+\ln\frac{n+n}{n}\right)$$
$$=\frac{1}{n}\sum_{k=1}^{n}\ln\frac{n+k}{n}$$

$$\therefore\ \lim_{n\to\infty}\ln P_n=\lim_{n\to\infty}\frac{1}{n}\sum_{k=1}^{n}\ln\left(1+\frac{k}{n}\right)$$
$$=\int_0^1\ln(1+x)\,dx$$
$$=\left[(x+1)\ln(x+1)-(x+1)\right]_0^1$$
$$=2\ln 2-1$$

따라서 $\lim_{n\to\infty}P_n=e^{2\ln 2-1}=\frac{4}{e}$이다.

21 ③

중점근사법칙을 활용하여 계산하면

$\Delta x=\frac{b-a}{n}=\frac{2-1}{4}=\frac{1}{4}$이므로

$$\int_1^2 x^2\,dx\approx\frac{1}{4}\left(f\left(\frac{1+\frac{5}{4}}{2}\right)+f\left(\frac{\frac{5}{4}+\frac{6}{4}}{2}\right)+f\left(\frac{\frac{6}{4}+\frac{7}{4}}{2}\right)+f\left(\frac{\frac{7}{4}+2}{2}\right)\right)$$
$$=\frac{1}{4}\left(f\left(\frac{9}{8}\right)+f\left(\frac{11}{8}\right)+f\left(\frac{13}{8}\right)+f\left(\frac{15}{8}\right)\right)$$
$$=\frac{1}{4}\left(\frac{81}{64}+\frac{121}{64}+\frac{169}{64}+\frac{225}{64}\right)$$
$$=2.328\approx 2.33$$

TIP 중점법칙

$\Delta x = \frac{b-a}{n}$, $\overline{x_i}$를 $[x_{i-1}, x_i]$의 중점 $\frac{1}{2}(x_{i-1}+x_i)$로 선택

$$\int_a^b f(x)\,dx \approx \Delta x\{f(\overline{x_1})+f(\overline{x_2})+\cdots+f(\overline{x_n})\}$$

22 ②

거리는 속도와 시간을 곱하여 구할 수 있다.
3초를 0.5초 간격으로 분할하면 $n=6$등분한 것이므로,

$\Delta x = \frac{b-a}{n} = \frac{3-0}{6} = 0.5$이므로

$$\int_0^3 f(x)\,dx$$

$$\approx \frac{\Delta x}{2}[f(0.0)+2f(0.5)+2f(1.0)+2f(1.5)+2f(2)+2f(2.5)+f(3)]$$

$$= \frac{0.5}{2}(0+2\times1.2+2\times2.6+2\times4.0+2\times4.5+2\times4.7+4.8)$$

$$= \frac{1}{4}(0+2.4+5.2+8+9+9.4+4.8)$$

$$=9.7$$

TIP 사다리꼴 공식

$\Delta x = \frac{b-a}{n}$이고 $x_i = a+i\Delta x$이면

$$\int_a^b f(x)dx$$

$$\approx \frac{\Delta x}{2}[f(x_0)+2f(x_1)+2f(x_2)+\cdots+2f(x_{n-1})+f(x_n)]$$

23 ④

$\Delta x = \frac{b-a}{n} = \frac{2\pi}{6} = \frac{\pi}{3}$이므로 $f(x) = \ln(2+\cos x)$ 에서

$x_0 = 0$일 때, $f(x_0) = \ln 3$

$x_1 = \frac{\pi}{3}$일 때, $f(x_1) = \ln\left(2+\frac{1}{2}\right) = \ln 5 - \ln 2$

$x_2 = \frac{2}{3}\pi$일 때, $f(x_2) = \ln\left(2-\frac{1}{2}\right) = \ln 3 - \ln 2$

$x_3 = \pi$일 때, $f(x_3) = \ln(2-1) = 0$

$x_4 = \frac{4}{3}\pi$일 때, $f(x_4) = \ln\left(2-\frac{1}{2}\right) = \ln 3 - \ln 2$

$x_5 = \frac{5}{3}\pi$일 때, $f(x_5) = \ln\left(2+\frac{1}{2}\right) = \ln 5 - \ln 2$

$x_6 = 2\pi$일 때, $f(x_6) = \ln(2+1) = \ln 3$ 이다.

$$\int_0^{2\pi} \ln(2+\cos x)\,dx$$

$$\approx \frac{\pi}{9}\{\ln 3+4(\ln 5-\ln 2)+2(\ln 3-\ln 2)+4\cdot 0$$

$$+2(\ln 3-\ln 2)+4(\ln 5-\ln 2)+\ln 3\}$$

$= -\frac{12\pi}{9}\ln 2+\frac{6\pi}{9}\ln 3+\frac{8\pi}{9}\ln 5$ 이므로

$\therefore a+b+c = -\frac{12\pi}{9}+\frac{6\pi}{9}+\frac{8\pi}{9} = \frac{2\pi}{9}$이다.

TIP 심프슨 공식

$\Delta x = \frac{b-a}{n}$이고 $x_i = x_0+i\Delta x$일 때,

$$\int_a^b f(x)dx \approx \frac{\Delta x}{3}\{f(x_0)+4f(x_1)+2f(x_2)+4f(x_3)+$$

$$\cdots+2f(x_{n-2})+4f(x_{n-1})+f(x_n)\}$$

03. 이상적분

문제 p.92

01 ③	02 ②	03 ③	04 ③	05 ②	06 ④	07 ②	08 ②	09 ①	10 ③
11 ③	12 ④	13 ④	14 ①	15 ③					

01 ③

$$\int_0^\infty (1-\tanh x)\,dx = [x-\ln(\cosh x)]_0^\infty = \left[\ln(e^x)-\ln\left(\frac{e^x+e^{-x}}{2}\right)\right]_0^\infty$$
$$=\left[\ln\left(\frac{2e^x}{e^x+e^{-x}}\right)\right]_0^\infty$$
$$=\lim_{x\to\infty}\ln\left(\frac{2e^x}{e^x+e^{-x}}\right)-\ln 1$$
$$=\ln 2$$

TIP ▸ • $\int \tanh x\,dx = \ln(\cosh x)+C$

• $\cosh x = \dfrac{e^x+e^{-x}}{2}$

02 ②

$$\int_0^\infty \frac{a}{2x+1}-\frac{x^{2021}}{x^{2022}+1}dx = \int_0^\infty \frac{a(x^{2022}+1)-(2x+1)x^{2021}}{(2x+1)(x^{2022}+1)}dx$$

위의 식이 수렴하기 위한 조건은 $a=2$이다.

$$\int_0^\infty \frac{2}{2x+1}-\frac{x^{2021}}{x^{2022}+1}dx = \left[\ln(2x+1)-\frac{1}{2022}\ln(x^{2022}+1)\right]_0^\infty$$
$$=\frac{1}{2022}\left[\ln\left(\frac{(2x+1)^{2022}}{x^{2022}+1}\right)\right]_0^\infty$$
$$=\frac{1}{2022}(\ln 2^{2022})$$
$$=\frac{1}{2022}(2022\ln 2)$$
$$=\ln 2 = b\text{이다.}$$

그러므로 구하고자 하는 값 $ab=2\ln 2$이다.

03 ③

$$\int_{\frac{1}{2}}^\infty \frac{dx}{1+4x^2}=\frac{1}{4}\int_{\frac{1}{2}}^\infty \frac{1}{\left(\frac{1}{2}\right)^2+x^2}dx$$
$$=\frac{1}{4}\left[2\tan^{-1}2x\right]_{1/2}^\infty$$
$$=\frac{1}{4}\left[\pi-\frac{\pi}{2}\right]=\frac{\pi}{8}$$

TIP ▸ 삼각치환적분에 자주 사용되는 적분식

$$\int \frac{1}{a^2+x^2}dx=\frac{1}{a}\tan^{-1}\frac{x}{a}+C$$

04 ③

주어진 식은 구간 내에 불연속점이 포함된 적분이므로, 극한을 도입하여 적분값을 계산한다.

$$\int_0^1 \frac{\ln x}{\sqrt{x}}dx=\lim_{t\to 0^+}\int_t^1 \frac{\ln x}{\sqrt{x}}dx$$
$$=\lim_{t\to 0^+}\int_t^1 x^{-\frac{1}{2}}\ln x\,dx \quad \left(f=\ln x,\ g'=x^{-\frac{1}{2}}\text{로 치환}\right)$$
$$=\lim_{t\to 0^+}\left[2x^{\frac{1}{2}}\ln x-\int_t^1 2x^{\frac{1}{2}}\cdot\frac{1}{x}dx\right]$$
$$=\lim_{t\to 0^+}\left[2x^{\frac{1}{2}}\ln x-4x^{\frac{1}{2}}\right]_t^1$$
$$=-4-\lim_{t\to 0^+}\frac{2\ln t}{t^{-1/2}}$$
$$=-4-\lim_{t\to 0^+}\frac{2t^{-1}}{-0.5t^{-3/2}}$$
$$=-4-\lim_{t\to 0^+}-\frac{2}{0.5}\cdot\frac{t^{\frac{3}{2}}}{t}$$
$$=-4$$

05 ②

$\ln x=t$로 치환하면 $\frac{1}{x}dx=dt$이며,

적분 구간은 $x\to 1$일 때 $t\to 0$, $x\to 2$일 때 $t\to \ln 2$이다.

즉, $\int_1^2 \frac{1}{x(\ln x)^p}dx=\int_0^{\ln 2}\frac{1}{t^p}dt$

수렴 조건은 $p<1$이다. (단, $p>0$)

$\therefore\ 0<p<1$

06 ④

$$\int_0^1\left(2x\sin\left(\frac{1}{x^2}\right)-\frac{2}{x}\cos\left(\frac{1}{x^2}\right)\right)dx$$
$$=\int_0^1 2x\sin\left(\frac{1}{x^2}\right)dx-\int_0^1\frac{2}{x}\cos\left(\frac{1}{x^2}\right)dx$$

이때 우선 $\int_0^1 2x\sin\frac{1}{x^2}dx$를 부분적분하면

$\left(f=\sin\frac{1}{x^2},\ g'=2x\right)$ 다음과 같다.

$$\int_0^1 2x\sin\frac{1}{x^2}dx=\left[x^2\sin\frac{1}{x^2}\right]_0^1-\int_0^1 x^2\cos\frac{1}{x^2}\left(-\frac{2}{x^3}\right)dx$$
$$=\sin 1+\int_0^1\frac{2}{x}\cos\frac{1}{x^2}dx\text{이다.}$$

즉, 구하고자 하는 적분의 값

$\int_0^1 \left(2x\sin\left(\frac{1}{x^2}\right) - \frac{2}{x}\cos\left(\frac{1}{x^2}\right)\right)dx$

$= \sin 1 + \int_0^1 \frac{2}{x}\cos\frac{1}{x^2}\,dx - \int_0^1 \frac{2}{x}\cos\frac{1}{x^2}\,dx = \sin 1$

07 ②

(i) $\int_0^1 \frac{\ln x}{\sqrt{x}}dx = [2\sqrt{x}\ln x]_0^1 - \int_0^1 \frac{2}{\sqrt{x}}dx = -4$

($\because$ $f=\ln x$, $g' = \frac{1}{\sqrt{x}}$로 부분적분)

(ii) $\int_e^\infty \frac{1}{x(\ln x)^2}dx = \int_1^\infty \frac{1}{t^2}dt = \left[-\frac{1}{t}\right]_1^\infty = 1$

($\because$ $\ln x = t$로 치환적분)

(i), (ii)에서

$\int_0^1 \frac{\ln x}{\sqrt{x}}dx + \int_e^\infty \frac{1}{x(\ln x)^2}dx = -4+1 = -3$

08 ②

주어진 적분에서 $\ln x = t$, $dx = e^t dt$로 치환하면

적분 구간은 $x \to 0$일 때 $t \to -\infty$, $x \to 1$일 때 $t \to 0$이다.

즉, $\int_0^1 \sin(\ln x)dx = \int_{-\infty}^0 e^t \sin t\,dt$이다.

$I = \int_{-\infty}^0 e^t \sin t\,dt$라 하고 부분적분하면 $(f=\sin t,\ g'=e^t)$

$I = [e^t \sin t]_{-\infty}^0 - \int_{-\infty}^0 e^t \cos t\,dt$

$= (0-0) - [e^t \cos t]_{-\infty}^0 - I$ ($\because h = \cos t,\ k' = e^t$)

$\therefore 2I = -(1-0) = -1$에서

$I = \int_{-\infty}^0 e^t \sin t\,dt = -\frac{1}{2}$

09 ①

ㄱ. $\int_0^1 \frac{\cos x}{2x}dx > \int_0^1 \frac{\cos 1}{2x}dx$이고

$\int_0^1 \frac{\cos 1}{2x}dx = \frac{\cos 1}{2}[\ln x]_0^1 = \infty$이므로 발산한다.

비교 판정법에 의하여 $\int_0^1 \frac{\cos x}{2x}dx$는 발산한다.

ㄴ. $-x = t$라고 치환하면, $dx = -dt$이므로

$\int_{-\infty}^{-1} \frac{1}{\sqrt{3-x}}dx = \int_1^\infty \frac{1}{\sqrt{3+t}}dt$

$= [2\sqrt{3+t}]_1^\infty = \infty$이므로 발산한다.

ㄷ. $\int_0^1 \frac{e^x}{\sqrt{2x}}dx < \int_0^1 \frac{e}{\sqrt{2x}}dx$이고,

$\int_0^1 \frac{e}{\sqrt{2x}}dx = \frac{e}{\sqrt{2}}\int_0^1 \frac{1}{\sqrt{x}}dx$

$= \frac{e}{\sqrt{2}}[2\sqrt{x}]_0^1 = \sqrt{2}e$로 수렴한다.

비교 판정법에 의하여 $\int_0^1 \frac{e^x}{\sqrt{2x}}dx$는 수렴한다.

ㄹ. $\int_0^1 \frac{\ln x}{1+x^3}dx < \int_0^1 \left|\frac{\ln x}{1+x^3}\right|dx < \int_0^1 |\ln x|\,dx$

$\int_0^1 |\ln x|dx = -\int_0^1 \ln x\,dx = 1$이므로 $\int_0^1 |\ln x|dx$가 수렴한다.

비교 판정법에 의하여 $\int_0^1 \left|\frac{\ln x}{1+x^3}\right|dx$는 수렴한다.

그러므로 $\int_0^1 \frac{\ln x}{1+x^3}dx$도 수렴한다.

10 ③

ㄱ. $\ln x = t$라 치환하면 $x = e^t$, $dx = e^t dt$이다.

즉, $\int_1^\infty \frac{\ln x}{x^2}dx = \lim_{u\to\infty}\int_0^u te^{-t}dt = 1$

ㄴ. $\int_2^\infty \frac{2+e^{-x}}{x}dx > \int_2^\infty \frac{1}{x}dx = [\ln x]_2^\infty = \infty$

이므로 비교 판정법에 의하여 $\int_2^\infty \frac{2+e^{-x}}{x}dx$은 발산한다.

ㄷ. $\int_1^2 \frac{x}{1-x^2}dx = \lim_{u\to 1^+}\left[-\frac{1}{2}\ln|1-x^2|\right]_2^u = -\infty$

ㄹ. $\sqrt{x-1} = t$라 치환하면 $x = t^2+1$, $dx = 2t\,dt$이다.

즉, $\int_1^3 \frac{1}{\sqrt{x-1}}dx = \int_0^{\sqrt{2}} \frac{1}{t}\cdot 2t\,dt = 2\sqrt{2}$로 수렴한다.

즉, 수렴하는 특이적분의 개수는 2개다.

다른 풀이

ㄷ. $\int_1^2 \frac{x}{1-x^2}dx = \int_1^2 \frac{x}{(1+x)(1-x)}dx$

$= \int_1^2 \left(\frac{-\frac{1}{2}}{1+x} + \frac{\frac{1}{2}}{1-x}\right)dx$

이때 $\int_1^2 \frac{\frac{1}{2}}{1-x}dx$는 $x=1$에서 $p=1$이므로 p판정법에 의해 발산한다.

그러므로 $\int_1^2 \frac{x}{1-x^2}dx$는 발산한다.

11 ③

ㄱ. $f = \ln x$, $g' = 1$로 하여 부분적분하면

$\int_0^1 \ln x dx = [x\ln x - x]_0^1 = -1$

ㄴ. $\int_{-\infty}^\infty \frac{x}{x^2+1}dx = \int_{-\infty}^0 \frac{x}{x^2+1}dx + \int_0^\infty \frac{x}{x^2+1}dx$

이때 $\int_0^\infty \frac{x}{x^2+1}dx = \frac{1}{2}[\ln(x^2+1)]_0^\infty = \infty$이므로

$\int_{-\infty}^\infty \frac{x}{x^2+1}dx$는 발산한다.

ㄷ. $\ln x = t$로 적분하면 $x = e^t$, $dx = e^t dt$이다.

$\therefore \int_1^\infty \frac{\ln x}{x^2}dx = \int_0^\infty te^{-t}dt = [-te^{-t} - e^{-t}]_0^\infty = 1$

즉, 수렴하는 특이적분은 ㄱ, ㄷ이다.

12 ④

ㄱ. $f=\ln x$, $g'=\frac{1}{x^3}$로 부분적분하면,

$$\int_1^\infty \frac{\ln x}{x^3}dx = \left[-\frac{1}{2}\frac{1}{x^2}\ln x\right]_1^\infty + \frac{1}{2}\int_1^\infty \frac{1}{x^3}dx$$
$$= -\frac{1}{4}\left[\frac{1}{x^2}\right]_1^\infty = \frac{1}{4}$$

ㄴ. $f=\frac{1}{x}$, $g'=\sin x$로 부분적분하면,

$\int_1^\infty \frac{\sin x}{x}dx = \left[-\frac{\cos x}{x}\right]_1^\infty - \int_1^\infty \frac{\cos x}{x^2}dx$이고

$\lim_{x\to\infty}\left(-\frac{\cos x}{x}\right)=0$으로 수렴한다.

또한 $\int_1^\infty \left|\frac{\cos x}{x^2}\right|dx < \int_1^\infty \frac{1}{x^2}dx$이고

p 판정법에 의해 $\int_1^\infty \frac{1}{x^2}dx$가 수렴하므로

$\int_1^\infty \left|\frac{\cos x}{x^2}\right|dx$가 수렴하고, 절대 수렴 판정법에 의해

$\int_1^\infty \frac{\cos x}{x^2}dx$도 수렴한다.

그러므로 $\int_1^\infty \frac{\sin x}{x}dx$는 수렴한다.

ㄷ. $\int_0^1 (\ln x)^2 dx = (-1)^2 2! = 2$

즉, 수렴하는 특이적분은 ㄱ, ㄴ, ㄷ이다.

TIP ▸ $\int_0^1 (\ln x)^n dx = (-1)^n n!$

특이적분 문제 풀이에 자주 쓰이는 공식으로 암기하는 것이 좋다.

13 ④

(ⅰ) $\int_0^\infty x^2 e^{-\frac{1}{2}x^2}dx$에서 $\frac{1}{2}x^2=t$로 치환하면

$x^2=2t$, $dx=\frac{1}{\sqrt{2t}}dt$이다. 즉,

$$\int_0^\infty x^2 e^{-\frac{1}{2}x^2}dx$$
$$= \int_0^\infty 2te^{-t}\times\frac{1}{\sqrt{2t}}dt$$
$$= \sqrt{2}\int_0^\infty \sqrt{t}\,e^{-t}dt = \sqrt{2}\Gamma\left(\frac{3}{2}\right) = \sqrt{2}\times\frac{1}{2}\Gamma\left(\frac{1}{2}\right)$$
$$= \sqrt{\frac{\pi}{2}}$$

(ⅱ) $\int_0^\infty \sqrt{\frac{2}{x}}e^{-\frac{1}{2}x}dx$에서 $\frac{1}{2}x=t$로 치환하면

$dx=2dt$이다. 즉,

$$\int_0^\infty \sqrt{\frac{2}{x}}e^{-\frac{1}{2}x}dx = \int_0^\infty \sqrt{2}\frac{1}{\sqrt{2t}}\times e^{-t}2dt$$
$$= 2\int_0^\infty \frac{1}{\sqrt{t}}e^{-t}dt$$
$$= 2\Gamma\left(\frac{1}{2}\right) = 2\sqrt{\pi}$$

(ⅰ), (ⅱ)에 의하여

$$\left(\int_0^\infty x^2 e^{-\frac{1}{2}x^2}dx\right)\times\left(\int_0^\infty \sqrt{\frac{2}{x}}e^{-\frac{1}{2}x}dx\right) = \sqrt{\frac{\pi}{2}}\times 2\sqrt{\pi} = \sqrt{2}\pi$$

14 ①

$\int_0^1 x\left(\ln\frac{1}{x}\right)^{\frac{1}{2}}dx$에서 $\ln\frac{1}{x}=t$라 하면

$x=e^{-t}$, $dx=-e^{-t}dt$이므로

$$\int_0^1 x\left(\ln\frac{1}{x}\right)^{\frac{1}{2}}dx = \int_\infty^0 e^{-t}t^{\frac{1}{2}}(-e^{-t})dt$$
$$= \int_0^\infty t^{\frac{1}{2}}e^{-2t}dt \text{ 이다.}$$

이때 $2t=u$라 하면 $dt=\frac{1}{2}du$이므로

$$\int_0^\infty t^{\frac{1}{2}}e^{-2t}dt = \frac{1}{2}\int_0^\infty \left(\frac{u}{2}\right)^{1/2}e^{-u}du$$
$$= \frac{1}{2\sqrt{2}}\int_0^\infty u^{1/2}e^{-u}du$$
$$= \frac{1}{2\sqrt{2}}\Gamma\left(\frac{3}{2}\right)$$
$$= \frac{1}{2\sqrt{2}}\cdot\frac{\sqrt{\pi}}{2} = \frac{\sqrt{\pi}}{4\sqrt{2}}$$

즉, 구하고자 하는 이상적분 $\int_0^1 x\left(\ln\frac{1}{x}\right)^{\frac{1}{2}}dx$의 값은 $\frac{\sqrt{\pi}}{4\sqrt{2}}$이다.

15 ③

① $\ln x=t$, $dx=e^t dt$로 치환하면

$$\int_1^2 (\ln x)^2 dx = \int_0^{\ln 2} t^2 e^t dt$$
$$= \left[t^2e^t - 2te^t + 2e^t\right]_0^{\ln 2}$$
$$= 2(\ln 2)^2 - 4\ln 2 + 2$$

② $\int_0^\infty x^5 e^{-x}dx = \Gamma(6) = 5! = 120$

③ $\int_0^3 \frac{dx}{(x-1)^2} = \lim_{a\to 1^-}\int_0^a \frac{dx}{(x-1)^2} + \lim_{b\to 1^+}\int_b^3 \frac{dx}{(x-1)^2}$

$$= \lim_{a\to 1^-}\left[-\frac{1}{x-1}\right]_0^a + \lim_{b\to 1^+}\left[-\frac{1}{x-1}\right]_b^3$$
$$= \infty$$

④ $\sqrt{x}=t$, $dx=2t\,dt$로 치환하면

$$\int_0^{\frac{\pi^2}{4}} \sin\sqrt{x}\,dx = \int_0^{\frac{\pi}{2}} 2t\sin t\,dt$$
$$= \left[-2t\cos t + 2\sin t\right]_0^{\pi/2}$$
$$= 2$$

즉, 적분의 계산이 잘못된 것은 보기 중 ③이다.

04. 극좌표

문제 p.112

01 ②	02 ③	03 ②	04 ②	05 ④	06 ②	07 ③	08 ①	09 ①	10 ①

01 ②

두 극곡선을 직교좌표 방정식으로 바꾸면

$r=\dfrac{1}{\cos\theta+\sin\theta} \Leftrightarrow r\cos\theta+r\sin\theta=1$

$\Leftrightarrow x+y=1$

$r=\dfrac{1}{1-\sin\theta} \Leftrightarrow r-r\sin\theta=1$

$\Leftrightarrow \sqrt{x^2+y^2}-y=1$

$\Leftrightarrow x^2+y^2=(1+y)^2$

$\Leftrightarrow x^2=2y+1$

$x+y=1$과 $x^2=2y+1$을 연립하면

$x^2=2(1-x)+1 \Leftrightarrow x^2+2x-3=0 \Leftrightarrow (x+3)(x-1)=0$

즉, $x=1,\ -3$이므로 교점은 $(1,0)$과 $(-3,4)$이다.

따라서 두 교점 사이의 거리는

$\sqrt{\{1-(-3)\}^2+(0-4)^2}=\sqrt{4^2+4^2}=4\sqrt{2}$이다.

다른 풀이

먼저 두 곡선의 교점을 찾으면 다음과 같다.

$\dfrac{1}{\cos\theta+\sin\theta}=\dfrac{1}{1-\sin\theta}$

$\Rightarrow \cos\theta+\sin\theta=1-\sin\theta$

$\Rightarrow \cos\theta+2\sin\theta=1$

$\Rightarrow \sqrt{5}\left(\dfrac{1}{\sqrt{5}}\cos\theta+\dfrac{2}{\sqrt{5}}\sin\theta\right)=1$

$\Rightarrow \sin(\theta+\alpha)=\dfrac{1}{\sqrt{5}}\ \left(\text{단, } \cos\alpha=\dfrac{2}{\sqrt{5}},\ \sin\alpha=\dfrac{1}{\sqrt{5}}\right)$

$\Rightarrow \sin(\theta+\alpha)=\sin\alpha$ 또는 $\sin(\theta+\alpha)=\sin(\pi-\alpha)$

(i) $\sin(\theta+\alpha)=\sin\alpha \Rightarrow \theta=0$ 이므로

$r=\dfrac{1}{1-\sin\theta}=1$ 이다.

따라서 교점의 좌표는 $(1,0)$ 이다.

(ii) $\sin(\theta+\alpha)=\sin(\pi-\alpha) \Rightarrow \theta=\pi-2\alpha$ 이므로

$r=\dfrac{1}{1-\sin(\pi-2\alpha)}$

$=\dfrac{1}{1-\sin2\alpha}$

$=\dfrac{1}{1-2\sin\alpha\cos\alpha}=\dfrac{1}{1-2\cdot\dfrac{1}{\sqrt{5}}\cdot\dfrac{2}{\sqrt{5}}}=5$

따라서 교점의 좌표는

$(5\cos(\pi-2\alpha),\ 5\sin(\pi-2\alpha))=(-3,4)$ 이다.

따라서 두 점 사이의 거리는

$d=\sqrt{(1+3)^2+(0-4)^2}=4\sqrt{2}$ 이다.

02 ③

$x^2+y^2=x+y$를 극방정식으로 나타내면 다음과 같다.

$r^2=r\cos\theta+r\sin\theta$

$\Leftrightarrow r=\cos\theta+\sin\theta$

03 ②

$r\cos\theta=x,\ r\sin\theta=y$이므로

$r=\dfrac{3}{4\cos\theta+5\sin\theta} \Leftrightarrow 4r\cos\theta+5r\sin\theta=3$

$\Leftrightarrow 4x+5y=3$

04 ②

주어진 곡선은 $r=a+b\sin\theta$ 형태 중 $a>b$ 인 경우이므로 뚱뚱한 심장형이다.

또한, $r=a+b\cos\theta$ 기준으로 $\dfrac{\pi}{2}$만큼 회전시킨 $r=5+\sin\theta$의 대칭축은 $\theta=\dfrac{\pi}{2} \Leftrightarrow y$축이다.

05 ④

두 극방정식을 그려 보면 아래와 같으므로 두 곡선의 교점의 개수는 3개이다.

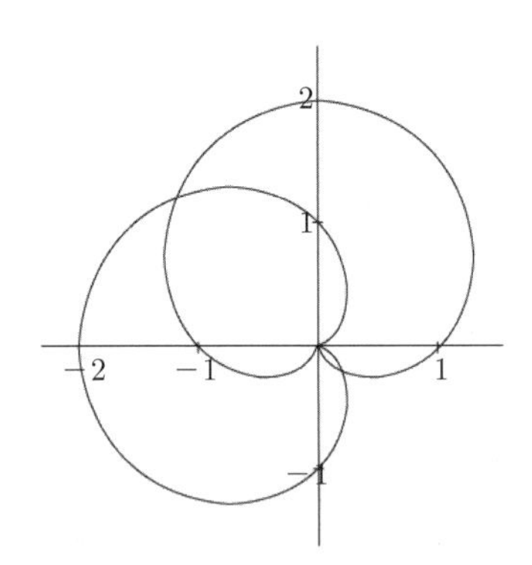

06 ②

극곡선 $r=1+\sin\theta$을 매개화하면

$x=r\cos\theta=(1+\sin\theta)\cos\theta$

$y=r\sin\theta=(1+\sin\theta)\sin\theta$이므로

매개변수 미분법에 의하여

$\dfrac{dy}{dx}=\dfrac{dy/d\theta}{dx/d\theta}=\dfrac{\cos\theta\sin\theta+(1+\sin\theta)\cos\theta}{\cos\theta\cos\theta-(1+\sin\theta)\sin\theta}$이므로

$\cos\theta\sin\theta+(1+\sin\theta)\cos\theta=0$

$\Leftrightarrow \cos\theta(\sin\theta+1+\sin\theta)=0$

$\Leftrightarrow \cos\theta(2\sin\theta+1)=0$에서

$\theta=\frac{\pi}{2}, -\frac{\pi}{6}, -\frac{5}{6}\pi$일 때 접선의 기울기가 0이 된다.

($\because$ $\theta=-\frac{\pi}{2}$일 때는 수직접선을 가지므로 $\frac{dy}{dx}=\infty$이다.)

그러므로 기울기가 0이 되는 θ_0의 값을 모두 더하면 $-\frac{\pi}{2}$이다.

07 ③

$r=1+2\sin\theta$ 이므로 매개화하면

$x=r\cos\theta=(1+2\sin\theta)\cos\theta$

$y=r\sin\theta=(1+2\sin\theta)\sin\theta$

그리고 극좌표 $\left(2, \frac{\pi}{6}\right)$ 를 직교좌표로 변환하면

$x=2\cos\frac{\pi}{6}=\sqrt{3}$, $y=2\sin\frac{\pi}{6}=1$

즉, $(x, y)=(\sqrt{3}, 1)$ 이므로

매개변수 미분법에 의하여

$$\frac{dy}{dx}=\frac{dy/d\theta}{dx/d\theta}$$

$$=\left.\frac{2\cos\theta\sin\theta+\cos\theta(1+2\sin\theta)}{2\cos^2\theta-(1+2\sin\theta)\sin\theta}\right|_{\theta=\frac{\pi}{6}}$$

$=3\sqrt{3}$ 이다.

따라서 접선의 방정식은 다음과 같다.

$y=3\sqrt{3}(x-\sqrt{3})+1=3\sqrt{3}x-8$

TIP ▸ 직선의 방정식

점 $(a, f(a))$를 지나고, 기울기가 $f'(a)$인 직선의 방정식

$y-f(a)=f'(a)(x-a)$

08 ①

$y=r\sin\theta$, $x=r\cos\theta$이므로

매개변수 미분법에 의하여

$$\frac{dy}{dx}=\frac{dy/d\theta}{dx/d\theta}=\frac{r'\sin\theta+r\cos\theta}{r'\cos\theta-r\sin\theta}$$

$$=\left.\frac{-\sin\theta\sin\theta+(1+\cos\theta)\cos\theta}{-\sin\theta\cos\theta-(1+\cos\theta)\sin\theta}\right|_{\theta=\frac{\pi}{3}}$$

$$=\frac{-\frac{\sqrt{3}}{2}\cdot\frac{\sqrt{3}}{2}+\left(1+\frac{1}{2}\right)\frac{1}{2}}{-\frac{\sqrt{3}}{2}\cdot\frac{1}{2}-\left(1+\frac{1}{2}\right)\frac{\sqrt{3}}{2}}$$

$=0$

다른 풀이

접선과 극축(x축)의 양의 방향이 이루는 각을 α,

동경과 접선의 사잇각을 ϕ라 하면

$\phi=\tan^{-1}\left|\frac{r}{r'}\right|$이므로

$$\tan\phi=\frac{r}{r'}=\left[\frac{1+\cos\theta}{-\sin\theta}\right]_{\theta=\frac{\pi}{3}}=\frac{1+\frac{1}{2}}{-\frac{\sqrt{3}}{2}}=-\sqrt{3}$$

$\therefore$ $\tan\alpha=\tan(\theta+\phi)$ ($\because$ $[\tan\theta]_{\theta=\frac{\pi}{3}}=\sqrt{3}$, $\tan\phi=-\sqrt{3}$)

$$=\frac{\tan\theta+\tan\phi}{1-\tan\theta\tan\phi}=0$$

09 ①

$x=r\cos\theta=(1+\sin\theta)\cos\theta$

$y=r\sin\theta=(1+\sin\theta)\sin\theta$

매개변수 미분법에 의하여 $\frac{dy}{dx}=\frac{\cos\theta\sin\theta+(1+\sin\theta)\cos\theta}{\cos^2\theta-(1+\sin\theta)\sin\theta}$이다.

$\theta=\frac{\pi}{3}$일 때, $\left.\frac{dy}{dx}\right|_{\theta=\frac{\pi}{3}}=-1$이고,

점 $(x, y)=\left(\frac{1}{2}+\frac{\sqrt{3}}{4}, \frac{\sqrt{3}}{2}+\frac{3}{4}\right)$을 지나는 이 접선의 방정식은

l_1: $y=-\left(x-\frac{1}{2}-\frac{\sqrt{3}}{4}\right)+\left(\frac{\sqrt{3}}{2}+\frac{3}{4}\right)$이다.

l_1의 x절편($y=0$)은 $\frac{5}{4}+\frac{3\sqrt{3}}{4}$, y절편($x=0$)은 $\frac{5}{4}+\frac{3\sqrt{3}}{4}$이므로

구하고자 하는 다각형의 넓이는 l_1과 l_2가 y축에 대하여 대칭임을 이용하면

$$넓이=\left(\frac{5}{4}+\frac{3\sqrt{3}}{4}\right)\times\left(\frac{5}{4}+\frac{3\sqrt{3}}{4}\right)\times\frac{1}{2}\times2$$

$$=\left(\frac{5}{4}+\frac{3\sqrt{3}}{4}\right)^2$$

$$=\frac{1}{16}(25+30\sqrt{3}+27)=\frac{26+15\sqrt{3}}{8}$$이다.

10 ①

접선과 동경 사이의 예각을 ψ라 할 때,

$\tan\psi=\left|\frac{r}{r'}\right|$이므로

$$\tan\psi=\left|\frac{4\cos2\theta}{-8\sin2\theta}\right|_{\theta=\frac{\pi}{6}}=\left|\frac{2}{4\sqrt{3}}\right|=\frac{1}{2\sqrt{3}}$$

직각삼각형을 그려 보면 다음과 같다.

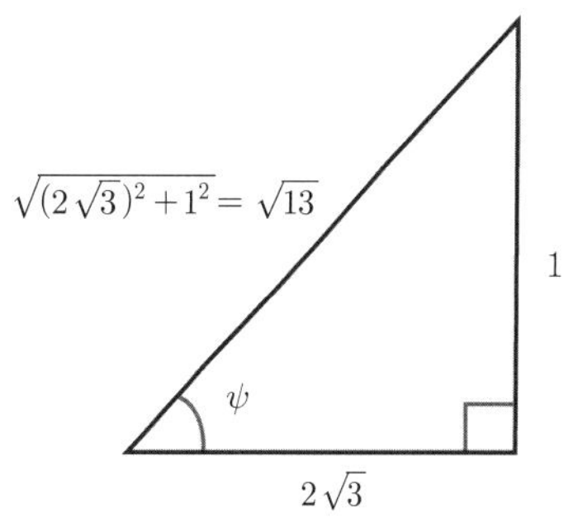

즉, 구하고자 하는 값 $\cos\psi=\frac{2\sqrt{3}}{\sqrt{13}}$이다.

05. 면적과 부피

문제 p.140

01 ④	02 ①	03 ③	04 ④	05 ①	06 ③	07 ①	08 ②	09 ④	10 ③
11 ②	12 ④	13 ④	14 ④	15 ②	16 ①	17 ③	18 ②	19 ③	20 ②
21 ①	22 ③	23 ④	24 ④	25 ①	26 ②	27 ②	28 ③	29 ④	30 ②

01 ④

곡선으로 둘러싸인 영역의 넓이를 A라 하면

$$A=\int_0^{\sqrt{3}} \frac{1}{x^2+9}dx$$
$$=\left[\frac{1}{3}\tan^{-1}\frac{x}{3}\right]_0^{\sqrt{3}}$$
$$=\frac{1}{3}\left(\tan^{-1}\frac{1}{\sqrt{3}}-\tan^{-1}0\right)$$
$$=\frac{1}{3}\cdot\frac{\pi}{6}$$
$$=\frac{\pi}{18}$$

02 ①

두 곡선의 교점을 구하면 다음과 같다.

$x^2-3=x-1 \Leftrightarrow x^2-x-2=0 \Leftrightarrow (x+1)(x-2)=0$에서 $x=-1, 2$이다.

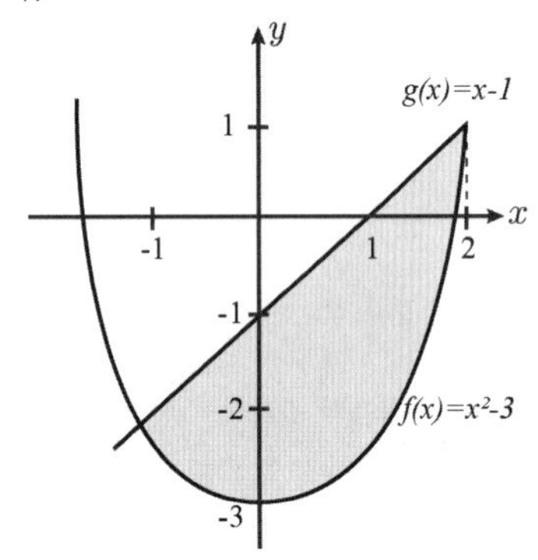

구간 $[-1, 2]$에서 $x-1 \ge x^2-3$이므로 구하고자 하는 영역의 넓이 A는

$$A=\int_{-1}^{2}\{(x-1)-(x^2-3)\}dx$$
$$=\int_{-1}^{2}(2+x-x^2)dx$$
$$=\left[2x+\frac{1}{2}x^2-\frac{1}{3}x^3\right]_{-1}^{2}$$
$$=\frac{9}{2}\text{이다.}$$

03 ③

두 곡선의 교점을 구하면 다음과 같다.

$y+2=y^2 \Leftrightarrow y^2-y-2=0 \Leftrightarrow (y+1)(y-2)=0$에서 $y=-1, 2$이다.

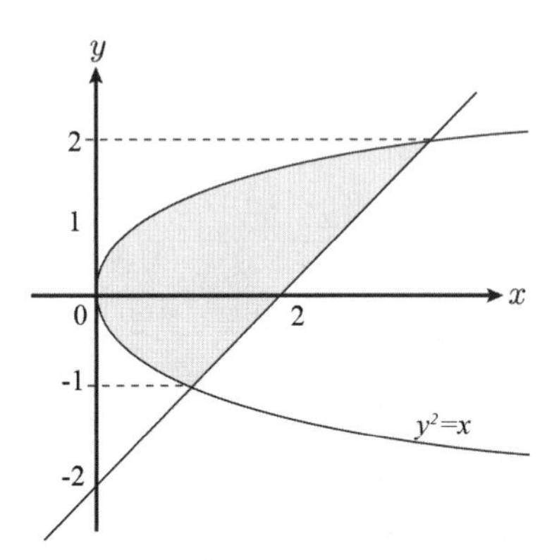

구간 $[-1, 2]$에서 $y+2 \ge y^2$이므로 두 곡선으로 둘러싸인 영역의 넓이 A는

$$A=\int_{-1}^{2}(y+2-y^2)dy$$
$$=\left[\frac{1}{2}y^2+2y-\frac{1}{3}y^3\right]_{-1}^{2}$$
$$=\frac{9}{2}\text{이다.}$$

04 ④

$y=2e\ln x$와 $y=x^2$의 교점은 $(\sqrt{e}, e)$이다.

두 곡선과 x축으로 둘러싸인 영역의 넓이 A는

$$A=\int_0^1 x^2dx+\int_1^{\sqrt{e}}(x^2-2e\ln x)dx$$
$$=\left[\frac{1}{3}x^3\right]_0^1+\left[\frac{1}{3}x^3-2e(x\ln x-x)\right]_1^{\sqrt{e}}$$
$$=\frac{4}{3}e\sqrt{e}-2e\text{이다. } (\because \text{ 부분적분})$$

05 ①

두 곡선의 교점을 구하면 다음과 같다.

$x^2-a^2=a^2-x^2 \Leftrightarrow 2x^2=2a^2$에서 $x=\pm a$이다.

구간 $[-a, a]$에서 $a^2-x^2 \ge x^2-a^2$이므로 구하고자 하는 영역의 넓이 A는

$$A=\int_{-a}^{a}\{(a^2-x^2)-(x^2-a^2)\}dx$$
$$=\int_{-a}^{a}2(a^2-x^2)dx$$
$$=2\int_0^a(a^2-x^2)dx\times 2 \ (\because \text{ 우함수})$$
$$=4\int_0^a(a^2-x^2)dx$$

$= 4\left[a^2x - \frac{1}{3}x^3\right]_0^a$

$= 4\left(a^3 - \frac{1}{3}a^3\right)$

$= \frac{8}{3}a^3 = 576$이므로

구하고자 하는 양수 $a = 6$이다.

06 ③

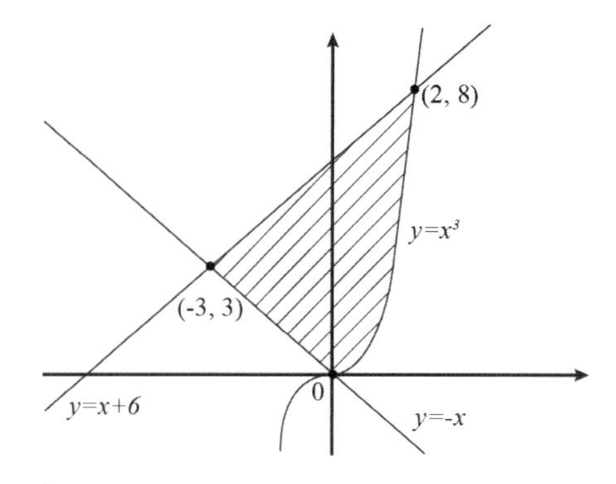

세 곡선의 교점을 구하면 $x = -3,\ 0,\ 2$이다.

구간 $[-3, 0]$에서 $x+6 \geq -x$이고,

구간 $[0, 2]$에서 $x+6 \geq x^3$이므로

구하고자 하는 영역의 넓이 A는

$$A = \int_{-3}^{0}(x+6-(-x))dx + \int_0^2 (x+6-x^3)dx$$

$$= [x^2+6x]_{-3}^{0} + \left[-\frac{1}{4}x^4 + \frac{1}{2}x^2 + 6x\right]_0^2$$

$$= 19$$

07 ①

두 곡선 $y = e^{2x}$와 $y = m\sqrt{x}$가 접하는 점을 $x = t$라고 할 때,

접하는 점과 그 점에서 접선의 기울기가 같음을 이용하여 상수 m을 구한다.

즉, $e^{2t} = m\sqrt{t} \Leftrightarrow m = \frac{e^{2t}}{\sqrt{t}}$와 $2e^{2t} = \frac{m}{2\sqrt{t}}$을 동시에 만족하는 m을 구하면 된다.(단, $m > 0$인 상수)

따라서 $m = \frac{e^{2t}}{\sqrt{t}}$와 $2e^{2t} = \frac{m}{2\sqrt{t}}$을 연립하면

$2e^{2t} = \frac{1}{2\sqrt{t}}\frac{e^{2t}}{\sqrt{t}} \Leftrightarrow 2 = \frac{1}{2t} \Leftrightarrow t = \frac{1}{4}$이고, $m = 2e^{\frac{1}{2}}$이다.

그러므로 이 두 곡선과 y축으로 둘러싸인 영역의 넓이 A는

$$A = \int_0^{\frac{1}{4}}\left(e^{2x} - 2e^{\frac{1}{2}}\sqrt{x}\right)dx$$

$$= \left[\frac{1}{2}e^{2x} - 2e^{\frac{1}{2}}\frac{2}{3}x^{\frac{3}{2}}\right]_0^{\frac{1}{4}}$$

$$= \frac{1}{2}e^{\frac{1}{2}} - \frac{4}{3}e^{\frac{1}{2}}\left(\frac{1}{8}\right) - \frac{1}{2}$$

$= \frac{\sqrt{e}}{3} - \frac{1}{2}$이다.

08 ②

$t = 0$일 때 $x = 0$, $t = \pi$일 때 $x = 2$이므로 적분영역은 $[0, \pi]$이다.

즉, 구하고자 하는 영역 A는

$$A = \int_0^{\pi} y(t)x'(t)\,dt$$

$$= \int_0^{\pi}(\sin t)(t - \sin t)dt$$

$$= \int_0^{\pi}(t\sin t - \sin^2 t)dt$$

$$= \int_0^{\pi}\left(t\sin t - \frac{1-\cos 2t}{2}\right)dt$$

$= \left[t(-\cos t) + \sin t - \frac{1}{2}\left(t - \frac{1}{2}\sin 2t\right)\right]_0^{\pi}$ ($\because$ 부분적분)

$= \frac{\pi}{2}$이다.

TIP ▸ 삼각함수 반각공식

$$\sin^2 t = \frac{1-\cos 2t}{2}$$

09 ④

극방정식 $r = 2 + \cos\theta$은 극축에 대칭이므로,

주어진 곡선으로 둘러싸인 영역의 넓이 A는

$$A = \frac{1}{2}\int_0^{\pi} r^2\,d\theta \times 2$$

$$= \frac{1}{2}\int_0^{\pi}(2+\cos\theta)^2\,d\theta \times 2$$

$$= \int_0^{\pi}(4 + 4\cos\theta + \cos^2\theta)d\theta$$

$$= 4\pi + 2 \times \frac{1}{2} \times \frac{\pi}{2}$$

$= \frac{9}{2}\pi$이다.

10 ③

$r = 2\cos^2\theta - 1 = \cos 2\theta$이므로 4엽 장미이다.

대칭을 이용하여 주어진 영역의 넓이를 구하면

$$A = 8 \times \frac{1}{2}\int_0^{\frac{\pi}{4}}\cos^2 2\theta\, d\theta$$

$$= 4\int_0^{\frac{\pi}{4}}\frac{1+\cos 4\theta}{2}d\theta$$

$= \frac{\pi}{2}$이다.

다른 풀이

4엽 장미($r = a\cos 2\theta$ 혹은 $r = a\sin 2\theta$) 내부 영역의 면적은 $\frac{\pi}{2}a^2$

이므로, 구하고자 하는 내부 영역의 넓이는 $\frac{\pi}{2}$ 이다.

11 ②

극곡선 $r=1+\sin\theta$ 는 y축에 대하여 대칭이므로 둘러싸인 영역의 넓이 A 는 다음과 같다.

$$A=\frac{1}{2}\int_{-\frac{\pi}{2}}^{\frac{\pi}{2}} r^2\,d\theta\times 2$$

$$=\frac{1}{2}\int_{-\frac{\pi}{2}}^{\frac{\pi}{2}}(1+\sin\theta)^2 d\theta\times 2$$

$$=\int_{-\frac{\pi}{2}}^{\frac{\pi}{2}}(1+2\sin\theta+\sin^2\theta)d\theta$$

$$=2\int_0^{\frac{\pi}{2}} 1+\sin^2\theta\, d\theta \ (\because \text{ 우함수 및 기함수의 성질})$$

$$=2\left(\frac{\pi}{2}+\frac{1}{2}\cdot\frac{\pi}{2}\right)\ (\because \text{ 왈리스 공식})$$

$$=\frac{3}{2}\pi$$

12 ④

극방정식 $r=2+\sin\theta+\cos\theta$의 내부 영역의 넓이를 A라 할 때, A는 $r=2+\sqrt{2}\cos\theta$의 내부 영역의 넓이와 같다.
그러므로

$$A=\frac{1}{2}\int_0^{\pi}(2+\sqrt{2}\cos\theta)^2 d\theta\times 2$$

$$=\int_0^{\pi}(4+4\sqrt{2}\cos\theta+2\cos^2\theta)d\theta$$

$$=4\pi+2\times 2\times\frac{1}{2}\times\frac{\pi}{2}=5\pi\text{이다. } (\because \text{ 왈리스 공식})$$

13 ④

구하고자 하는 영역의 넓이를 A라 할 때,

$$A=2\times\frac{1}{2}\int_0^{\frac{\pi}{4}}\sin^2 2\theta\, d\theta$$

$$=\int_0^{\frac{\pi}{4}}\frac{1-\cos 4\theta}{2}d\theta$$

$$=\left[\frac{1}{2}\theta-\frac{1}{8}\sin 4\theta\right]_0^{\frac{\pi}{4}}$$

$$=\frac{\pi}{8}$$

14 ④

구하고자 하는 영역의 넓이를 A라 할 때,
$r=2+2\sin\theta\cos\theta=2+\sin 2\theta$이므로

$$A=\frac{1}{2}\int_0^{\pi}(2+\sin 2\theta)^2 d\theta\times 2$$

$$=\int_0^{\pi}(4+4\sin 2\theta+\sin^2 2\theta)\,d\theta$$

$$=\int_0^{\pi}\left(4+4\sin 2\theta+\frac{1-\cos 4\theta}{2}\right)d\theta$$

$$=\left[4\theta-2\cos 2\theta+\frac{1}{2}\theta-\frac{1}{8}\sin 4\theta\right]_0^{\pi}$$

$$=\frac{9}{2}\pi$$

15 ②

$r=1+\cos\theta$ 와 $x^2+y^2=1$을 연립하면
$x^2+y^2=1\Leftrightarrow r^2=1$이므로
$\theta=\frac{\pi}{2}$ 또는 $\theta=\frac{3}{2}\pi$이고, x축에 대칭이다.
즉, 공통부분의 넓이 A는

$$A=\left\{\frac{1}{2}\int_0^{\frac{\pi}{2}}1^2 d\theta+\frac{1}{2}\int_{\frac{\pi}{2}}^{\pi}(1+\cos\theta)^2 d\theta\right\}\times 2$$

$$=[\theta]_0^{\frac{\pi}{2}}+\left[\frac{3}{2}\theta+2\sin\theta+\frac{1}{4}\sin 2\theta\right]_{\frac{\pi}{2}}^{\pi}$$

$$=\frac{\pi}{2}+\frac{3}{2}\pi-\left(\frac{3}{4}\pi+2\right)$$

$$=\frac{5}{4}\pi-2\text{이다.}$$

16 ①

두 곡선을 연립하면
$6\cos 2\theta=3\Leftrightarrow\cos 2\theta=\frac{1}{2}$이므로
교점은 $\theta=\frac{\pi}{6},\ \frac{5\pi}{6},\ \frac{7\pi}{6},\ \frac{11\pi}{6}$이다.
구하는 영역의 넓이 A는 영역이 대칭이므로 다음과 같다.

$$A=4\times\frac{1}{2}\int_0^{\frac{\pi}{6}}(6\cos 2\theta-3)\,d\theta$$

$$=2\left[3\sin 2\theta-3\theta\right]_0^{\frac{\pi}{6}}$$

$$=2\left(3\cdot\frac{\sqrt{3}}{2}-\frac{\pi}{2}\right)$$

$$=3\sqrt{3}-\pi$$

17 ③

구하는 영역의 넓이 A는 극축에 대칭이므로 다음과 같다.

$$A=2\times\frac{1}{2}\int_0^{\frac{\pi}{3}}\{(4\cos\theta)^2-(1+2\cos\theta)^2\}d\theta$$

$$=\int_0^{\frac{\pi}{3}}(12\cos^2\theta-4\cos\theta-1)d\theta$$

$$=\left[12\left(\frac{\theta}{2}+\frac{1}{4}\sin 2\theta\right)-4\sin\theta-\theta\right]_0^{\frac{\pi}{3}}$$

$$=\frac{5}{3}\pi-\frac{\sqrt{3}}{2}=\frac{10\pi-3\sqrt{3}}{6}$$

18 ②

심장선 $r=2+2\sin\theta$ 와 원 $r=4\sin\theta$ 의 교점을 찾으면 다음과 같다.
$2+2\sin\theta=4\sin\theta\Rightarrow\sin\theta=1$

$\Rightarrow\theta=\frac{\pi}{2}+2n\pi$ (n 은 정수)

즉, $\theta = \frac{\pi}{2}$

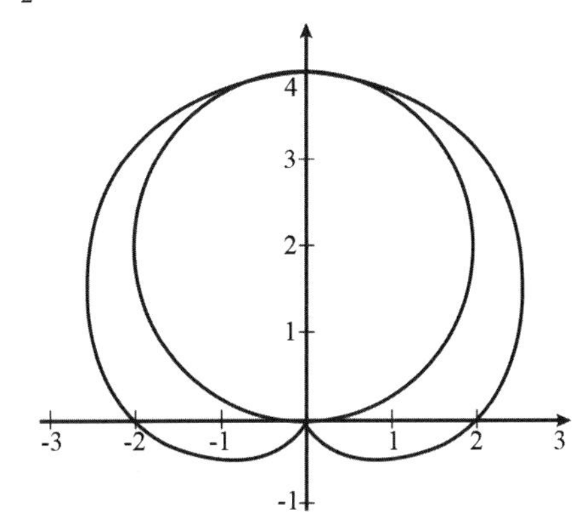

심장선 내부와 원 외부 영역의 넓이 A는

$$A = \left\{\frac{1}{2}\int_{-\frac{\pi}{2}}^{\frac{\pi}{2}}(2+2\sin\theta)^2 d\theta - 2\pi\right\}\times 2$$

$$= \left\{2\int_{-\frac{\pi}{2}}^{\frac{\pi}{2}}(1+\sin\theta)^2 d\theta - 2\pi\right\}\times 2$$

$$= \left\{2\int_{-\frac{\pi}{2}}^{\frac{\pi}{2}}\left(\frac{3}{2}+2\sin\theta-\frac{1}{2}\cos 2\theta\right)d\theta - 2\pi\right\}\times 2$$

$$= 2\pi$$

$$\left(\because \ \sin^2\theta = \frac{1-\cos 2\theta}{2}\right)$$

19 ③

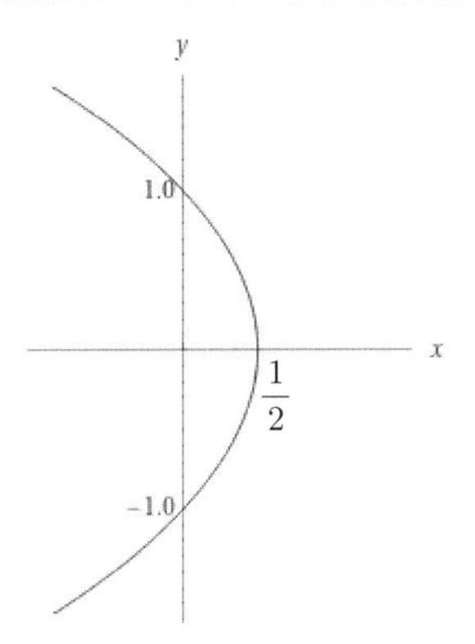

$\theta = \frac{\pi}{2}$를 만족하는 (r, θ)를 먼저 찾으면

(i) $r > 0$

y 축의 양의 방향의 반직선에 위치한다.

(ii) $r < 0$

y 축의 음의 방향의 반직선에 위치한다.

그러므로 $\theta = \frac{\pi}{2}$는 y축 전체가 된다.

$r = \frac{1}{1+\cos\theta}$를 직교좌표계의 방정식으로 바꾸면

$$r = \frac{1}{1+\cos\theta} \Leftrightarrow r + r\cos\theta = 1$$

$$\Rightarrow \sqrt{x^2+y^2}+x = 1 \Leftrightarrow x^2+y^2 = (1-x)^2$$

$$\Leftrightarrow y^2 = 1-2x$$

$$\Leftrightarrow x = \frac{1}{2}(1-y^2)$$

따라서 두 극곡선으로 둘러싸인 영역의 넓이 A는

$$A = \int_{-1}^{1}\frac{1}{2}(1-y^2)dy$$

$$= \int_0^1 (1-y^2)dy \ (\because \ x\text{축 대칭})$$

$$= 1-\frac{1}{3} = \frac{2}{3}$$

다른 풀이

$$A = 2\times\frac{1}{2}\int_0^{\frac{\pi}{2}}\frac{1}{(1+\cos\theta)^2}d\theta$$

$$= 2\times\frac{1}{2}\int_0^{\frac{\pi}{2}}\frac{1}{4\left(\frac{1+\cos\theta}{2}\right)^2}d\theta$$

$$= \int_0^{\frac{\pi}{2}}\frac{1}{4\times\cos^4\frac{\theta}{2}}d\theta$$

$$= \frac{1}{4}\int_0^{\frac{\pi}{2}}\sec^4\frac{\theta}{2}d\theta$$

$$= \frac{1}{4}\left[\frac{2}{3}\tan^3\frac{\theta}{2}+2\tan\frac{\theta}{2}\right]_0^{\frac{\pi}{2}} = \frac{2}{3}$$

20 ②

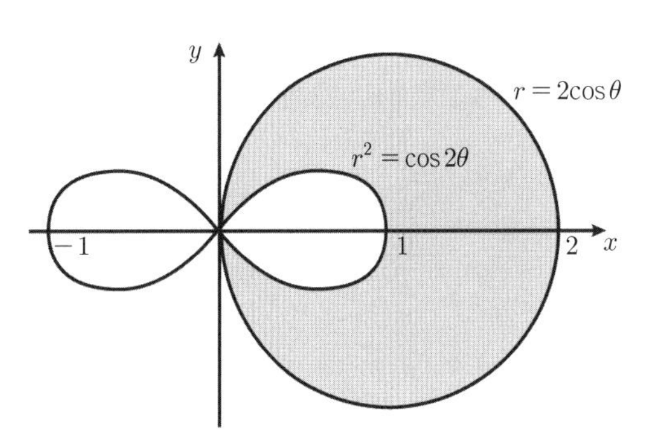

극곡선 $r = 2\cos\theta$는 중심이 $(1, 0)$, 반지름 1인 원이므로 넓이는 π이다.

좌표평면의 $x \geq 0$에서 연주형 $r^2 = \cos 2\theta$로 유계된 영역의 넓이는 $\frac{1}{2}\times 1^2 = \frac{1}{2}$이므로

구하는자 하는 영역의 면적은 $\pi - \frac{1}{2}$이다.

TIP ▸ 연주형 $r^2 = a^2\cos 2\theta$로 둘러싸인 영역의 넓이는 a^2이다.

21 ①

두 극곡선을 연립하면

$1+\sin\theta = 3\sin\theta \Leftrightarrow \sin\theta = \frac{1}{2}$이므로

교점은 $\theta = \frac{\pi}{6}$, $\frac{5\pi}{6}$이다.

구하고자 하는 영역의 넓이 A는

$$A = \frac{1}{2}\int_0^{\frac{\pi}{6}}(1+\sin\theta)^2-(3\sin\theta)^2 d\theta$$

$$= \frac{1}{2}\int_0^{\frac{\pi}{6}}(1+2\sin\theta-8\sin^2\theta)\,d\theta$$

$$= \frac{1}{2}\left[\theta - 2\cos\theta - 8\left(\frac{\theta}{2} - \frac{1}{4}\sin 2\theta\right)\right]_0^{\frac{\pi}{6}}$$
$$= \frac{1}{2}[-3\theta - 2\cos\theta + 2\sin 2\theta]_0^{\frac{\pi}{6}}$$
$$= \frac{1}{2}\left(-\frac{\pi}{2} - 2\frac{\sqrt{3}}{2} + 2\frac{\sqrt{3}}{2} + 2\right)$$
$$= \frac{1}{2}\left(-\frac{\pi}{2} + 2\right)$$
$= 1 - \frac{\pi}{4}$ 이다.

22 ③

$\cos 2x - \sin x = 0$

$\Leftrightarrow 2\sin^2 x + \sin x - 1 = 0$ ($\because \cos 2x = 1 - 2\sin^2 x$)

$\Leftrightarrow (2\sin x - 1)(\sin x + 1) = 0 \Leftrightarrow \sin x = \frac{1}{2}, -1$

즉, 주어진 영역을 만족하는 1사분면의 가장 작은 x는 $\frac{\pi}{6}$이다.

회전체의 부피를 V라 하면

$$V = \pi\int_0^{\frac{\pi}{6}} (\cos 2x - \sin x)^2 dx$$
$$= \pi\int_0^{\frac{\pi}{6}} \cos^2 2x - 2\cos 2x \sin x + \sin^2 x\, dx$$
$$= \pi\int_0^{\frac{\pi}{6}} \frac{1}{2}(1 + \cos 4x) - \sin 3x + \sin x + \frac{1}{2}(1 - \cos 2x)\, dx$$
$$\left(\because \sin x \cos 2x = \frac{1}{2}(\sin 3x - \sin x)\right)$$
$$= \pi\int_0^{\frac{\pi}{6}} 1 + \frac{1}{2}\cos 4x - \frac{1}{2}\cos 2x - \sin 3x + \sin x\, dx$$
$$= \pi\left[x + \frac{1}{8}\sin 4x - \frac{1}{4}\sin 2x + \frac{1}{3}\cos 3x - \cos x\right]_0^{\frac{\pi}{6}}$$
$$= \pi\left(\frac{1}{6}\pi - \frac{9}{16}\sqrt{3} + \frac{2}{3}\right)$$

이므로 $a = \frac{1}{6}$, $b = -\frac{9}{16}$, $c = \frac{2}{3}$이다.

$\therefore\ 96(a+b+c) = 26$

23 ④

주어진 회전축이 $y = -\frac{1}{2}$이므로 그래프를 $\frac{1}{2}$만큼 평행이동시키면 회전축을 x축으로 생각할 수 있다.

$$\therefore\ V_{y=-\frac{1}{2}} = \pi\int_0^{\frac{\pi}{3}} \left\{\left(\cos x + \frac{1}{2}\right)^2 - 1^2\right\} dx$$
$$= \pi\int_0^{\frac{\pi}{3}} \left(\cos^2 x + \cos x + \frac{1}{4} - 1\right) dx$$
$$= \pi\int_0^{\frac{\pi}{3}} \left(\cos^2 x + \cos x - \frac{3}{4}\right) dx$$
$$= \pi\int_0^{\frac{\pi}{3}} \left(\frac{1 + \cos 2x}{2} + \cos x - \frac{3}{4}\right) dx$$
$$= \pi\left[\frac{x}{2} + \frac{1}{4}\sin 2x + \sin x - \frac{3}{4}x\right]_0^{\frac{\pi}{3}}$$
$$= \pi\left[\frac{1}{4}\sin 2x + \sin x - \frac{1}{4}x\right]_0^{\frac{\pi}{3}}$$
$$= \pi\left(\frac{\sqrt{3}}{8} + \frac{\sqrt{3}}{2} - \frac{\pi}{12}\right)$$
$$= \left(\frac{15\sqrt{3} - 2\pi}{24}\right)\pi$$

24 ④

회전체의 부피를 V라 하면

$$V = \pi\int_0^2 (4y^2 - y^4)\, dy$$
$$= \pi\left[\frac{4}{3}y^3 - \frac{1}{5}y^5\right]_0^2$$
$$= \frac{64}{15}\pi$$

다른 풀이

$$V = 2\pi\int_0^4 x\left(\sqrt{x} - \frac{1}{2}x\right) dx$$
$$= 2\pi\int_0^4 x^{\frac{3}{2}} - \frac{1}{2}x^2 dx$$
$$= 2\pi\left[\frac{2}{5}x^{\frac{5}{2}} - \frac{1}{6}x^3\right]_0^4$$
$$= 2\pi\left(\frac{64}{5} - \frac{64}{6}\right)$$
$$= 128\pi \times \frac{1}{30} = \frac{64}{15}\pi$$

25 ①

$y = 2\cos x$와 $y = \sec x$을 연립하면

$$2\cos x = \sec x \Leftrightarrow 2\cos x = \frac{1}{\cos x}$$
$$\Leftrightarrow 2\cos^2 x = 1$$
$$\Leftrightarrow \cos x = \pm\frac{1}{\sqrt{2}}$$

$\therefore\ x = \pm\frac{\pi}{4}$이다.

그러므로 $y = 2\cos x$와 $y = \sec x$로 둘러싸인 영역을 x축을 중심으로 회전시켜 얻은 회전체의 부피 V는

$$V = \pi\int_{-\frac{\pi}{4}}^{\frac{\pi}{4}} \{(2\cos x)^2 - \sec^2 x\} dx$$
$$= \pi\int_{-\frac{\pi}{4}}^{\frac{\pi}{4}} (4\cos^2 x - \sec^2 x)\, dx$$
$$= \pi\int_{-\frac{\pi}{4}}^{\frac{\pi}{4}} \left(4 \cdot \frac{1 + \cos 2x}{2} - \sec^2 x\right) dx$$
$$= \pi\left\{2\left[x + \frac{1}{2}\sin 2x\right]_{-\frac{\pi}{4}}^{\frac{\pi}{4}} - [\tan x]_{-\frac{\pi}{4}}^{\frac{\pi}{4}}\right\}$$

$= \pi^2$이다.

26 ②

$y=e^{-2x}$와 $y=e^{-2}x$의 교점은 $x=1$이므로

$y=e^{-2x}$, $y=e^{-2}x$와 y축으로 둘러싸인 영역을 x축으로 회전하여 얻은 입체의 부피 V는

$$V=\pi\int_0^1 (e^{-2x})^2-(e^{-2}x)^2dx$$
$$=\pi\int_0^1 e^{-4x}-e^{-4}x^2dx$$
$$=\pi\left[-\frac{1}{4}e^{-4x}-\frac{1}{3}e^{-4}x^3\right]_0^1$$
$$=\pi\left\{-\frac{1}{4}e^{-4}-\frac{1}{3}e^{-4}-\left(-\frac{1}{4}\right)\right\}$$
$$=\pi\left(\frac{1}{4}-\frac{7}{12}e^{-4}\right)$$
$$=\frac{\pi}{4}-\frac{7\pi e^{-4}}{12}$$ 이다.

27 ②

$$V=2\pi\int_1^2 xy\,dx$$
$$=2\pi\int_1^2 x\frac{\sqrt{4-x^2}}{x^3}dx$$
$$=2\pi\int_1^2 \frac{\sqrt{4-x^2}}{x^2}dx$$

$x=2\sin t$, $dx=2\cos t\,dt$로 치환하면

$$2\pi\int_1^2 \frac{\sqrt{4-x^2}}{x^2}dx=2\pi\int_{\frac{\pi}{6}}^{\frac{\pi}{2}}\frac{2\cos t}{4\sin^2 t}\cdot 2\cos t\,dt$$
$$=2\pi\int_{\frac{\pi}{6}}^{\frac{\pi}{2}}\cot^2 t\,dt$$
$$=2\pi\int_{\frac{\pi}{6}}^{\frac{\pi}{2}}(\csc^2 t-1)\,dt$$
$$=2\pi[-\cot t-t]_{\frac{\pi}{6}}^{\frac{\pi}{2}}$$
$$=2\pi\left(\sqrt{3}-\frac{\pi}{3}\right)$$

28 ③

두 식을 연립하면

$\sqrt{x}=\frac{x}{2}\Leftrightarrow x=\frac{x^2}{4}\Leftrightarrow x^2-4x=0$에서 $x=0,\ 4$이다.

축 $x=-1$을 y축으로 평행이동하여 구하고자 하는 입체의 부피 V를 구하면

$$V=2\pi\int_0^4 (x+1)\left(\sqrt{x}-\frac{1}{2}x\right)dx$$
$$=2\pi\int_0^4\left(x\sqrt{x}-\frac{1}{2}x^2+\sqrt{x}-\frac{1}{2}x\right)dx$$
$$=2\pi\left[\frac{2}{5}x^2\sqrt{x}-\frac{1}{6}x^3+\frac{2}{3}x^{\frac{3}{2}}-\frac{1}{4}x^2\right]_0^4$$
$$=\frac{104}{15}\pi$$ 이다.

29 ④

$x=(y-1)^2$과 $x=9$의 교점을 구하면

$9=(y-1)^2\Leftrightarrow y-1=\pm3$에서 $y=-2,\ 4$이므로

$y=5$를 축으로 회전시켜 얻은 입체의 부피 $V_{y=5}$는

$$V_{y=5}=2\pi\int_{-2}^4 (5-y)(9-(y-1)^2)dy$$
$$=2\pi\int_{-2}^4 (5-y)(8-y^2+2y)dy$$
$$=2\pi\int_{-2}^4 (40-5y^2+10y-8y+y^3-2y^2)dy$$
$$=2\pi\int_{-2}^4 (40+2y-7y^2+y^3)dy$$
$$=2\pi\left[40y+y^2-\frac{7}{3}y^3+\frac{1}{4}y^4\right]_{-2}^4$$
$$=2\pi\left\{160+16-\frac{448}{3}+64-\left(-80+4+\frac{56}{3}+4\right)\right\}$$
$$=288\pi$$ 이다.

30 ②

$$V_x=\pi\int_0^2 (2x-x^2)^2dx$$
$$=\pi\int_0^2 (4x^2-4x^3+x^4)dx$$
$$=\pi\left[\frac{4}{3}x^3-x^4+\frac{1}{5}x^5\right]_0^2$$
$$=\frac{16}{15}\pi$$

$$V_y=2\pi\int_0^2 x(2x-x^2)\,dx$$
$$=2\pi\int_0^2 (2x^2-x^3)dx$$
$$=2\pi\left[\frac{2}{3}x^3-\frac{1}{4}x^4\right]_0^2$$
$$=\frac{8}{3}\pi$$

$$\therefore\ \frac{V_x}{V_y}=\frac{\frac{16\pi}{15}}{\frac{8\pi}{3}}=\frac{2}{5}$$

06. 길이와 겉넓이, 속도와 가속도

문제 p.177

01 ②	02 ④	03 ④	04 ④	05 ②	06 ②	07 ①	08 ③	09 ③	10 ②
11 ①	12 ③	13 ②	14 ②	15 ①	16 ④	17 ①	18 ②	19 ④	20 ④
21 ③	22 ①	23 ③							

01 ②

곡선 $y=\frac{x^4}{16}+\frac{1}{2x^2}\,(1\le x\le 2)$의 길이를 L이라 할 때,

$$L=\int_1^2\sqrt{1+(y')^2}\,dx$$
$$=\int_1^2\sqrt{1+\left(\frac{x^3}{4}-\frac{1}{x^3}\right)^2}\,dx$$
$$=\int_1^2\sqrt{1+\frac{x^6}{16}-\frac{1}{2}+\frac{1}{x^6}}\,dx=\int_1^2\sqrt{\frac{x^6}{16}+\frac{1}{2}+\frac{1}{x^6}}\,dx$$
$$=\int_1^2\sqrt{\left(\frac{x^3}{4}+\frac{1}{x^3}\right)^2}\,dx=\int_1^2\left|\left(\frac{x^3}{4}+\frac{1}{x^3}\right)\right|dx$$
$$=\int_1^2\frac{x^3}{4}+\frac{1}{x^3}dx\ \left(\because 1\le x\le 2\Rightarrow \frac{x^3}{4}+\frac{1}{x^3}\ge 0\right)$$
$$=\left[\frac{1}{16}x^4-\frac{1}{2x^2}\right]_1^2$$
$$=1-\frac{1}{8}-\left(\frac{1}{16}-\frac{1}{2}\right)$$
$$=\frac{7}{8}+\frac{7}{16}=\frac{21}{16}$$ 이다.

02 ④

$$L=\int_0^1\sqrt{1+(y')^2}\,dx$$
$$=\int_0^1\sqrt{1+\left(\frac{1}{\sqrt{1-x^2}}-\frac{x}{\sqrt{1-x^2}}\right)^2}\,dx$$
$$=\int_0^1\sqrt{1+\frac{(1-x)^2}{1-x^2}}\,dx$$
$$=\int_0^1\frac{\sqrt{2}}{\sqrt{1+x}}dx=\int_0^1\sqrt{2}(1+x)^{-\frac{1}{2}}dx$$
$$=2\sqrt{2}\left[(1+x)^{\frac{1}{2}}\right]_0^1$$
$$=2\sqrt{2}(\sqrt{2}-1)=4-2\sqrt{2}$$

03 ④

$y=\int_1^x\sqrt{\sqrt{t}-1}\,dt$일 때

$y'=\sqrt{\sqrt{x}-1}$, $(y')^2=\sqrt{x}-1$이다.

주어진 구간에서 곡선의 길이 L을 구하면

$$L=\int_1^{16}\sqrt{1+(y')^2}\,dx$$
$$=\int_1^{16}\sqrt{1+\sqrt{x}-1}\,dx$$
$$=\int_1^{16}x^{\frac{1}{4}}\,dx$$
$$=\left[\frac{4}{5}x^{\frac{5}{4}}\right]_1^{16}$$
$$=\frac{4}{5}(32-1)=\frac{124}{5}$$ 이다.

04 ④

$y=\ln(1-x^2)$일 때 $y'=\frac{-2x}{1-x^2}$이므로

구하고자 하는 곡선의 길이 L은

$$L=\int_{-\frac{1}{2}}^0\sqrt{1+(y')^2}\,dx$$
$$=\int_{-\frac{1}{2}}^0\sqrt{1+\left(\frac{-2x}{1-x^2}\right)^2}\,dx$$
$$=\int_{-\frac{1}{2}}^0\sqrt{1+\frac{4x^2}{(1-x^2)^2}}\,dx$$
$$=\int_{-\frac{1}{2}}^0\sqrt{\frac{1-2x^2+x^4+4x^2}{(1-x^2)^2}}\,dx$$
$$=\int_{-\frac{1}{2}}^0\sqrt{\frac{(1+x^2)^2}{(1-x^2)^2}}\,dx$$
$$=\int_{-\frac{1}{2}}^0\frac{1+x^2}{1-x^2}dx$$
$$=\int_{-\frac{1}{2}}^0\left(\frac{2}{1-x^2}-1\right)dx$$
$$=\left[2\tanh^{-1}x-x\right]_{-\frac{1}{2}}^0$$
$$=\left[\ln\left(\frac{1+x}{1-x}\right)-x\right]_{-\frac{1}{2}}^0$$
$$=0-\left\{\ln\left(\frac{1}{3}\right)+\frac{1}{2}\right\}=\ln3-\frac{1}{2}$$ 이다.

05 ②

$y=\frac{1}{3}(2x-1)^{\frac{3}{2}}$일 때 $y'=\frac{3}{2}\cdot\frac{1}{3}(2x-1)^{\frac{1}{2}}\cdot 2=\sqrt{2x-1}$이므로

구간 $\left[\frac{1}{2},1\right]$에서 구하고자 하는 곡선의 길이 L은

$$L=\int_{\frac{1}{2}}^{1}\sqrt{1+(y')^2}\,dx$$
$$=\int_{\frac{1}{2}}^{1}\sqrt{2x}\,dx$$
$$=\int_{1}^{2}\frac{1}{2}\sqrt{u}\,du \ (\because 2x=u,\ 2dx=du\text{로 치환})$$
$$=\left[\frac{1}{3}u\sqrt{u}\right]_1^2=\frac{2\sqrt{2}-1}{3}\text{이다.}$$

06 ②

$y=\ln(\sin(x))$일 때 $y'=\dfrac{\cos x}{\sin x}=\cot x$이므로

구하고자 하는 곡선의 길이 L은

$$L=\int_{\frac{\pi}{6}}^{\frac{\pi}{2}}\sqrt{1+(y')^2}\,dx$$
$$=\int_{\frac{\pi}{6}}^{\frac{\pi}{2}}\sqrt{1+\cot^2 x}\,dx$$
$$=\int_{\frac{\pi}{6}}^{\frac{\pi}{2}}\csc x dx$$
$$=-\left[\ln(\csc x+\cot x)\right]_{\frac{\pi}{6}}^{\frac{\pi}{2}}$$
$$=\ln(2+\sqrt{3})\text{이다.}$$

07 ①

$y=\int_1^x\sqrt{t^3-1}\,dt$일 때 $y'=\sqrt{x^3-1}$이므로

구하고자 하는 곡선의 길이 L은

$$L=\int_1^4\sqrt{1+(y')^2}\,dx$$
$$=\int_1^4\sqrt{x^3}\,dx$$
$$=\frac{2}{5}\left[x^{\frac{5}{2}}\right]_1^4$$
$$=\frac{2}{5}(32-1)=\frac{62}{5}\text{이다.}$$

08 ③

(ⅰ) 영역의 넓이

$$a=\frac{1}{2}\int_{-\frac{\pi}{2}}^{\frac{\pi}{2}}r^2\,d\theta\times 2(\because\ y\text{축에 대칭})$$
$$=\frac{1}{2}\int_{-\frac{\pi}{2}}^{\frac{\pi}{2}}(1+\sin\theta)^2\,d\theta\times 2$$
$$=\int_{-\frac{\pi}{2}}^{\frac{\pi}{2}}1+2\sin\theta+\sin^2\theta\,d\theta$$
$$=\pi+2\times\frac{\pi}{4}=\frac{3}{2}\pi$$

(ⅱ) 둘레의 길이

$r=1+\sin\theta$와 $r=1+\cos\theta$의 곡선 길이는 같으며,
$r=1+\cos\theta$는 x축에 대하여 대칭이므로 길이 b는

$$b=\int_0^\pi\sqrt{r^2+\left(\frac{dr}{d\theta}\right)^2}\,d\theta\times 2$$
$$=\int_0^\pi\sqrt{(1+\cos\theta)^2+(-\sin\theta)^2}\,d\theta\times 2$$
$$=2\int_0^\pi\sqrt{2+2\cos\theta}\,d\theta$$
$$=4\int_0^\pi\sqrt{\frac{1+\cos\theta}{2}}\,d\theta$$
$$=4\int_0^\pi\cos\frac{\theta}{2}\,d\theta\ \left(\because 0\le\theta\le\pi\Rightarrow\cos\frac{\theta}{2}\ge 0\right)$$
$$=8\left[\sin\frac{\theta}{2}\right]_0^\pi=8\text{이다.}$$

(ⅰ), (ⅱ)에 의하여 $ab=\dfrac{3}{2}\pi\times 8=12\pi$이다.

09 ③

$$L=\int_0^1\sqrt{(x')^2+(y')^2}\,dt$$
$$=\int_0^1\sqrt{(2t)^2+\left(2t\sinh(t^2)\right)^2}\,dt$$
$$=\int_0^1\sqrt{4t^2+4t^2\sinh^2(t^2)}\,dt$$
$$=\int_0^1 2t\sqrt{1+\sinh^2(t^2)}\,dt$$
$$=\int_0^1 2t\cosh(t^2)\,dt\ \left(\because \cosh|t^2|\ge 0\right)$$
$$=\left[\sinh(t^2)\right]_0^1=\sinh 1$$

10 ②

$x^{\frac{2}{3}}+y^{\frac{2}{3}}=1$, $x\ge 0$, $y\ge 0$을 매개화하면

$x=\cos^3\theta$, $y=\sin^3\theta$, $0\le\theta\le\dfrac{\pi}{2}$이므로

곡선 길이를 L이라 할 때,

$$L=\int_0^{\frac{\pi}{2}}\sqrt{(x')^2+(y')^2}\,d\theta$$
$$=\int_0^{\frac{\pi}{2}}\sqrt{\{3\cos^2\theta(-\sin\theta)\}^2+\{3\sin^2\theta\cos\theta\}^2}\,d\theta$$
$$=\int_0^{\frac{\pi}{2}}\sqrt{9\cos^2\theta\sin^2\theta(\cos^2\theta+\sin^2\theta)}\,d\theta=\int_0^{\frac{\pi}{2}}\sqrt{9\cos^2\theta\sin^2\theta}\,d\theta$$
$$=\int_0^{\frac{\pi}{2}}(3\cos\theta\sin\theta)d\theta$$
$$=\frac{3}{2}\left[\sin^2\theta\right]_0^{\frac{\pi}{2}}=\frac{3}{2}$$

11 ①

곡선의 길이를 L이라 하면

$$L=2\int_0^{2\pi}\sqrt{\left(\frac{dx}{d\theta}\right)^2+\left(\frac{dy}{d\theta}\right)^2}\,d\theta$$
$$=2\sqrt{2}r\int_0^{2\pi}\sqrt{1-\cos\theta}\,d\theta$$
$$=2\sqrt{2}r\cdot\sqrt{2}\int_0^{2\pi}\sqrt{\frac{1-\cos\theta}{2}}\,d\theta$$
$$=4r\int_0^{2\pi}\sqrt{\sin^2\frac{\theta}{2}}\,d\theta$$
$$=4r\int_0^{2\pi}\sin\frac{\theta}{2}\,d\theta\ \left(\because\ \sin\frac{\theta}{2}\geq 0\right)$$
$$=16r$$

곡선의 길이가 16이 되는 $r=1$이다.

다른 풀이

싸이클로이드

$x=a(\theta-\sin\theta)$, $y=a(1-\cos\theta)$ $(0\leq\theta\leq 2\pi)$의 길이는 $8a$이므로 구간 $0\leq\theta\leq 4\pi$에서의 길이는 $16a$이다.

즉, $16a=16$이므로 $a=1$이다.

12 ③

$$L=\int_0^{2\pi}\sqrt{r^2+(r')^2}\,d\theta$$
$$=\int_0^{2\pi}\sqrt{\theta^4+4\theta^2}\,d\theta$$
$$=\int_0^{2\pi}\theta\sqrt{\theta^2+4}\,d\theta$$
$$=\frac{1}{2}\int_0^{2\pi}2\theta\sqrt{\theta^2+4}\,d\theta$$
$$=\frac{1}{2}\left[\frac{2}{3}(\theta^2+4)^{\frac{3}{2}}\right]_0^{2\pi}$$
$$=\frac{1}{3}\left\{(4\pi^2+4)^{\frac{3}{2}}-4^{\frac{3}{2}}\right\}$$
$$=\frac{8}{3}\left\{(\pi^2+1)^{\frac{3}{2}}-1\right\}$$

13 ②

곡선의 둘레는 $0\leq\theta\leq 2\pi$에서 나타나므로 둘레의 길이 L은 다음과 같다.

$$L=\int_0^{2\pi}\sqrt{r^2+(r')^2}\,d\theta$$
$$=\int_0^{2\pi}\sqrt{(2+2\sin\theta)^2+4\cos^2\theta}\,d\theta=2\int_0^{2\pi}\sqrt{2+2\sin\theta}\,d\theta$$
$$=2\int_0^{2\pi}\frac{2|\cos\theta|}{\sqrt{2-2\sin\theta}}\,d\theta$$
$$=2\int_0^{\frac{\pi}{2}}\frac{2\cos\theta}{\sqrt{2-2\sin\theta}}\,d\theta-2\int_{\frac{\pi}{2}}^{\frac{3\pi}{2}}\frac{2\cos\theta}{\sqrt{2-2\sin\theta}}\,d\theta$$
$$+2\int_{\frac{3\pi}{2}}^{2\pi}\frac{2\cos\theta}{\sqrt{2-2\sin\theta}}\,d\theta$$
$$=-4(2-2\sin\theta)^{\frac{1}{2}}\Big|_0^{\frac{\pi}{2}}+4(2-2\sin\theta)^{\frac{1}{2}}\Big|_{\frac{\pi}{2}}^{\frac{3\pi}{2}}-4(2-2\sin\theta)^{\frac{1}{2}}\Big|_{\frac{3\pi}{2}}^{2\pi}$$
$$=16$$

14 ②

구간 $[0,\,2\pi]$에서 극곡선의 길이를 L이라 할 때,

$$L=\int_0^{2\pi}\sqrt{r^2+(r')^2}\,d\theta$$
$$=\int_0^{2\pi}\sqrt{(e^{a\theta})^2+(ae^{a\theta})^2}\,d\theta$$
$$=\int_0^{2\pi}\sqrt{e^{2a\theta}+a^2e^{2a\theta}}\,d\theta$$
$$=\int_0^{2\pi}\sqrt{(1+a^2)e^{2a\theta}}\,d\theta$$
$$=\int_0^{2\pi}\sqrt{(1+a^2)}\,e^{a\theta}\,d\theta$$
$$=\sqrt{1+a^2}\,\frac{1}{a}\left[e^{a\theta}\right]_0^{2\pi}$$
$$=\sqrt{1+a^2}\,\frac{1}{a}\left(e^{2a\pi}-1\right)$$

극곡선의 길이가 $3(e^{2a\pi}-1)$이므로 두 식을 비교하여 a를 구하면

$$\frac{\sqrt{1+a^2}}{a}=3\Leftrightarrow 1+a^2=9a^2$$
$$\Leftrightarrow a^2=\frac{1}{8}$$

$\therefore\ a=\dfrac{1}{2\sqrt{2}}=\dfrac{\sqrt{2}}{4}$이다. ($\because$ a는 양수)

15 ①

곡선 $r=1+\cos\theta$과 원 $r=\sqrt{3}\sin\theta$을 연립하면

$1+\cos\theta=\sqrt{3}\sin\theta$

$\Leftrightarrow\ \sqrt{3}\sin\theta-\cos\theta=1$

$\Leftrightarrow\ 2\sin\left(\theta-\dfrac{\pi}{6}\right)=1$

$\Leftrightarrow\ \sin\left(\theta-\dfrac{\pi}{6}\right)=\dfrac{1}{2}$이므로 교점은

$\theta=\dfrac{\pi}{3}$, π이다.

$$\therefore\ L=\int_{\frac{\pi}{3}}^{\pi}\sqrt{(1+\cos\theta)^2+(-\sin\theta)^2}\,d\theta$$
$$=\int_{\frac{\pi}{3}}^{\pi}\sqrt{2(1+\cos\theta)}\,d\theta$$
$$=2\int_{\frac{\pi}{3}}^{\pi}\sqrt{\frac{1+\cos\theta}{2}}\,d\theta$$
$$=2\int_{\frac{\pi}{3}}^{\pi}\left|\cos\frac{\theta}{2}\right|d\theta$$
$$=2\int_{\frac{\pi}{3}}^{\pi}\cos\frac{\theta}{2}\,d\theta\ \left(\because\ \frac{\pi}{3}\leq\theta\leq\pi\Rightarrow\cos\frac{\theta}{2}\geq 0\right)$$
$$=4\left[\sin\frac{\theta}{2}\right]_{\frac{\pi}{3}}^{\pi}$$

$=4\left(1-\frac{1}{2}\right)=2$이다.

즉, 구하고자 하는 값 $6L=12$이다.

16 ④

곡면적을 S라 하면

(i) $[-\sqrt{5}, 0)$에서

$$S=2\pi\int_{-\sqrt{5}}^{0} y\sqrt{1+\left(\frac{dy}{dx}\right)^2}\,dx$$
$$=2\pi\int_{-\sqrt{5}}^{0}\sqrt{5-x^2}\sqrt{1+\{(\sqrt{5-x^2})'\}^2}\,dx$$
$$=2\pi\int_{-\sqrt{5}}^{0}\sqrt{5-x^2}\sqrt{1+\frac{x^2}{5-x^2}}\,dx$$
$$=2\pi\int_{-\sqrt{5}}^{0}\sqrt{5}\,dx$$
$$=10\pi$$

(ii) $[0, 5]$에서

$$S=2\pi\int_{-\sqrt{5}}^{0} y\sqrt{1+\left(\frac{dy}{dx}\right)^2}\,dx$$
$$=2\pi\int_{0}^{5}\sqrt{5-x}\sqrt{1+\{(\sqrt{5-x})'\}^2}\,dx$$
$$=2\pi\int_{0}^{5}\sqrt{5-x}\sqrt{1+\frac{1}{4(5-x)}}\,dx$$
$$=\pi\int_{0}^{5}\sqrt{21-4x}\,dx$$
$$=-\frac{\pi}{4}\times\frac{2}{3}(21-4x)^{\frac{3}{2}}\Big]_0^5$$
$$=\frac{\pi}{6}(21\sqrt{21}-1)$$

따라서 구하고자 하는 겉넓이는

$$10\pi+\frac{\pi}{6}(21\sqrt{21}-1)=\frac{21\sqrt{21}+59}{6}\pi$$

17 ①

y축을 중심으로 회전시켜 얻는 회전면의 넓이는

$S_y=\int_a^b 2\pi x\sqrt{1+\left(\frac{dx}{dy}\right)^2}\,dy$이다.

적분 구간은 $0\le x\le 2 \Rightarrow -3\le y\le 1$이고, $x=\sqrt{1-y}$이다. $(\because x\ge 0)$

그리고 $\frac{dx}{dy}=\frac{-1}{2\sqrt{1-y}}$이므로 구하고자 하는 넓이는

$$S_y=2\pi\int_{-3}^{1}\sqrt{1-y}\cdot\sqrt{1+\left(\frac{-1}{2\sqrt{1-y}}\right)^2}\,dy$$
$$=2\pi\int_{-3}^{1}\sqrt{1-y}\cdot\sqrt{1+\frac{1}{4(1-y)}}\,dy$$
$$=2\pi\int_{-3}^{1}\sqrt{1-y}\cdot\frac{\sqrt{5-4y}}{2\sqrt{1-y}}\,dy$$
$=\pi\int_{-3}^{1}\sqrt{5-4y}\,dy$이다.

$u=5-4y$로 치환하면 $du=-4dy\Rightarrow dy=-\frac{1}{4}du$이다.

$$\therefore S_y=\frac{\pi}{4}\int_{17}^{1}\sqrt{u}\,(-du)=\frac{\pi}{4}\int_{1}^{17}\sqrt{u}\,du=\frac{\pi}{4}\cdot\left[\frac{2}{3}u^{\frac{3}{2}}\right]_1^{17}$$
$$=\frac{\pi}{6}(17\sqrt{17}-1)$$

18 ②

$x^{\frac{2}{3}}+y^{\frac{2}{3}}=1$을 매개화 하면

$\begin{cases}x=\cos^3 t\\ y=\sin^3 t\end{cases}$ $(0\le t\le 2\pi)$이다.

구하는 회전체 곡면의 넓이 S는 다음과 같다.

$$S=2\pi\int_0^{\pi} y\sqrt{(x')^2+(y')^2}\,dt$$
$$=2\times 2\pi\int_0^{\frac{\pi}{2}}\sin^3 t\sqrt{9\cos^4 t\sin^2 t+9\sin^4 t\cos^2 t}\,dt$$
$$=4\pi\int_0^{\frac{\pi}{2}}(3\sin^4 t\cos t)\,dt$$
$$=12\pi\int_0^1 u^4\,du\ (\because \sin t=u, \cos t\,dt=du \text{로 치환})$$
$$=\frac{12\pi}{5}$$

19 ④

$x=\frac{1}{8}y^4+\frac{1}{4y^2}$ $(1\le y\le\sqrt{2})$를 매개변수 함수로 나타내면

$x(t)=\frac{1}{8}t^4+\frac{1}{4t^2}$, $y(t)=t$ $(1\le t\le\sqrt{2})$이다.

곡면적을 S라 하면

$$S=2\pi\int_1^{\sqrt{2}} y(t)\sqrt{\left(\frac{dx}{dt}\right)^2+\left(\frac{dy}{dt}\right)^2}\,dt$$
$$=2\pi\int_1^{\sqrt{2}} t\sqrt{\left(\frac{1}{2}t^3-\frac{1}{2t^3}\right)^2+1}\,dt$$
$$=2\pi\int_1^{\sqrt{2}} t\left(\frac{t^3}{2}+\frac{1}{2t^3}\right)dt$$
$$=2\pi\int_1^{\sqrt{2}}\left(\frac{1}{2}t^4+\frac{1}{2t^2}\right)dt$$
$$=2\pi\left[\frac{1}{10}t^5-\frac{1}{2t}\right]_1^{\sqrt{2}}$$
$$=\frac{\pi}{10}(8+3\sqrt{2})$$

20 ④

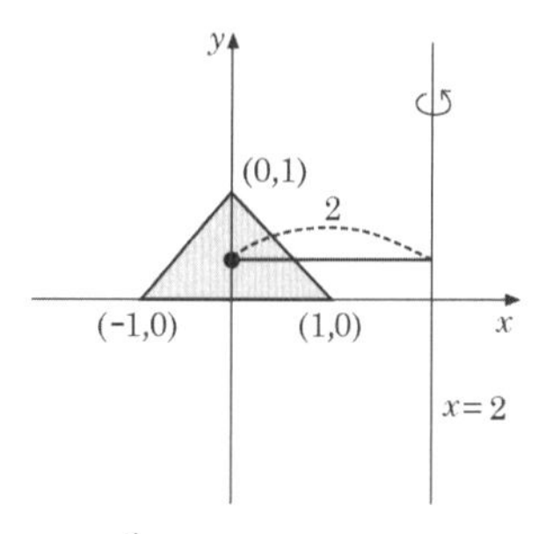

(i) 도형의 넓이: $S=\frac{1}{2}\times 2\times 1=1$

(ii) 도형의 중심: $\left(\frac{0+(-1)+1}{3}, \frac{1+0+0}{3}\right)=\left(0, \frac{1}{3}\right)$

(iii) $x=2$ 축과 중심 사이의 거리: 2
따라서 구하고자 하는 회전체의 부피는 파푸스 정리에 의해 다음과 같다.
$\therefore\ V=2\pi\times1\times2=4\pi$

21 ③

주어진 곡선은 중심이 (0, 4)이고 반지름이 2인 원이다.
원 둘레의 길이는 $2\pi r=2\pi\times2=4\pi$이고, 원의 중심 (0, 4)와 x축 사이의 거리는 4이다.
따라서 구하고자 하는 입체의 표면적(겉넓이)은 파푸스 정리에 의해 다음과 같다.
$S=2\pi\times4\pi\times4=32\pi^2$

22 ①

$\frac{dx}{dt}=t$, $\frac{dy}{dt}=t^2$이므로

$$|v(t)|=\sqrt{\left(\frac{dx}{dt}\right)^2+\left(\frac{dy}{dt}\right)^2}=\sqrt{t^2+t^4}=t\sqrt{t^2+1}$$

거리를 $s(t)$라 하면

$s(t)=\int|v(t)|\,dt=\int_0^{\sqrt{3}}t\sqrt{t^2+1}\,dt$이다.

$t^2+1=u$로 치환하면 $2tdt=du$, $t\,dt=\frac{1}{2}du$이고

적분 범위는 $t=0\rightarrow u=1$, $t=\sqrt{3}\rightarrow u=4$이다.
따라서 구하고자 하는 움직인 거리는

$s(t)=\frac{1}{2}\int_1^4\sqrt{u}\,du=\frac{1}{2}\left[\frac{2}{3}u^{\frac{3}{2}}\right]_1^4=\frac{7}{3}$이다.

23 ③

가속도 $\frac{d^2s}{dt^2}=2+6t$를 적분하면

속도 $v(t)=\frac{ds}{dt}=2t+3t^2+C$이다.

$t=0$일 때의 속도가 5이므로 $v(0)=C=5$이다.
따라서 속도 $v(t)=3t^2+2t+5$이다.
$t=0$일 때부터 $t=1$일 때까지 입자가 움직인 거리는 다음과 같다.

$$\begin{aligned}s(t)&=\int_0^1|v(t)|\,dt\\&=\int_0^1(3t^2+2t+5)\,dt\\&=\left[t^3+t^2+5t\right]_0^1=7\end{aligned}$$